Erfolg bei Studienarbeiten, Referaten und Prüfungen

W0074949

Steffen Stock · Patricia Schneider
Elisabeth Peper · Eva Molitor
Herausgeber

Erfolg bei Studienarbeiten, Referaten und Prüfungen

Alles, was Studierende wissen sollten

 Springer

Dr. rer. oec. Steffen Stock
OPITZ CONSULTING
Gummersbach GmbH
Kirchstraße 6
51647 Gummersbach
steffen.stock@studierendenratgeber.de

Dr. rer. nat. Elisabeth Peper
xit GmbH
forschen.planen.beraten
Frauentorgraben 73
90443 Nürnberg
elisabeth.peper@studierendenratgeber.de

Dr. phil. Patricia Schneider
Institut für Friedensforschung
und Sicherheitspolitik
an der Universität Hamburg (IFSH)
Beim Schlump 83
20144 Hamburg
patricia.schneider@studierendenratgeber.de

Dr. phil. Eva Molitor
Hohe Landesschule
Alter Rückinger Weg 53
63452 Hanau
eva.molitor@studierendenratgeber.de

ISBN 978-3-540-88815-4

Bibliografische Information der Deutschen Nationalbibliothek
Die Deutsche Nationalbibliothek verzeichnet diese Publikation in der Deutschen Nationalbibliografie;
detaillierte bibliografische Daten sind im Internet über http://dnb.d-nb.de abrufbar.

© 2009 Springer-Verlag Berlin Heidelberg

Dieses Werk ist urheberrechtlich geschützt. Die dadurch begründeten Rechte, insbesondere die der
Übersetzung, des Nachdrucks, des Vortrags, der Entnahme von Abbildungen und Tabellen, der Funk-
sendung, der Mikroverfilmung oder der Vervielfältigung auf anderen Wegen und der Speicherung
in Datenverarbeitungsanlagen, bleiben, auch bei nur auszugsweiser Verwertung, vorbehalten. Eine
Vervielfältigung dieses Werkes oder von Teilen dieses Werkes ist auch im Einzelfall nur in den
Grenzen der gesetzlichen Bestimmungen des Urheberrechtsgesetzes der Bundesrepublik Deutschland
vom 9. September 1965 in der jeweils geltenden Fassung zulässig. Sie ist grundsätzlich vergütungs-
pflichtig. Zuwiderhandlungen unterliegen den Strafbestimmungen des Urheberrechtsgesetzes.

Die Wiedergabe von Gebrauchsnamen, Handelsnamen, Warenbezeichnungen usw. in diesem Werk
berechtigt auch ohne besondere Kennzeichnung nicht zu der Annahme, dass solche Namen im Sinne der
Warenzeichen- und Markenschutz-Gesetzgebung als frei zu betrachten wären und daher von jedermann
benutzt werden dürften.

Grafiken: Nadya Innamorato, Hamburg
Herstellung: le-tex publishing services oHG, Leipzig
Umschlaggestaltung: WMXDesign GmbH, Heidelberg

Gedruckt auf säurefreiem Papier

9 8 7 6 5 4 3 2 1

springer.de

Vorwort der Herausgeber

Liebe Leserinnen und Leser,

Ziel dieses Ratgebers ist es, Sie bei bevorstehenden Studienarbeiten, Referaten und Prüfungen zu unterstützen. Diese Leistungsnachweise sind nicht nur ein notwendiges Übel, sondern stellen auch eine persönliche Herausforderung dar. Lampenfieber vor Referaten und mündlichen Prüfungen gehört einfach dazu, aber Prüfungsangst muss erst gar nicht entstehen.

Sie alle haben in Ihrem Leben schon unzählige Prüfungen abgelegt. Das zeigt, dass Sie dieser Aufgabe gewachsen und in der Lage sind, Strategien zur Bewältigung von Prüfungssituationen anzuwenden. Wenn Sie genau wissen, was auf Sie zukommt und wie Sie sich gezielt auf die jeweilige Situation vorbereiten können, sind Prüfungen kein Problem mehr!

Wir möchten Ihnen in „Erfolg bei Studienarbeiten, Referaten und Prüfungen" das nötige Handwerkszeug vermitteln, damit Sie diese besonderen Herausforderungen angemessen vorbereitet angehen bzw. Sie der Gedanke an das erste Referat mit Handout oder die erste Klausur in Ihrem Studium nicht mit Panik erfüllt. Jeder Leistungsnachweis folgt bestimmten Mustern. Wenn Sie diese kennen und mit den Erwartungen Ihrer Prüfer vertraut sind, können Sie sich gezielt auf die Situation vorbereiten, optimistisch in die Prüfungen gehen und diese meistern.

Die Fähigkeit zum Schreiben von Studienarbeiten, d. h. von Seminar-, Haus- und Abschlussarbeiten, fällt nicht vom Himmel, sondern ist erlernbar. Wenn Sie strukturiert an diese Aufgabe herangehen, werden Sie schnell Fortschritte in Ihrer eigenen Arbeit und Arbeitsweise und dem daraus resultierenden Produkt erkennen können. Wissenschaftliches Arbeiten enthält neben allen möglicherweise auf den ersten Blick einengend wirkenden Vorgaben auch eine kreative Komponente. Nutzen Sie diesen Freiraum und Ihr kreatives Potenzial, dann erleben Sie die Vorgaben und Anforderungen an wissenschaftliches Arbeiten als strukturgebend und damit positiv. Wenn Sie mit den Grundregeln und Prinzipien des wissenschaftlichen Arbeitens vertraut sind und dieser Form des Schreibens keine Unsicherheit mehr entgegenbringen, wird Ihnen diese Arbeitsform sogar Spaß machen und Ihren Ehrgeiz wecken.

Natürlich sind mit jeder Prüfungsvorbereitung, gerade wenn es um ein längeres Projekt wie eine Abschlussarbeit geht, Hochs und Tiefs verbunden. Mal geht es gut voran, mal langsamer. Lassen Sie sich davon nicht abschrecken. Am Ende siegt doch das gute Gefühl, sich der Herausforderung gestellt zu haben.

In „Erfolg bei Studienarbeiten, Referaten und Prüfungen" ist das geballte Wissen von über 60 Autoren aus vielen unterschiedlichen Disziplinen eingeflossen. So wird Ihnen ein fächerübergreifender Blick auf die Vorbereitung und den Ablauf von Prüfungssituationen sowie die Erstellung wissenschaftlicher Arbeiten gegeben. Für das gesamte Buch gilt, dass wir zwar keine allgemeingültigen Wahrheiten verkünden können, dennoch ein höchstmögliches Maß an Aussagekraft und Qualität gewährleisten wollen. Um dies zu erreichen, wurden alle Abschnitte von Autorengruppen verfasst und anschließend einem doppeltblinden Begutachtungsverfahren (Peer-Review-Verfahren) unterzogen.

„Erfolg bei Studienarbeiten, Referaten und Prüfungen" gibt Ihnen viele konkrete Hilfestellungen. Nicht jeder kann und will in Bücher hineinschreiben bzw. Checklisten, die zum mehrfachen Gebrauch bestimmt sind, in einem Buch ausfüllen. Auch haben wir im Ratgeber auf den Abdruck umfangreicher Beispiele von Titelseiten, Tabellenverzeichnissen u. Ä. verzichtet. Diese und alle Arbeitsblätter und Checklisten, die mit ✋ gekennzeichnet sind, können Sie kostenlos auf der Internetseite www.studierendenratgeber.de beziehen. Sollten Sie weitere Informationen rund um Ihr Studium benötigen, gibt Ihnen das Buch „Erfolgreich studieren" wertvolle Hinweise. Nähere Informationen finden Sie am Ende dieses Ratgebers.

Außerdem möchten wir noch einige Hinweise in eigener Sache geben. Teilweise werden Preise angegeben. Diese beziehen sich jeweils – soweit nicht anders ausgewiesen – auf das Jahr 2008 und sollten im Einzelfall überprüft werden, da diese sich ändern können. Weiterhin werden in einigen Abschnitten Internetadressen genannt. Leider veralten diese Adressen schnell. Wir bitten daher um Verständnis, falls Sie damit nicht immer ans Ziel gelangen. Unter Eingabe geeigneter Stichwörter in eine Suchmaschine wird es Ihnen hoffentlich trotzdem möglich sein, die entsprechenden Internetseiten zum Thema aufzufinden.

Uns ist nicht entgangen, dass es Studentinnen und Studenten gibt; aus Gründen der Lesbarkeit haben wir uns allerdings für die Verwendung der männlichen bzw., sofern möglich, der geschlechtsneutralen Form – wie z. B. Studierende – entschieden. Selbstverständlich sollen sich Frauen und Männer von diesem Ratgeber gleichermaßen angesprochen fühlen, insbesondere im derzeit leider noch vorwiegend männlich dominierten Wissenschaftsbetrieb.

Unser größter Dank gilt allen beteiligten Autoren, die diesen Ratgeber mit Leben gefüllt haben und ohne deren Wissen, Erfahrung und Engagement dieses Buch niemals entstanden wäre. Besonders hervorzuheben sind diejenigen, die den Schreib- und Überarbeitungsprozess innerhalb ihrer Autorengruppe koordiniert und uns damit unterstützt haben.

Wir würden uns freuen, wenn Sie sich nach der Lektüre noch etwas Zeit für eine Rückmeldung nehmen. Hat Ihnen das Buch gefallen? Vermissen Sie ein Thema, das genau für Ihre Prüfungssituationen oder Studienarbeiten von Belang ist? Finden Sie Informationen in diesem Buch zu abstrakt oder wenig hilfreich? Lob, Kritik und Verbesserungsvorschläge nehmen wir gerne entgegen. Hierfür haben wir einen Fragebogen vorbereitet, den Sie unter *www.studierendenratgeber.de* online ausfüllen können.

Wir wünschen Ihnen nun eine angenehme und erkenntnisreiche Lektüre und ein erfolgreiches Studium!

Gummersbach, Hamburg, Würzburg und Hanau, im Januar 2009

Dr. Steffen Stock, Dr. Patricia Schneider, Dr. Elisabeth Peper und Dr. Eva Molitor

Inhaltsverzeichnis

I Lesen im Studium

Lesen ist ein wichtiger Bestandteil aktiven Studierens, ohne den Sie nicht aus-
kommen werden. Im Folgenden lernen Sie verschiedene Lesemethoden kennen
sowie die wichtigste Art, mit Texten zu arbeiten, das Markieren und das Exzerpieren.

1 Lesemethoden

Das wissenschaftliche Arbeiten an der Hochschule erfordert spezielle Lesemethoden, um mit den oft sehr umfangreichen Literaturangaben der Dozenten sinnvoll
umgehen zu können. Ein Buch wird in der Regel nie von Anfang bis Ende gelesen. Manchmal sind nur wenige Abschnitte oder Seiten von Bedeutung, oder Sie
stellen beim Lesen fest, dass das Buch sogar gänzlich ungeeignet ist. Ziel ist es
deshalb, den Wert eines Buches für die konkrete Arbeit möglichst schnell zu erkennen. Im Folgenden werden Ihnen verschiedene Möglichkeiten vorgestellt, wie
Sie sowohl große Mengen an Text (5 + 1 Schritte des Flächenlesens) bewältigen
als auch einen Text gründlich durcharbeiten können.

Die *mentale Vorbereitung* stellt Schritt eins dar: In einer entspannten, angenehmen Atmosphäre können Sie konzentriert und damit auch effektiv arbeiten.
Achten Sie deshalb auf einen aufgeräumten Schreibtisch, damit Sie nicht abgelenkt werden, sowie einen gut beleuchteten Arbeitsplatz. Wichtig ist, dass nicht
nur der Schreibtisch hell ist, sondern der gesamte Raum – ansonsten werden Sie
schneller müde oder Sie arbeiten unkonzentrierter, da die Augen immer wieder
zwischen hell und dunkel wechseln. Pausen können Sie gezielt für Augengymnastik nutzen. Zu einer entspannten Arbeitshaltung kann auch eine Einstimmung mit
Musik führen, wozu jede Art von Musik geeignet ist, die kein besonderes Hinhö-
ren verlangt. Außerdem sollte immer ein Getränk bereitstehen.

Als Zweites gilt es, die *Leseabsicht* möglichst präzise festzulegen. Stellen Sie
dazu einige ausgewählte Fragen an den Text und ordnen Sie diese Ihrer Relevanz
nach hierarchisch. Außerdem sollten Sie sich eine Zeitvorgabe machen.

In einem dritten Schritt verschaffen Sie sich *Übersicht*: Nehmen Sie das Buch
zur Hand und lassen Sie spontane Assoziationen ganz bewusst zu. Nehmen Sie
auch den Geruch oder die Beschaffenheit des Buches wahr, lesen Sie sich den Titel, ggf. den Klappentext und das Inhaltsverzeichnis durch. Anschließend sollten
Sie das Vorwort oder die Einleitung überfliegen, denn an diesen Stellen wird häufig an die Thematik herangeführt, es werden wichtige Ergebnisse, ausgesparte As-

pekte, die Gliederung etc. beschrieben. Des Weiteren sollten Sie nach Abstracts, Überblicken und Zusammenfassungen suchen, da Sie dadurch einen guten Überblick über die Texte erhalten. Das Literaturverzeichnis bzw. Stichwortregister kann Ihnen zusätzliche Informationen über den vorliegenden Text liefern, deshalb sollten Sie es ebenfalls überfliegen. Darüber hinaus können Sie sich, falls vorhanden, an Hervorhebungen von Wörtern oder Passagen orientieren, die bspw. kursiv oder fett gedruckt sind. So haben Sie ein grobes „Gerüst" des Textes im Kopf und können gezielt anfangen zu lesen.

Erst jetzt, im vierten Schritt, werden *Lesetechniken* im eigentlichen Sinne des Wortes angewandt. Bevor Sie sich mit Schnelllesemethoden beschäftigen, sollten Sie zunächst darauf achten, ob Sie sich ungünstige Lesegewohnheiten angeeignet haben und diese ggf. abstellen. Zu solch ungünstigen Gewohnheiten zählen bspw. leises Mitsprechen, beim Lesen mit dem Finger oder einem Stift wort- bzw. zeilenweise mitzugehen sowie ein zu häufiges Zurückblicken im Text. Ebenso sollten Sie nicht Wort für Wort lesen, sondern in Wortgruppen. Auch ist es der Konzentration abträglich, wenn Sie zu langsam lesen, denn die Informationen des Textanfangs können nicht beliebig lange im Arbeitsgedächtnis behalten werden. Außerdem kann es passieren, dass Sie sich am Ende eines Absatzes nicht mehr an den Anfang erinnern können. Schaubilder sollten Sie nicht überspringen, denn diese enthalten oftmals wichtige Informationen. Ziel der Schnelllesemethoden ist es, die Lesegeschwindigkeit auf ein Maximum zu steigern, jedoch so, dass der Grad der Aufnahmefähigkeit dadurch nicht vermindert wird. Im Folgenden werden einige dieser Methoden vorgestellt.

Sie können sich mitunter die Anatomie des Auges zu Nutze machen. Das Auge sieht einen Bereich von ca. 3 cm scharf. Wenn der Blick nicht bewusst auf einen Buchstaben gelenkt wird („weicher Blick"), erweitert sich das Blickfeld. Sie lesen also nicht Wort für Wort, wie dies bei ungeübten Lesern der Fall ist, denn hier erfolgt bei jedem einzelnen Wort eine Fixation, sondern Sie erfassen mehrere Wörter gleichzeitig mit nur einer Fixation. Im Folgenden werden verschiedene Methoden aufgezeigt, mit denen Sie Ihre Lesegeschwindigkeit erhöhen können.

Flächenlesen ist ein Konzept, das verschiedene Schnelllese-Methoden so miteinander verknüpft, dass es möglich ist, nicht mehr einzelne Wörter zu lesen, sondern ganze Seiten (= Flächen). Dies zu erzielen erfordert sehr viel Übung, kleinere Erfolge lassen sich allerdings schnell erreichen.

Beim *Querlesen* überfliegt das Auge den Text von der linken oberen Ecke der Seite in diagonalen Sprüngen zur rechten unteren Ecke. Der Einsatz dieser Methode ist vor allem dann sinnvoll, wenn Sie sich einen ersten Überblick verschaffen wollen, damit Sie entscheiden können, ob der Text relevant ist, oder wenn Sie nach bestimmten Informationen suchen. Auch ist diese Methode geeignet, wenn Sie Texte aus einem Ihnen bekannten Fachgebiet lesen möchten – für ganz neue, komplexe Texte eignet sie sich nicht.

Beim *Sprunglesen* hingegen lesen Sie zwar noch Wörter und Sätze, Sie springen aber über gewisse Sätze einfach hinweg. Lesen Sie von jedem Absatz nur den ersten Satz, da dieser oftmals alle wesentlichen Informationen des Absatzes enthält!

Noch schneller können Sie mithilfe des *Fingerlesens* lesen: Dabei fahren Sie mit einem Finger in der Mitte der Buchseite senkrecht von oben nach unten und fixieren dabei Ihren Fingernagel. Dabei verschwimmt Ihr Blick und Sie nehmen auch die Wörter rechts und links von Ihrem Finger wahr.

Schritt fünf bildet die Erstellung einer *Gedankenlandkarte*, einer sog. Mindmap (vgl. Abschnitt II 3.2).

Den Schluss bildet der Schritt 5+1: *Detaillesen*. Es kann durchaus vorkommen, dass bereits der Textinhalt klar ist und deshalb kein weiterer Arbeitsschritt mehr notwendig ist. Falls Sie allerdings Details benötigen, kann es sinnvoll sein, nun auf traditionelle Weise bestimmte Passagen Wort für Wort zu lesen.

Jedoch sollten Sie bei der Anwendung von Schnelllesetechniken prüfen, ob sie für Ihre Zwecke geeignet sind. Gerade wenn Sie sich neu in ein (wissenschaftliches) Thema einarbeiten oder Texte für Prüfungsvorbereitungen verwenden, sind Schnelllesetechniken nicht ausreichend.

Hier empfiehlt es sich, die Sechs-Schritt-Methode *PQ4R* (Preview, Questions, Read, Reflect, Recite und Review) anzuwenden. Auch die Methode *SQ3R* (Survey, Question, Read, Recite und Review) ist empfehlenswert – hier fehlt also der Schritt des Reflektierens (te Kloot / Fabro 2004, 316 f.). Im Folgenden wird die ausführlichere PQ4R-Methode näher erläutert:

Preview bedeutet, in einem ersten Schritt die Übersicht über den Abschnitt zu gewinnen. Dies können Sie durch kursorisches Lesen erreichen, d. h. es werden Markierungen oder Unterstreichungen vorgenommen, um den Text besser inhaltlich zu verstehen. Durch dieses Überfliegen gewinnen Sie einen ersten Eindruck und Überblick. Sie sammeln Informationen, worum es in dem Text geht und machen sich mit der Struktur des Textes und seinen einzelnen Abschnitten vertraut. Falls der Text keine Überschriften hat (Einleitung, Hauptteil, sinnvolle Abschnitte, Zusammenfassung), sollten Sie Zwischenüberschriften formulieren und diese aufschreiben. Falls Sie in Ihren Büchern genügend Platz haben, können Sie diese Überschriften auch an den Rand schreiben.

Questions bedeutet, dass Sie im zweiten Schritt Fragen an den Text formulieren und notieren. Sie können dafür die sog. W-Fragen verwenden (was, warum, wozu, wie, wer, wo, wann?). Durch die Fragen können Sie zum einen Ihr Interesse an dem Text wecken und zum anderen richten Sie Ihr Lesen auf ein Ziel aus und lesen dadurch fokussierter.

Im dritten Schritt erfolgt nun das *Read*, d. h. Sie lesen jeden Abschnitt genau und versuchen, Ihre Fragen, die Sie sich zu Beginn gestellt hatten, zu beantworten. Der Vorteil, wenn Sie den Text mit einer bestimmten Fragestellung lesen, liegt darin, dass Sie ihn zielgerichteter lesen und er sich besser ins Gedächtnis einprägt. In Ihren eigenen Büchern oder Kopien können Sie zusätzlich relevante Textstellen unterstreichen oder markieren (vgl. Abschnitt I 2).

Nachdem Sie den Text gelesen haben, sollten Sie ihn nicht gleich beiseite legen, sondern Sie nehmen den nächsten Schritt in Angriff: *Reflect*. D. h. Sie denken nach der Lektüre eines Textes über den gelesenen Inhalt nach. Der Vorteil liegt nicht nur darin, sich die Inhalte besser einzuprägen, sondern er ist auch in der lebhaften Auseinandersetzung mit den Aussagen und Argumenten zu sehen. An dieser Stelle ist es auch angebracht, kritisch zu fragen, ob die dargestellten Sachverhalte logisch nachvollziehbar sind. Besonders gut gelingt dies in der Diskussion mit Kommilitonen, z. B. in Form einer Lerngruppe. Sie können aber ebenso für sich alleine in einen „Dialog" mit dem Text treten.

Recite stellt den vorletzten Schritt der Methode dar: Dabei wird das Gelesene wiederholt und aus dem Gedächtnis notiert. Schreiben Sie das Gelesene kurz und prägnant mit Ihren eigenen Worten auf. Falls Sie vorher formulierte Fragen nicht beantworten können, sollten Sie die entsprechenden Passagen nochmals lesen, die Notizen dann aber wiederum aus dem Gedächtnis anfertigen. Das hat den Vorteil, dass Sie sich die Inhalte besser merken, wenn Sie beabsichtigen, diese Inhalte aus dem Gedächtnis zu notieren. Es ist möglich, dass Ihnen dieser Schritt anfangs eher schwerfällt, hier hilft Ihnen die regelmäßige Übung weiter. Dieser Schritt wird Ihnen besonders dann helfen, wenn Sie den Text zur Prüfungsvorbereitung lesen. Durch dieses Vorgehen haben Sie nämlich die Inhalte nicht nur verstanden, sondern auch schon ein Stück weit „gelernt".

Schließlich erfolgt im letzten Schritt das *Review*. Sie blicken zurück und überprüfen Ihre Aufzeichnungen anhand des Textes. Sie kontrollieren, ob Sie alles Wichtige notiert haben. An dieser Stelle schreiben Sie eine kurze Zusammenfassung oder Sie fertigen eine Mindmap (vgl. Abschnitt II 3.2) an. Mit diesem Ergebnis können Sie dann weiterarbeiten: Sie rekapitulieren den Text, diskutieren ihn und überarbeiten Ihre Aufzeichnungen (Rost 2008, 183 f.).

Vielleicht erscheint Ihnen die Methode zunächst sehr aufwendig. Wenn Sie einen Text mittels der PQ4R-Methode bearbeiten, erreichen Sie jedoch ein tieferes Textverständnis und haben eine sehr gute Grundlage insbesondere für die Prüfungsvorbereitung geschaffen. Generell gilt, dass Sie das Lesetempo den Schwierigkeiten des Lesestoffes und Ihrer Leseabsicht anpassen sollten. Kennzeichen eines guten Lesers ist es, sich den gegebenen Situationen und Anforderungen sowie den eigenen Fähigkeiten anzupassen.

Der Vorteil der vorgestellten Lesemethoden, zunächst als Herangehensweise für nahezu alle Arten von Texten geeignet zu sein, stellt zugleich auch einen Nachteil dar. Diese Lesetechniken ermöglichen zwar eine strukturierte, erste Annäherung an einen Text und regen zur Reflexion des eigenen Leseverhaltens an, die Arbeitsaufträge sind aber oft nur vage und z. T. auch kaum durchführbar: Wie soll es mir möglich sein, sinnvolle Fragen an einen Text zu stellen, der mir unbekannt ist und möglicherweise über mehrere hundert Seiten geht? Damit es nicht bei einer ersten Annäherung bleibt, ist es – je nach Studiengang – notwendig, sich auch fachspezifische Arbeitstechniken anzueignen.

Zwei weitere Methoden, die Sie alternativ anwenden können, werden im Folgenden vorgestellt: Besonders zu Beginn des Studiums kann es hilfreich sein, die Technik des *übersetzenden Lesens* zur Hilfe zu nehmen. Bei diesem Vorgehen werden die Fachwörter und die Ausführungen in die Alltagssprache übersetzt. Sie stellen folglich Inhalte so dar, wie Sie sie Ihrer Oma oder einem Grundschulkind erklären würden. So können Sie sicherstellen, dass Sie die Inhalte wirklich verstanden haben. Darüber hinaus können Sie sich die Inhalte auch noch besser merken, da Sie das Ganze in Ihren eigenen Worten formuliert haben.

Als *traditionelles Lesen* wird die häufig angewandte Methode bezeichnet, während des ersten Lesens Wichtiges zu markieren und beim zweiten Lesen das Wichtige herauszuschreiben. Diese Methode ist jedoch nur für geübte Leser wissenschaftlicher Texte geeignet, denn ansonsten kann das Problem auftreten, dass Sie beim ersten Lesen noch nicht entscheiden können, welche Informationen wirklich relevant sind, und Sie dadurch zu viel anstreichen. Darüber hinaus folgen Sie bei diesem Vorgehen dem Text zustimmend, ohne gezielt Fragen zu beantworten. So werden Sie weniger von den Inhalten behalten (Rost 2008, 185). Generell ist es hilfreich, in einem ersten Schritt die wesentlichen Inhalte zu erfassen, diese im zweiten Schritt zu markieren und ggf. zu exzerpieren (vgl. Abschnitte I 2 und I 3).

Wie zu Beginn erwähnt wurde, erbringen Ihre Augen während des Lesens Höchstleistungen. Deshalb ist es sinnvoll, bei langem Lesen *Augengymnastik* durchzuführen. Durch die Augenmuskulatur werden sowohl die Bewegungen der Augen beim Lesen gesteuert als auch die Sehschärfe mit dem Sehabstand angepasst. Obwohl es beim Lesen so empfunden wird, als würden die Augen über einen Text gleiten, leisten die Augen einen Wechsel zwischen kurzen Verweilzeiten und sprunghaftem Weiterrücken. Während der kurzen Fixationen nehmen die Augen den Text auf, damit dieser weiterverarbeitet werden kann. Geübte Leser können während dieser Fixationen den Text schneller aufnehmen als weniger routinierte Leser. Deshalb ist es auch nachvollziehbar, dass langes Lesen die Augen ermüden kann. Um dem vorzubeugen, hilft folgende Übung in fünf Schritten: Zunächst sollten Sie die Augen für ca. zehn Sekunden schließen. Darauffolgend beginnen Sie mit den Übungen: Schauen Sie geradeaus und soweit wie möglich nach oben ohne den Kopf dabei zu bewegen. Dies wiederholen Sie dreimal. Im zweiten Schritt schauen Sie soweit wie möglich nach unten, ebenfalls ohne den Kopf zu bewegen, blicken dann wieder gerade nach vorne und wiederholen diese Übung ebenso dreimal. Blicken Sie anschließend dreimal abwechselnd so weit wie möglich nach rechts und wieder nach vorne, danach wiederholen Sie die Übung mit der linken Seite ohne den Kopf zu bewegen. Rollen Sie im Anschluss daran die Augen – zuerst im Uhrzeigersinn und dann gegen den Uhrzeigersinn, jeweils dreimal. Zum Abschluss blicken Sie dreimal hintereinander abwechselnd jeweils vier Sekunden lang auf Ihre Nasenspitze und dann auf einen Punkt in der Ferne (te Kloot / Fabro 2004, 326). Diese Übung bietet sich besonders an, wenn Sie längere Passagen lesen oder für längere Zeit am Computer arbeiten.

Viel einfacher, aber ebenfalls entspannend ist es, den Blick zwischendurch einfach in die Ferne schweifen zu lassen. Schauen Sie mal aus dem Fenster!

Bevor Sie sich eine neue Lesetechnik aneignen, sollten Sie Ihre aktuellen Gewohnheiten prüfen und sich die Frage stellen, mit welchen Methoden Sie bereits zufrieden sind, was also aus Ihrer Sicht funktioniert und was Sie noch verbessern möchten. Im zweiten Schritt können Sie eine der vorgestellten Methoden ausprobieren und in Ihr Repertoire übernehmen. Dabei sollten Sie auch im Laufe des Studiums Ihre Techniken immer wieder überprüfen und an die Art der Texte und an Ihren Wissensstand anpassen.

Tipps zum Weiterlesen (für Abschnitt I 1)

Emlein / Kasper 2005; Stary / Kretschmer 2004, 59 ff.

2 Markieren

Nach dem ersten Lesen relevanter Texte (vgl. Abschnitt I 1) ist es hilfreich, diese „weiterzuverarbeiten", da sonst vieles wieder vergessen wird. Für dieses Weiterverarbeiten bieten sich zunächst das Markieren und im Anschluss daran das Exzerpieren (vgl. Abschnitt I 3) an.

Die einfachste Methode des Markierens stellt das Unterstreichen dar. Allerdings ist dies nur möglich, wenn es sich um Ihre eigenen Bücher oder Kopien handelt. In geliehenen Büchern dürfen Sie auf keinen Fall Markierungen vornehmen! Vielleicht hatten Sie bereits solch ein „bearbeitetes" Buch in der Hand und haben sich über diese Spuren vorheriger Leser geärgert. Arbeiten Sie so also nur mit eigenen oder kopierten Texten. Falls Sie Kopien verwenden, sollten Sie unbedingt daran denken, die bibliografischen Angaben genau zu notieren bzw. mitzukopieren, ansonsten verbringen Sie am Ende Ihrer Studienarbeit möglicherweise viel Zeit damit, die Literaturquellen erneut ausfindig zu machen (vgl. Abschnitt III 2.3).

Mit Unterstreichungen können Sie in einem Text Wichtiges von Unwichtigem trennen. Das Unterstreichen kostet wenig Zeit, es ist fast an jedem Ort durchführbar und hilft bei einer ersten Strukturierung des Inhalts. Allerdings sollten Sie nicht den Fehler begehen, Ihre Texte regelrecht zu bemalen und zu viel zu unterstreichen, denn sonst kann es im Extremfall geschehen, dass Ihnen nur noch das Nicht-Markierte ins Auge fällt (Burchert / Sohr 2008, 60).

Wenn Sie bei den Unterstreichungen sparsam vorgehen, erleichtert eine solche Bearbeitung häufig das Textverständnis. Das Markieren stellt eine wichtige Strukturierungshilfe für den Inhalt dar: Mit verschiedenen Farben können Sie Fragestellungen, Thesen, Ergebnisse etc. optisch gut sichtbar machen und die wichtigsten Stellen später rasch wiederfinden. Durch Markierungen können Sie außerdem gezielt den roten Faden des Textes herausarbeiten oder Argumentationslinien hervorheben. Wenn Sie ihn später zur Hand nehmen, reicht es, den Text anhand der vorhandenen Markierungen querzulesen. Darüber hinaus stellt dieses Vorgehen eine Lernhilfe dar. Wenn Sie sich vornehmen, einen Text zu markieren, lesen Sie diesen intensiver und sind konzentrierter bei der Sache (Burchardt 2006, 91 f.).

Es gibt zwei verschiedene Arten des Markierens: Sie können in einem Text unterstreichen bzw. ihn mit farbigen Textmarkern bearbeiten oder an den Textrand Zeichen und Symbole setzen. Sie sollten sich zunächst mit dem Markieren zurückhalten und nicht spontan zu viel anstreichen. Vielmehr ist es zweckmäßiger, zunächst einen längeren Absatz zu lesen und dann gezielt nach den zentralen Aussagen zu suchen und diese zu markieren. Noch besser ist es, nur die entscheidenden Stichwörter hervorzuheben. Dabei können Sie unterschiedliche Farben für verschiedene Inhalte verwenden (bspw. rot für sehr wichtige Textstellen, blau für Definitionen oder grün für Beispiele). Wichtig ist hierbei, dass Sie sich auf ein bestimmtes System festlegen und dies dann für die Bearbeitung aller Texte beibehalten. Ihre Hervorhebungen können Sie am Rand des Textes zusätzlich mit Symbo-

len ergänzen. Damit können Sie die Struktur des Textes sichtbar machen und Zusammenhänge markieren. Sie können dazu die Beispiele aus den Tabellen 1 und 2
übernehmen oder eigene Symbole wählen.

Tabelle 1.   Methoden zur Markierung von Texten (Deparade 2006, 18)

Vorschlag	*Was wird hervorgehoben?*
im Text unterstreichen	Signalwörter, zentrale Gedanken
am Rand anstreichen	wichtige Passagen
Textstellen einkreisen und diese mit Pfeilen verbinden	wichtige Inhaltsbereiche, die in einer engen Beziehung zueinander stehen

Tabelle 2.   Vorschläge für Hinweis- und Bewertungszeichen (Deparade 2006, 18)

Vorschlag	*Was wird hervorgehoben?*
✕ (Kreuz)	besonders einleuchtend und klar
? (Fragezeichen)	unklar, Darstellung ist zweifelhaft
> (Winkel)	Beispiel, Zusammenfassung
O (Kreis)	Gedanke, zu dem Sie nochmals recherchieren bzw. dem Sie nochmals nachgehen wollen
→ (Pfeil)	Literaturhinweis

Eine zusätzliche Möglichkeit, einzelne Stellen zu markieren, ist das Verwenden
von *Lesezeichen*. Diese Methode wird auch als Einlegemarkierung bezeichnet.
Lose Blätter, Pappen u. Ä. eignen sich hierfür nur eingeschränkt, weil sie leicht
aus den Büchern oder Kopien herausfallen. Sehr praktische Lesezeichen sind hingegen Klebezettel (Post-its), weil sie zuverlässig haften, sich aber dennoch leicht
lösen lassen, ohne die Blätter zu beschädigen. Solche Klebenotizen gibt es in verschiedenen Farben und Größen, so dass Sie damit auch unterschiedliche Inhalte
farblich unterscheiden können. Zudem können Sie auf den Klebezetteln einige
Stichpunkte notieren wie z. B. Querverweise zu anderen Texten oder offene Fragen. Beim Sichten eines Buchs oder einer Zeitschrift können Sie die Klebezettel
auch seitlich herausragend direkt neben die betreffende Stelle kleben und die Seite, auf der Sie nächstes Mal weiterlesen möchten, durch einen nach oben herausragenden Klebezettel kennzeichnen.

3   Exzerpieren

Oft reicht es aber nicht aus, einen Text zu lesen, wichtige Stellen zu markieren
oder Lesezeichen zu verwenden, um die wesentlichen Inhalte und Argumente für
die eigene Fragestellung herauszuarbeiten. Dann kann es hilfreich sein, die zentralen Aussagen in eigenen Worten zu formulieren. Ein Exzerpt (lat. excipere; he-
rausnehmen) eines Textes zu erstellen, bedeutet, die wesentlichen Aussagen, Thesen und Argumente eines Textes zusammenfassend zu notieren. Im Zentrum steht
dabei die Reduzierung eines Textes auf seinen Kern, möglichst geordnet und

komprimiert. Dieses enthält idealerweise folgende Angaben: Thesen und Ergebnisse des Textes, wesentliche Argumentationsschritte und Begründungen, ggf. Daten, Tabellen oder Schaubilder. Ihre Zusammenfassung sollte übersichtlich strukturiert sein und sinngemäße Auszüge einzelner Argumente, Gedankengänge und Ideen eines Textes mit einigen prägnanten wörtlichen Zitaten kombinieren. Generell wird in Exzerpten auf Details, Einzelargumentationen und Beispielerläuterungen verzichtet. Ein Exzerpt kann auch dazu dienen, bereits konkrete Antworten zu einer bestimmten Fragestellung herauszuarbeiten (Burchardt 2006, 94 f.; Deparade 2006, 37).

Exzerpte bilden zum einen die Grundlage für Studienarbeiten, d. h. Seminar-, Haus- und Abschlussarbeiten, und zum anderen sind sie für die Prüfungsvorbereitung nützlich. Je nach Interesse und Zielsetzung enthalten Exzerpte unterschiedliche Informationen. Wenn Sie Exzerpte für eine Studienarbeit anfertigen und nur bestimmte Informationen im Zusammenhang mit Ihrer Fragestellung für Sie interessant sind, werden Ihre Exzerpte sicherlich anders aussehen, als wenn Sie sich auf eine Prüfung vorbereiten und dafür nach hilfreichen Informationen in der Literatur suchen. Daraus ergibt sich weiterhin, ob Sie große inhaltliche Abschnitte wörtlich in Ihr Exzerpt übernehmen oder die wesentlichen Argumente, Thesen etc. in eigenen Worten zusammenfassen. Als Grundlage für eine Studienarbeit kann es aber durchaus sinnvoll sein, längere Passagen zunächst im Wortlaut zu übernehmen, um dann später zu entscheiden, wie Sie die Literaturquelle für Ihren eigenen Text verwenden wollen, d. h. ob Sie die Stelle wörtlich oder nur sinngemäß wiedergeben wollen. Wörtliche Zitate sind sinnvoll, wenn

- besonders treffende Formulierungen verwendet werden,
- sich Aussagen nicht knapper darstellen lassen oder
- etwas nicht verändert werden soll (z. B. Statistiken, Definitionen oder Formeln).

Die Variante, die wesentlichen Gedankengänge eines Textes in eigenen Worten zusammenzufassen, ist dann besonders geeignet, wenn Sie sich Wissen – z. B. für eine Prüfung – erarbeiten wollen, weil Sie auf diese Weise feststellen werden, ob Sie den Inhalt eines Textes tatsächlich verstanden haben. Lange Passagen in Form wörtlicher Zitate nur abzuschreiben, ist in diesem Fall wenig hilfreich. Denn damit Sie den Kern erfassen und in der gebotenen Kürze wiedergeben können, müssen Sie ihn auch komplett verstanden haben. Falls Sie die Texte zur Prüfungsvorbereitung nutzen, ist es deshalb auch sinnvoll, sich in der (Lern-)Gruppe darüber auszutauschen (vgl. Abschnitt II 3.3). Ein Exzerpt aus ein und demselben Text kann also ganz unterschiedlich aussehen, je nachdem für welchen Zweck es angefertigt wurde. Gerade in Fächern, in denen sehr viel Stoff gelernt werden muss, ist es hilfreich, diesen anhand von Exzerpten zu reduzieren.

Zudem können Sie die einzelnen Exzerpte zusätzlich mit eigenen kurzen Stichwörtern markieren, um sie nach Themen zu sortieren. Exzerpte sind Gedankenblätter, die Sie aufheben sollten. Vielleicht können Sie die Exzerpte für andere Arbeiten wieder nutzen. Unverzichtbar sind in jedem Fall alle wichtigen bibliografischen Angaben, damit sich die Informationen zuordnen und richtig zitieren lassen. Außerdem können Sie so die Originalquelle schnell wieder finden, um evtl.

einzelne Aspekte nochmals nachzuschlagen. Denken Sie auch daran, zu den ausgewählten Textstellen jeweils die Seitenzahlen für ein späteres Zitieren (vgl. Abschnitt III 3.6) zu notieren.

Darüber hinaus braucht es etwas Routine im Formulieren und Konzipieren einer übersichtlichen Aufbereitung. Vermutlich werden Sie im Laufe des Studiums
Ihr eigenes Arbeitssystem entwickeln. Grundsätzlich gilt, dass ein Exzerpt so
knapp wie möglich, aber so ausführlich und präzise wie notwendig gestaltet werden sollte. Wenn Sie Ihre Notizen sehr allgemein formulieren, ist es möglich, dass
Sie die wesentlichen Inhalte beim Schreiben der Studienarbeit nicht mehr nachvollziehen können. Stellen Sie am besten pro Abschnitt einige Kontrollfragen:
Was ist das Thema dieses Abschnittes? Was ist die wichtigste Aussage (zu meinem Thema)? (Esselborn-Krumbiegel 2008b, 83 ff.).

Wenn Sie mit dem Exzerpieren von Texten beginnen, sollten Sie ruhig verschiedene Methoden ausprobieren, denn auch hier gibt es keine allgemeinen Re-
zepte. Folgende Punkte können Ihnen helfen, Ihre Exzerpiermethode zu finden:

- Zunächst sollten Sie den Text komplett lesen oder zumindest überfliegen, damit
  Sie den Zusammenhang und den Aufbau der Argumentation erkennen.
- Fertigen Sie in einem zweiten Schritt eine Gliederung Ihres Exzerptes an.
- Meist reichen Stichworte nicht aus, um einen komplexen Zusammenhang dar-
  zustellen. Deshalb sollten Sie knappe, selbst formulierte Sätze verwenden. Da-
  durch stellen Sie sicher, dass Sie die Inhalte auch wirklich verstanden haben,
  und vermeiden außerdem die Gefahr eines Plagiats (vgl. Abschnitt III 2.2).
- Zentrale Aussagen oder Definitionen, die für Ihre eigene Argumentation oder
  Fragestellung wichtig sind, können Sie sinngemäß (mit eigenen Worten) übernehmen oder wörtlich zitieren.
- Zitate sollten sehr sparsam verwendet werden. Stellen Sie auf jeden Fall sicher,
  dass Sie deren Inhalt verstanden haben und den Text nicht nur abschreiben.
- Auch schon während des Exzerpierens sollten Sie alle eigenen Kommentare,
  Ergänzungen und Kritiken notieren. Deshalb sollten Sie einen breiten Rand (ca.
  ein Drittel der Seitenbreite) lassen, damit Sie ausreichend Platz für eigene Anmerkungen haben. Wichtig ist hierbei, eigene Gedanken von der reinen Textzu-
  sammenfassung abzugrenzen (Deparade 2006, 37). Wenn Sie mit dem Computer arbeiten, können Sie Ihre Anmerkungen alternativ auch in eckige Klammern
  setzen oder die Kommentarfunktion Ihres Textverarbeitungsprogramms nutzen.

Wenn Sie einen Text zur Hand nehmen, den Sie gerade bearbeiten müssen, können Sie mithilfe der folgenden Schritte ein erstes Übungsexzerpt erstellen:
1. *Zehn-Prozent-Methode:* Markieren und schreiben Sie aus einem Text die wichtigsten zehn Prozent der Wörter heraus. Achten Sie dabei darauf, dass Sie nicht
   mehr Wörter verwenden. So können Sie die inhaltlichen Schwerpunkte des
   Textes erschließen.
2. *Fertigen Sie eine inhaltliche Gliederung des Textes an.* Diese muss nicht mit
   der vorhandenen Gliederung des Textes übereinstimmen, vielmehr sollte sie
   den Abschnitten und Themen angepasst sein, die Sie besonders interessieren.

3. *Notieren Sie ergänzende Bemerkungen* und eigene Gedanken zu den herausgearbeiteten Schwerpunkten. Sie können an diesem Punkt auch Ihre eigenen Vorkenntnisse und Überlegungen einbringen. Wichtig ist hier jedoch, dass Sie kenntlich machen, welche Inhalte aus dem Text stammen und welche von Ihnen hinzugefügt wurden.

4. *Ziehen Sie ein Resümee aus den gesammelten Informationen.* Versuchen Sie, dies durch einige zentrale Thesen zu verdeutlichen.

Wenn Sie gerne mit dem Computer arbeiten, können Sie Literaturverwaltungsprogramme (vgl. Abschnitt IV 2) nutzen, die sowohl das systematische Bibliografieren als auch das Exzerpieren erleichtern können (vgl. Abschnitt IV 2). Ein weiterer Vorteil elektronischen Arbeitens schon in dieser Phase ist die Möglichkeit, die bei der Lektüre gesammelten Exzerpte und Gedanken anschließend direkt in Ihre Textverarbeitung zu übernehmen.

Unabhängig davon, ob Sie Ihre Exzerpte handschriftlich oder per Computer erstellen, ist es sehr wichtig, dass Sie sich ein System für die Ablage anlegen. Dadurch stellen Sie sicher, dass Sie sowohl die Literaturquellen als auch Ihre Zusammenfassungen bei Bedarf schnell wiederfinden. Gleichzeitig können Sie Ihre Exzerpte nach Schlag- und Stichwörtern sortieren. Diese sollten möglichst präzise und auch nach längerer Zeit noch nachvollziehbar sein, ansonsten besteht die Gefahr, dass Sie später eine Literaturquelle übersehen oder sich irrtümlich erneut mit ihr beschäftigen. Als Leitlinie für das Formulieren der Stichpunkte können Ihnen folgende Fragen dienen (Preißner 1998, 45):

• Welchem Fachgebiet ordne ich die Literaturquelle zu?
• Welche Fragestellung wird in diesem Text bzw. Artikel untersucht?
• Auf welche Autoren, bekannten Meinungen, Theorien etc. wird zurückgegriffen?
• Handelt es sich um eine Literaturauswertung (theoretische Arbeit) oder um eine empirische Arbeit?
• Was ist die zentrale Aussage des Textes?
• Werden andere Autoren oder Theorien durch diese Literaturquelle beeinflusst?

Die Angabe dieser Stichpunkte kann Ihnen helfen zu entscheiden, ob Sie das Exzerpt oder die Literaturquelle evtl. später nochmals verwenden können. Damit Sie den Inhalt systematisch erschließen und ihn zu einem späteren Zeitpunkt auch nutzen können, ist es hilfreich, die wesentlichen Gedanken zu visualisieren. Hierzu bieten sich die beiden folgenden Methoden an:

Ein *Ablaufdiagramm* veranschaulicht schematisch die Abfolge der zentralen Inhalte. Je nach Art und Umfang des Textes können Sie sich auch an der Gliederung orientieren und wichtige Begriffe für das Ablaufdiagramm übernehmen. Diese Methode ist angebracht, wenn aus dem Text eine klare, eindimensionale Struktur hervorgeht. Falls Themen breiter behandelt werden, können Sie stattdessen eine hierarchische Darstellung verwenden. Hier kann es Ihnen helfen, das Ablaufdiagramm mit Pfeilen u. Ä. zu ergänzen, so dass Sie, wenn Sie Ihre Zusammenfassung wieder zur Hand nehmen, schnell einen Überblick erhalten.

Mindmaps erlauben die Darstellung komplexer Zusammenhänge, die für ein Ablaufdiagramm nicht geeignet sind. Bei der Arbeit mit solchen Mindmaps werden gedankliche Beziehungen hergestellt – diese müssen nicht immer rein logisch aufgebaut sein, sondern sollen Ihrer persönlichen Gliederung entsprechen. Der Grundgedanke ist, dass durch die Visualisierung Informationen leichter erfasst und geordnet werden können. Deshalb ist diese Methode auch für die Prüfungsvorbereitung von komplexen Inhalten hilfreich. Außerdem eignen sich Mindmaps z. B. auch als Vorbereitung für die Gliederung eigener Texte oder Referate (vgl. Abschnitt III 3.2).

Welche Methode am besten geeignet ist, hängt von Ihrem Vorhaben (Prüfungsvorbereitung, Grundlage für eine Studienarbeit oder eine mündliche Präsentation), von dem Dokument, das Sie bearbeiten, und von Ihrer persönlichen Arbeitsweise ab (vgl. Tabelle 3).

Tabelle 3.   Überblick zur Wahl der Exzerptmethode (Chevalier 2005, 122)

Wofür erstelle ich das Exzerpt?	*Besonderheiten des Exzerptes*	*Geeignete Methoden*	*Was sollte ich vermeiden?*
Lernen und Behalten (Prüfungsvorbereitung)	schnelle Wiederholung möglich; kommt eigenen Lernvorlieben entgegen	Zusammenfassung, Tabellen erstellen, Gliederung erstellen, Mindmap	zu umfangreiche Notizen ohne Hervorhebungen und Markierungen
Vorbereitung einer Studienarbeit	individuelle Strukturierung	Stichwörter, Gliederung, wörtliche Zitate, Zusammenfassungen, Mindmap	Übernahme von Textpassagen, ohne diese verstanden zu haben
Vorbereitung einer mündlichen Präsentation	Gedankenstütze	Tabelle mit Schlüsselwörtern, Mindmap, Gliederung	lange, unübersichtliche Zusammenfassung

Das Erstellen eines passenden Exzerptes für schriftliche Arbeiten oder zur Vorbereitung von Prüfungen ist, ähnlich wie die Erstellung von Vorlesungsmitschriften oder Protokollen (vgl. Abschnitte II 1.5 und II 1.6), gar nicht so einfach. Je sorgfältiger Sie dabei vorgehen, desto mehr Arbeit sparen Sie sich bei der Vorbereitung Ihres „Endprodukts".

II Leistungsnachweise

Studieren könnte so schön sein – wenn doch nur diese lästigen Protokolle, Prüfungen und Studienarbeiten nicht wären! Aber alles Jammern hilft nichts. Sie müssen sich den Herausforderungen stellen! In diesem Kapitel erfahren Sie, wie Sie sich optimal auf die unterschiedlichen Anforderungen, die an Sie gestellt werden, vorbereiten können.

1 Typen von Leistungsnachweisen und Prüfungen

Oh je, die erste Studienarbeit an der Hochschule steht an! Das ist allerdings kein Grund, in Panik zu verfallen. Jeder Leistungsnachweis folgt bestimmten Regeln und Mustern. Wenn Sie diese kennen und wissen, was auf Sie zukommt und was von Ihnen erwartet wird, können Sie sich den Leistungsnachweisen ruhigen Gewissens stellen. Nur Mut! Meistens klingt es schlimmer, als es ist, und die Vorbereitung kann sogar Spaß machen.

1.1 Klausur

Am Ende von Studienabschnitten und Lehrveranstaltungen wie z. B. Vorlesungen und Seminaren steht häufig eine Klausur. Sie ist eine schriftliche Prüfungsarbeit, die in einer festgelegten Zeitspanne unter Aufsicht anzufertigen ist, und wird entweder als Aufgaben-, Fragen-, Themen- oder Multiple-Choice-Klausur gestellt. Informieren Sie sich frühzeitig über Anmeldeformalitäten und -fristen sowie über die Voraussetzungen der Zulassung (gesammelte Leistungsnachweise). Verlassen Sie sich hierbei nicht auf das Hörensagen, sondern lesen Sie im Zweifelsfall die Studien- und Prüfungsordnung. Um gut vorbereitet in eine Klausur zu gehen, sollten Sie sowohl fachlich als auch persönlich gerüstet sein. Der Klausurtermin steht in der Regel frühzeitig fest. Die Inhalte ergeben sich aus den Lehrveranstaltungen selber oder werden bei Bedarf vom Dozenten eingegrenzt. Falls Sie noch Fragen haben, können Sie evtl. die Sprechstunden des Dozenten nutzen. Die Mitschriften aus den Lehrveranstaltungen und die Literatur bilden die Basis, um sich fachlich vorzubereiten. Wie Sie den Stoff durcharbeiten, welche Lerntechniken Sie nutzen und ob Sie in Lerngruppen oder lieber alleine arbeiten (vgl. Abschnitt II 3), müssen Sie für sich entscheiden. Prüfen Sie noch am Tag der Klausur kritisch, ob Sie gesundheitlich in der Lage sind, an der Klausur teilzunehmen. Im Falle einer

Krankheit sollten Sie unverzüglich schriftlich den Rücktritt von der Klausur erklären und sich zum Beweis der Prüfungsunfähigkeit ärztlich – evtl. sogar amtsärzt-
lich – untersuchen lassen. Mit der Teilnahme an der Klausur versichern Sie
zugleich, dass Sie prüfungsfähig sind. Eine nachträgliche Annullierung ist grundsätzlich ausgeschlossen.

Für die Klausur ist es wichtig, ausgeruht und konzentriert zu sein. Mit ausreichend Schlaf und einem ausgewogenen Frühstück bzw. einem entsprechenden
Mittagessen bei Klausuren am Nachmittag haben Sie schon gute Voraussetzungen.
Zu den Dingen, die Sie in die Klausur mitbringen dürfen, zählen neben den
Schreibutensilien auch die zugelassenen Hilfsmittel. Informieren Sie sich vorher
darüber, was zulässig ist, um Missverständnissen vorzubeugen. Eine Uhr, aber
kein Mobiltelefon, da diese sehr häufig nicht zugelassen sind, sollte auf jeden Fall
dabei sein, damit Sie in der vorgegebenen Zeit alle Aufgaben bearbeiten können.
Zur Aufrechterhaltung der Konzentration und Leistung sind ein Getränk, eine Ba-
nane oder ein Stück Schokolade und evtl. ein kleiner Glücksbringer, den Sie zur
Gedankenordnung zwischendurch anschauen können, wenn Sie gerade mal fest-
hängen, hilfreich.

Vergewissern Sie sich zu Beginn der Klausur, dass Sie alle Klausurunterlagen
vollständig erhalten haben und lesen Sie die Aufgaben- und Fragestellungen genau
durch. Behalten Sie die Zeit unbedingt im Blick und beißen Sie sich nicht an einzelnen Aufgaben fest, so dass Sie alles bearbeiten können. Eine Gliederung bzw.
Skizze zur Aufgabenbearbeitung hilft Ihnen dabei.

Unerlaubtes Verhalten wie Täuschung durch unzulässige Hilfsmittel sollten Sie
niemals in Betracht ziehen: Hierbei handelt es sich nicht um ein Kavaliersdelikt; je
nach Schwere und Sanktionsinstrumentarium wird dies mit einer Wertung der
Klausur als Fehlversuch, Verlust des Prüfungsanspruchs oder Zwangsexmatrikulation geahndet. Reklamieren Sie Störungen im Prüfungsablauf und bei den Prü-
fungsbedingungen, wie z. B. Baulärm, unverzüglich.

Sollte Ihnen die Vorbereitung auf eine Klausur einmal nicht so gelungen sein,
dass Sie diese im ersten Anlauf bestehen, lassen Sie sich nicht entmutigen. Prüfen
Sie vielmehr kritisch, wie Sie in der Vorbereitung für den nächsten Versuch etwas
anders bzw. besser machen können. Bedenken Sie dabei, dass für einige Klausuren die Anzahl der Versuche in der Regel auf drei begrenzt ist und bei endgülti-
gem Nichtbestehen einer solchen Klausur die Zwangsexmatrikulation folgt und
der gesamte Studiengang an keiner anderen Hochschule des gleichen Hochschul-
typs mehr aufgenommen bzw. fortgesetzt werden darf.

1.2   Referat und Präsentation

Referaten zuzuhören gehört zum Seminaralltag und ist oft Anlass für Langeweile.
Die großen Vortragssünden können Sie jedoch vermeiden. Ihr Vortrag kann le-
bendig, lehrreich und spannend sein!

Normalerweise erhalten Sie entweder ein bis zwei Texte vom Dozenten, deren
Inhalt Sie an die Zuhörer vermitteln sollen, oder Sie bekommen ein Thema oder
wählen selbst ein Thema aus, das Sie dann für ein Referat aufbereiten werden. Sie

sollen also einen kurzen, informativen Vortrag halten, der in eine Diskussion über-
leiten soll. Im ersten Fall wird von dem Dozenten in der Regel vorausgesetzt, dass
alle Teilnehmer die Basislektüre gelesen haben und es „nur" Ihre Aufgabe ist, den
Inhalt kompakt und anschaulich wiederzugeben (zu *referieren*) und ggf. mit weiteren Informationen aus zusätzlichen, selbst recherchierten Texten zu ergänzen. Die
Erfahrung zeigt aber, dass nur eine Minderheit der Seminarteilnehmer gut auf jede
Sitzung vorbereitet ist. Sie sollten Ihren Vortrag daher so ausrichten, dass er für
alle verständlich ist. Im Folgenden finden Sie die wichtigsten Tipps zur Vorbereitung und Durchführung:

- *Zeitpuffer einplanen!* Verteilen Sie Ihre Referatspflichten gleichmäßig über das
  Semester. Bedenken Sie jedoch, dass sich zum Ende der Vorlesungszeit die
  Klausuren häufen und versuchen Sie daher, Ihre Referate mit ausreichendem
  Puffer vor den Klausuren hinter sich zu bringen. Die Dozenten sind dankbar,
  wenn Sie ein Thema für eine der ersten Sitzungen übernehmen. Ansonsten planen Sie, mit den Vorbereitungen ca. vier Wochen vor der entscheidenden Sitzung zu beginnen, um Zeit für Literaturbeschaffung, Rücksprache mit den Dozenten, Überarbeitung etc. zu haben.
- *Grundlagentext gründlich aufbereiten!* Ist Ihnen der Text, den Sie referieren
  sollen, vorgegeben, können Sie sich schrittweise an die Aufbereitung machen:
  Lesen Sie ihn so lange gründlich, bis Sie den Kerngedanken gut verstanden haben (vgl. Abschnitt I 1). Teilen Sie den Text in Abschnitte ein, für die Sie
  Überschriften finden. Fassen Sie die Abschnitte in eigenen Worten zusammen
  und ersetzen Sie die Überschriften durch Überleitungen. Bearbeiten Sie anschließend Ihren Text stilistisch, indem Sie Füllwörter streichen, Fremdwörter
  ersetzen, Fachterminologie erläutern und möglichst kurze Sätze bilden (Presler
  2004, 27 ff.).
- *Strukturieren Sie wirkungsvoll!* Begründen Sie in Ihrer Einleitung die Wichtigkeit des Themas für die Zuhörer und kündigen Sie den Aufbau Ihres Vortrags
  an. Sie können zu Beginn darauf hinweisen, was Sie nicht behandeln, oder Sie
  bieten an, in der anschließenden Diskussion Informationen dazu zu geben. Der
  Hauptteil der Präsentation sollte maximal 80 % der Sprechzeit umfassen. Wählen Sie sorgfältig aus, welche Argumente Sie präsentieren wollen – es geht hier
  nicht darum zu zeigen, was Sie *alles* wissen. Haben Sie Mut zur Vereinfachung
  und zum emotionalen Engagement. Die meisten Fachvorträge sind dreigeteilt in
  eine der folgenden Varianten:
  a) Ausgangslage – Vorgehensweise – Ergebnis,
  b) Problem – traditionelle Lösung – neuer Ansatz oder
  c) These – Antithese – Synthese (Ergebnis).
  Grenzen Sie einzelne Informationsblöcke deutlich voneinander ab und strukturieren Sie auch innerhalb Ihrer Bausteine nachvollziehbar, z. B. chronologisch,
  geografisch oder strategisch. Wichtig ist, dass Sie überhaupt eine Struktur haben! Untermauern Sie Ihre Darstellung von Tatsachen oder Zusammenhängen
  mit Zahlen, interessanten Beispielen oder leichtverständlichen Vergleichen.
  Diese sind auch Wiedereinstiegshilfen für „Abschalter" während des Vortrags.
  Helfen Sie Ihren Zuhörern mit einsichtigen Überleitungen. Im Fazit sagen Sie
  kurz, was für Ihre Zuhörer aus den dargestellten Informationen folgt, und zei-

gen Sie, dass Sie sich weiterführende Gedanken machen (Hierhold 2005, 11 ff. und 75 ff.).

- *Fassen Sie sich kurz!* Die goldene Regel lautet: Halten Sie sich unbedingt an die Zeitvorgabe! 15 Minuten bedeuten ca. 5.000 bis 6.000 Zeichen. Die Vortragsgeschwindigkeit liegt bei ca. 100 bis 130 Wörtern pro Minute bzw. zehn kurzen Sätzen. Falls Sie mit Stichworten arbeiten, können Sie pro Minute mit vier Stichworten rechnen, die wiederum jeweils zwei bis drei Sätze ergeben. Für eine Präsentationsfolie benötigen Sie ca. eine Minute, für ein komplexes Diagramm ca. zwei bis drei Minuten (Hierhold 2005, 416 f.). Die beste Möglichkeit zur Einschätzung der Zeit ist jedoch, die Präsentation in mehreren Generalproben durchzugehen. Beachten Sie die Faustregel, dass jede Präsentation ca. 10 bis 20 % länger dauert, als in der Vorbereitung berechnet – durch Probleme mit der Technik, verzögerten Beginn, Störungen, Zwischenfragen etc. Unsicherheiten in einer Fremdsprache führen zu weiterer Verzögerung. Wenn Sie die Zeit überziehen, strapazieren Sie die Aufmerksamkeitsspanne Ihrer Zuhörer und machen diese ungehalten. Die meisten Reden sind zu lang – über minimal zu kurze Vorträge werden Sie selten Beschwerden hören! Üben Sie das exakte Einhalten der Redezeit.
- *Feilen Sie besonders an Anfang und Ende!* Besonders Anfang und Schluss werden Ihren Zuhörern am ehesten im Gedächtnis bleiben. Beginnen Sie mit einer Provokation oder einer Frage, die Spannung erzeugt. Greifen Sie diese am Ende wieder auf, um zu einem „runden Schluss" zu kommen und leiten Sie abschließend mit einer oder mehreren Fragen in die Diskussion über.
- *Visualisierung hilft!* Erfrischend wirken etwa Fotos und Karikaturen; Landkarten helfen bei der Orientierung. Sogar Buchcover zentraler Bücher und Portraits von Autoren lassen sich einbinden. Aber auch Grafiken und Schaubilder, Tabellen etc. können anschaulich wirken und die Merk- und Erinnerungsfähigkeit beim Zuhörer stärken. Die Erläuterung des zu Sehenden muss aber im Zeitbudget eingeplant werden.
- *Vermeiden Sie Bankrott-Erklärungen!* Ihre Zuhörer wollen etwas Neues und Wissenswertes hören, Redewendungen wie „Eigentlich bin ich kein Experte für das Thema" oder „Der folgende Abschnitt bringt nichts Neues" frustrieren den Zuhörer und wirken unprofessionell. Sie sind daher ein ungeeignetes Mittel, um gegen Ihre Angst vor zu hohen Erwartungen vorzugehen, verzichten Sie unbedingt darauf. Werten Sie weder sich selbst, Ihre Hilfsmittel noch Ihre Botschaft ab (Hierhold 2005, 349 f.).
- *Rücksprache mit dem Dozenten nicht vergessen!* Geben Sie Ihrem Dozenten spätestens eine Woche vor der Seminarsitzung einen Ausdruck Ihres Referats oder Handouts und bitten Sie ihn um kritische Durchsicht. Nehmen Sie die Verbesserungsvorschläge auf und erstellen Sie Ihre Endversion. Klären Sie dieses Vorgehen vorher mit ihm ab.
- *Vortragsvorlage ausdrucken!* Zur Vorbereitung Ihres Vortrags vergrößern Sie die Schrift des Fließtextes z. B. auf Schriftgröße 16 Punkt mit 1,5-zeiligem Abstand, nutzen Sie serifenfreie Schriftarten wie Arial zur besseren Lesbarkeit und drucken Sie das Manuskript in DIN-A5-Größe für sich aus. Kleben Sie den

Text zur besseren Handhabung auf Karteikarten und heben Sie Schlüsselwörter mit einem Textmarker hervor. Alternativ können Sie Karteikarten nur mit Gliederung und Stichworten vorbereiten. Nummerieren Sie Ihre Karteikarten.

- *Planen Sie Ihre Dramaturgie!* Überprüfen Sie Ihren Text auf geeignete Stellen für stimmliche Abwechslung: langsam / schnell; laut / leise; hoch / tief. Was betonen? Wo pausieren? Wann ist Blickkontakt zum Publikum besonders wichtig? Wo kann die Aufmerksamkeit durch eine gezielte Bewegung (Gestik bzw. Mimik) unterstützt werden? Wann sind Bilder einzusetzen? Markieren Sie dies alles in Ihrer Vorlage.

- *Üben Sie laut!* Und zwar mehrfach! Das hilft Ihnen, sich den Text einzuprägen sowie später nahezu frei halten zu können und den Zeitaufwand realistisch einzuschätzen. Anfang und Schluss sollten Sie fast auswendig lernen, um sicher beginnen und enden zu können. Markieren Sie Blöcke, die Sie bei Zeitverzug weglassen können. Das Manuskript dient nur Ihrer Absicherung, nicht zum Vorlesen!

- *Technik sicher beherrschen!* Üben Sie den Umgang mit den Vortragsmaterialien – üben Sie das Schreiben auf dem Flipchart bzw. bitten Sie Freunde, Ihre Overhead-Projektor-Folien aufzulegen, oder testen Sie den Anschluss Ihres Notebooks an den Beamer etc. Stellen Sie rechtzeitig sicher, dass die notwendigen Materialien im Raum vorhanden sind. Besorgen Sie die Geräte aus dem entsprechenden Raum oder bei der zuständigen Stelle und kümmern Sie sich um Materialien wie breite Stifte, Folienstifte, Verlängerungskabel und Notebook-Fernbedienung und stellen Sie sich ein Glas Wasser bereit.

- *Auch auf die Körperhaltung kommt es an!* Ein Vortrag im Stehen ist immer besser als im Sitzen. Tragen Sie etwas formellere Kleidung als gewöhnlich, in der Sie sich wohlfühlen und Kompetenz ausstrahlen. Prüfen Sie, ob ein Rednerpult vorhanden ist oder bauen Sie sich selbst eines. Gehen Sie langsam zum Rednerpult. Stehen Sie mit den Füßen parallel, nicht mehr als schulterbreit. Die offenen Hände mit den Karten in einer Hand oder auf dem Pult, hängen entweder ruhig neben dem Körper oder Sie halten die Hände in der Körpermitte, das erleichtert die Gestik. Nehmen Sie Blickkontakt auf und versuchen Sie während des Vortrags, das ganze Publikum einzubeziehen – etwa eine Person pro Gedanke. Das wirkt souverän und Sie können sich vergewissern, ob Sie verstanden werden. Vermeiden Sie die größte Sünde: Drehen Sie sich niemals vom Publikum weg, während Sie sprechen. Sprechen Sie nicht zur Wand. Wollen Sie dort auf etwas zeigen, tun Sie dies kurz schweigend und sprechen Sie dann wieder zum Publikum.

- *Störungen vermeiden!* Stellen Sie Ihr Mobiltelefon aus oder auf lautlos. Verteilen Sie keine Blätter während des Referats. Verteilen Sie Ihr Handout vorher (Zuhörer können es dann mit eigenen Anmerkungen ergänzen) oder kündigen Sie es nur an und verteilen Sie es nachher, um zu vermeiden, dass sich die Zuhörer davon ablenken lassen. Bei technischen Pannen lassen Sie sich nicht aus der Ruhe bringen. Beheben Sie diese und machen Sie weiter. Bei Unruhe im Publikum pausieren Sie kurz und lassen einen fragenden Blick schweifen. Klären Sie die Unruhe ggf. auf und machen Sie dann weiter.

- *Holen Sie sich Feedback!* Ein Tonband oder eine Videokamera kann helfen herauszufinden, ob Sie undeutlich, zu schnell oder zu leise sprechen. Freunde können darüber hinaus eine bessere Rückmeldung über die Verständlichkeit des Vortrags, Mimik, Gestik, Augenkontakt und Körperhaltung geben. Bitten Sie eine Person Ihres Vertrauens nach dem Vortrag um eine ehrliche Rückmeldung.

Von Ihnen wird verlangt werden, zu Ihrem Vortrag ein **Handout** oder **Thesenpapier** mitzubringen. Beachten Sie, dass einige Dozenten diese Bezeichnungen synonym verwenden, andere verbinden unterschiedliche Vorstellungen damit. Klären Sie vorab, was genau erwartet wird.

Einige Komponenten sind beiden gemeinsam: Beide Varianten erleichtern es, Ihrem Vortrag zu folgen und in die Diskussion einzusteigen. Sie sollten im Kopfteil des Dokuments folgende Angaben aufführen: Hochschule, Seminartitel, Semester (z. B. WS 2009/2010), Name des Dozenten, Datum, Ihren Namen, Titel des Referats. Am Ende des Dokuments sollte die Liste der wichtigsten Literatur aufgeführt werden.

Ein *Thesenpapier* fasst die Ergebnisse des Vortrags auf ca. ein bis zwei Seiten in eigenen Worten zusammen. Diese Zusammenfassung findet sich in nummerierten, zugespitzten, kurzen und präzisen Aussagen wieder, welche die Meinung des Vortragenden widerspiegeln und eine Diskussion anregen sollen. Besonderes Gewicht wird also auf umstrittene und damit diskussionsbedürftige Aspekte gelegt. Die logische Abfolge der Thesen sollte gesichert sein, aber die Herleitung bzw. der ganze Vortrag braucht sich dort nicht wiederzufinden: Die Begründung wird im Referat gegeben.

Im *Handout* werden auf ca. zwei bis drei Seiten die Struktur des Vortrags und die Gliederung zur Orientierung der Zuhörer aufgeführt. Ganze Sätze sollten außer bei zentralen Zitaten ganz vermieden werden, die aufgeführten Stichworte bzw. Zusammenhänge sollten dennoch auch im Nachhinein verständlich sein. Wichtige Zitate, zentrale Definitionen oder Abbildungen können aufgeführt werden. Hier können auch Informationen untergebracht werden, die Sie im Vortrag nicht erläutern und somit zum Nachlesen und Hinterfragen bestimmt sind, z. B. ergänzende statistische Angaben. Auch hier sollten weiterführende Fragen einen Diskussionsanreiz bieten. Das Handout soll das Mitschreiben erleichtern oder ersetzen, so dass sich die Zuhörer ganz auf den Vortrag konzentrieren können. Beachten Sie die Vorgaben genau und versuchen Sie nicht, mit kleinen Schrifttypen zu „tricksen". Teilweise wird unter einem Handout auch der Ausdruck der präsentierten Powerpoint-Folien verstanden, wobei idealerweise vier Folien auf einem einseitig bedruckten Blatt wiedergegeben werden.

Neben dem reinen Inhalt und der verbalen Präsentation ist die **Visualisierung** der dritte wichtige Faktor eines Referates. Im Folgenden werden verschiedene Möglichkeiten der Visualisierung sowie ihre Vor- und Nachteile vorgestellt. In Seminaren sind die beiden üblichsten Medien *Overheadprojektor* und *Beamer*. Jedoch sollten Sie im Notfall auch fähig sein, die wichtigsten Inhalte „manuell" zu visualisieren, da technische Probleme eher die Regel als die Ausnahme sind und ein „Plan B" zu einer guten Vorbereitung gehört.

Die Ziele einer Visualisierung sind die Konzentration Ihrer Zuhörer zu fördern, das Verstehen zu erleichtern und das Behalten der Informationen zu unterstützen. Sie können die Visualisierung nutzen, um die Gliederung des Referates sichtbar zu machen, mit Grafiken oder Schaubildern komplizierte Sachverhalte zu veranschaulichen und Ihre Zuhörer an der schrittweisen Entwicklung Ihrer Gedanken teilhaben zu lassen (Stary 2008, 255 ff.).

Bei der Wahl des Mediums gilt, dass eine Kombination aus zwei bis drei Medien die Konzentration des Publikums und die Dynamik des Vortrags mehr fördert als nur ein einziges. Beispielsweise können Sie die Gliederung der Präsentation auf ein Flipchart schreiben, so dass sie dem Publikum während der gesamten Zeit präsent ist, den Hauptvortrag mit Powerpoint-Folien gestalten und die Diskussion mithilfe einer Tafel oder des Overheadprojektors moderieren. Besonders wichtig bei der Visualisierung ist die übersichtliche Gestaltung der Inhalte. Die modernste Powerpoint-Präsentation nützt Ihnen nichts, wenn die Inhalte nicht sinnvoll gegliedert und prägnant dargestellt sind. Deshalb sollten Sie bei der Gestaltung Ihrer Folien folgende Regeln beachten (Kuzbari / Ammener 2006, 68 ff.):
- Beschränken Sie sich auf das Wesentliche. Formulieren Sie in Stichpunkten oder Halbsätzen.
- Gliedern Sie Ihre Inhalte mit aussagekräftigen Überschriften.
- Heben Sie wichtige Informationen und Überschriften optisch hervor.
- Lassen Sie genügend Abstand zwischen einzelnen Informationseinheiten.

Die **Kreidetafel** ist das Medium, das Ihnen meistens in jedem Raum zur Verfügung steht, wobei hierin der Hauptvorteil liegt. Weitere Vorteile sind die einfache Handhabung, die große Schreibfläche und das unkomplizierte Löschen und Korrigieren während des Anschreibens. Nachteilig ist jedoch, dass die Methode relativ zeitaufwendig ist: Die Tafelbilder können nicht aufbewahrt werden, außer wenn

Sie diese abfotografieren, und die Handhabung mit Schwamm und Kreide kann zu umständlich werden. Dies gilt analog für das Whiteboard.

Nachfolgend finden Sie einige Tipps zur Arbeit mit (Kreide-)Tafel bzw. Whiteboard (Stary 2008, 263 f.):

- Bereiten Sie das Tafelbild zu Hause vor, um Platzeinteilung und Übersichtlichkeit zu testen. Beschriften Sie die Tafel ggf. vor Beginn der Lehrveranstaltung.
- Prüfen Sie vorher das Vorhandensein von Kreide, Wasser, Schwamm und eines Lappens zum Trockenwischen bei Kreidetafeln bzw. von Stiften und Schwamm für das Whiteboard.
- Schreiben Sie groß und deutlich und lassen Sie genügend Zeit zum Abschreiben bzw. bieten Sie das Abfotografieren an.

Weitere manuelle Medien sind **Flipchart** und Medien, an denen Sie etwas befestigen können wie Pinnwand (auch Metaplanwand) oder Magnettafel. Der Hauptvorteil dieser Medien ist, analog zur Kreidetafel, dass Sie leicht in der Handhabung sind und dank nicht vorhandener Technik immer funktionieren. So bietet das Flipchart im Gegensatz zur Kreidetafel die Möglichkeit, dass Sie die Blätter schon im Vorhinein in Ruhe vorbereiten und die Ergebnisse direkt an den Wänden des Seminarraums aufhängen können. Jedoch hat das Flipchart, das an Hochschulen nicht so häufig vorhanden ist, nur eine begrenzte Schreibfläche und eignet sich eher für kleine Visualisierungen.

Beschriften Sie die Medien *handschriftlich während der Präsentation* sollten Sie darauf achten, dass

- Sie beim Schreiben die Tafel, das Flipchart oder die Projektionsfläche nicht mit dem Körper verdecken;
- Ihre Schrift groß genug und leserlich ist;
- Sie nicht zu lange schreiben oder zeichnen, da sich sonst Ihre Zuhörer langweilen (Kurzbari / Ammener 2006, 65).

Der **Overheadprojektor** ist in den meisten Vortragssälen zu finden. Seine Vorteile liegen in der flexiblen Handhabung. Der Vortragende sieht die nächste Folie vor dem Auflegen und kann somit die Übergänge elegant gestalten. Die Folien können entweder vorbereitet werden oder es besteht die Möglichkeit der spontanen Beschriftung, z. B. bei Zuruffragen für ein Brainstorming mit den Zuhörern.

Bitte beachten Sie folgende Besonderheiten beim Umgang mit Overheadfolien:

- Nummerieren und sortieren Sie Ihre Folien vor dem Vortrag und legen Sie jeweils ein Blatt Papier dazwischen, damit Sie den Inhalt der Folie erkennen können und die Folien nicht miteinander verkleben.
- Sie können auf die Folien auch computergeschriebene Texte, Schaubilder oder Fotos drucken bzw. kopieren.
- Sie können Texte und Grafiken während des Vortrags mit geeigneten farbigen Stiften ergänzen.
- Schalten Sie den Overheadprojektor aus, wenn Sie mit der Präsentation fertig sind, dies gilt besonders für laut rauschende, ältere Exemplare.

Powerpoint-Präsentationen haben sich in den letzten Jahren in der Wissenschaft zunehmend durchgesetzt. Jedoch ist eine Präsentation mit Powerpoint nicht zwingend besser als andere Visualisierungsmöglichkeiten – auch hier gilt: Es gibt gute und schlechte Powerpoint-Folien. Probieren Sie die vielfältigen Funktionen selbst aus und studieren Sie ggf. Ratgeber und Anleitungen, die Ihnen die technischen Details erläutern. Denken Sie bei der Gestaltung immer daran: Die Folien sind zur effizienten Informationsweitergabe gedacht und nicht für Sie als Gedankenstütze. Schreiben Sie Ihre Notizen und Zusatzinformationen auf einen separaten Vortragszettel. Lesen Sie nicht die Folien vor, denn Ihr Publikum kann lesen, sondern unterfüttern Sie die einzelnen Schlagwörter mit weiteren vertiefenden Informationen.

Nachfolgend erhalten Sie allgemeine Hinweise und die wichtigsten Grundregeln zum **Foliendesign** für Overhead- bzw. Powerpoint-Folien (Breger / Grob 2003, 143 ff. und 235 ff.; Karmasin / Ribing 2007, 122 f. sowie Kuzbari / Ammener 2006, 63 f.):

- Achten Sie auf eine *ausreichende Schriftgröße*, die Lesbarkeit bis in die hinterste Reihe garantiert. Verwenden Sie keine Schriftgröße unter 18 Punkt und wählen Sie immer die gleiche Schriftgröße für Überschriften gleicher Ordnung.
- Ihr Foliendesign und die Schriftart sollten ein *einheitliches Layout* haben. Sie können bei Powerpoint aus einer Vielzahl von Grundlayouts auswählen. Gleiche Farben und Formen verdeutlichen Sinnzusammenhänge. Vermeiden Sie jedoch zu viele Farben und Grautöne sowie zu unruhige Hintergrundbilder und extreme Farbkombinationen, die zu sehr vom Inhalt ablenken.
- Achten Sie auf *Übersichtlichkeit*. Sparsame Darstellungen wirken klarer und sind verständlicher. Jede Folie sollte eine Überschrift haben.
- Vergessen Sie nicht das *Titelblatt*. Fügen Sie die gleichen Angaben wie im Handout ein.
- *Nummerieren Sie Ihre Folien*, dann lässt sich in der Diskussion leichter darauf Bezug nehmen.
- Nehmen Sie *Visualisierungsmöglichkeiten* wahr. Integrieren Sie Abbildungen und Tabellen.
- Planen Sie *Folienübergänge* und *Effekte*. Unterstützen Sie Ihre Dramaturgie, indem Sie die Folienübergänge definieren und ausgewählte Inhalte mit Effekten versehen (z. B. Textanimation, Soundeffekte, Anzeigedauer, Verzweigung zu externen Programmen, Internetseiten, Videoclips). Setzen Sie diese jedoch möglichst sparsam und sinnvoll ein, um das Publikum nicht mit Effekten vom Inhalt abzulenken.
- Planen Sie eine *ausreichende Anzeigedauer* ein. Eine Folie sollte mindestens 60 bis 90 Sekunden und längstens drei Minuten zu sehen sein. Jede längere Information, die über drei bis fünf Minuten hinausgeht, sollte visualisiert werden.
- Achten Sie darauf, dass Sie nicht im Lichtstrahl stehen. Der Overheadprojektor sollte rechts von Ihnen stehen, wenn Sie Rechtshänder sind und umgekehrt. Sie *stehen richtig*, wenn Sie mit dem Rücken zur Projektionsfläche stehen und Sie den Folientext auf dem Overheadprojektor oder dem Notebook richtig lesen können.

- Sie können beim Overheadprojektor die Technik des Aufdeckens mit einem Blatt Papier anwenden, um Gedanken oder Grafiken schrittweise aufzubauen. Eleganter ist es jedoch, wenn Sie mehrere Folien hintereinander auflegen. Bei Powerpoint-Präsentationen können sie dies durch *schrittweises Einblenden* erreichen.

- Sie haben entweder die Möglichkeit, auf bestimmte Inhalte zu zeigen, indem Sie direkt mit einem schmalen Stift auf die Projektorfläche zeigen oder einen *Zeigestab* bzw. *Laserpointer* verwenden.

Ein besonders gutes Mittel, um das Interesse und die Aufmerksamkeit Ihrer Zuhörer zu steigern, ist die **Zuhöreraktivierung**, d. h. dass Ihr Publikum nicht nur passiver Empfänger von Informationen ist, sondern sich aktiv am Vortrag beteiligen kann bzw. zum Mitdenken aufgefordert wird. Eine Möglichkeit zu Beginn des Vortrages oder eines neuen Abschnittes ist z. B. die Einstiegsfrage „Wer hat mit dem Thema schon einmal Erfahrungen gemacht und wenn ja, welche?" Die Antworten aus dem Publikum können Sie stichwortartig z. B. auf einer Overhead-Folie notieren. Hierdurch stellen Sie sicher, dass Ihre Zuhörer gedanklich beim Thema ankommen und finden dadurch auch heraus, welches Vorwissen vorhanden ist. Meist eignet sich das Gesagte sehr gut, um im Anschluss an den Vortrag eine Diskussion zu beginnen oder um während des Vortrags an einzelne Aussagen anzuknüpfen.

Für die **Diskussion** sollten Sie bei Ihrer Planung genügend Zeit einrechnen bzw. mit dem Seminarleiter Absprachen treffen, da jeder Dozent andere Schwerpunkte setzt. Überlegen Sie sich im Voraus mögliche Fragen, die kontrovers diskutiert werden könnten. Ziel ist nicht, eine Lösung zu finden, sondern das Auditorium zum Dialog anzuregen und somit die Beschäftigung mit Ihrem Vortragsthema zu vertiefen. Sind während des Referates schon interessante oder noch ungeklärte Fragen aufgekommen, bietet es sich u. U. an, diese bevorzugt als Einstieg zu nutzen. Versuchen Sie während der Diskussion hauptsächlich die Rolle des Moderators und nicht die des Diskussionsteilnehmers einzunehmen. Während der Diskussion sollten Sie versuchen, sich Notizen zu machen, um evtl. Ergebnisse und Anregungen in die Ausarbeitung Ihres Referates oder in das Handout zu integrieren, sofern Sie diese erst nachträglich erstellen. Gerät die Diskussion ins Stocken, fassen Sie das bereits Gesagte noch einmal zusammen und stellen daraus abgeleitete Fragen. Wenn es keine weiteren Diskussionsbeiträge mehr gibt bzw. die Zeit abgelaufen ist, fassen Sie die Ergebnisse noch einmal zusammen und bedanken sich für die (rege) Beteiligung, so dass die Diskussion und somit Ihre gesamte Präsentation einen runden Abschluss erhalten.

Tipps zum Weiterlesen (für Abschnitt II 1.2)

Breger / Grob 2003; Hierhold 2005; Karmasin / Ribing 2007, 117 ff.; Presler 2004.

1.3   Seminar- und Hausarbeit

Seminar- bzw. Hausarbeit, die beide Studienarbeiten sind, stellen eine klassische Form der schriftlichen Prüfung an der Hochschule dar und dienen dazu, sich die Techniken des wissenschaftlichen Arbeitens anzueignen bzw. zu vertiefen. Sie sollten als Trainingseinheiten für die jeweilige Abschlussarbeit angesehen werden. Mittels der Seminar- und Hausarbeiten haben Sie die Möglichkeit, die Techniken des wissenschaftlichen Arbeitens zu erlernen und somit ausreichend Erfahrung im Abfassen wissenschaftlicher Texte zu erlangen.

Es empfiehlt sich, frühzeitig mit der Bearbeitung des Themas anzufangen und auch ausreichend Zeit einzuplanen. Als Faustregel gilt: Rechnen Sie mindestens mit einem Tag für das Erarbeiten und Verfassen einer halben Seite. Denken Sie daran, dass das abschließende Korrekturlesen und die Einarbeitung der Veränderungen einen gewissen Zeitaufwand bedeuten.

Eine große Rolle spielt die Zusammenarbeit mit Ihrem Betreuer, denn er legt die Zielrichtung des Themas sowie die Rahmenbedingungen wie Umfang, Tiefe, Zitierweise etc. fest (vgl. Abschnitt III 3). Ist die Literatur erst einmal gesichtet und eine grobe Gliederung festgelegt, sollten Sie diese mit dem Seminarleiter unbedingt durchsprechen. Damit stellen Sie sicher, dass Sie das Thema nicht verfehlen, und der Betreuer kann Ihnen, falls nötig, noch rechtzeitig weiterführende Literatur nennen. In einigen Disziplinen ist dies jedoch unüblich.

Die Tiefe, mit der das Thema behandelt wird, sowie die Seitenanzahl variieren von 15 bis 25 Seiten. Den genauen Rahmen legt der jeweilige Betreuer fest.

Zu Beginn Ihres Studiums sollen Sie durch das Verfassen einer Seminar- oder Hausarbeit zunächst Ihre Befähigung nachweisen, sich in eine wissenschaftliche Fragestellung einzuarbeiten, die vorgegebene Literatur zu sichten und eigenständig zu vertiefen. Weiterhin wird von Ihnen erwartet, die wesentlichen Punkte auf begrenztem Raum in zusammenhängender Weise darzustellen.

Erst in einem zweiten Schritt und zu einem späteren Zeitpunkt in Ihrem Studium wird von Ihnen verlangt, erarbeitete Erkenntnisse bzw. unterschiedliche Forschungsmeinungen argumentativ gegeneinander abzuwägen und mit einer zuvor selbstständig festgelegten Hypothese zu diskutieren.

Die Anfertigung von Seminar- und Hausarbeiten stellen eine Herausforderung in Bezug auf Selbstmanagement und Eigenmotivation dar. Aber hierdurch erlernen Sie das systematische Erarbeiten einer Fragestellung und die strukturierte Darstellung Ihrer Ergebnisse. Eine Kompetenz, die Ihnen später auch im Beruf viel nützen wird.

Studierende, die Schwierigkeiten haben, Hausarbeiten zu verfassen, können die oft vielfältigen Kursangebote ihrer Hochschule ausnutzen wie z. B. Schreibwerkstätten oder Kurse zum Zeitmanagement. Informationen zu diesen Gruppen finden Sie an den Schwarzen Brettern oder auch bei den entsprechenden Beratungsstellen Ihrer Fakultät bzw. Hochschule.

1.4   Mündliche Prüfung

Feuchte Hände, erhöhter Puls, Unwohlsein – das sind oft die Symptome, die Studierende haben, wenn sie an mündliche Prüfungen denken. Eines sei vorweg genommen: Ganz ausschalten lassen sich solche Vorboten einer Prüfungssituation nicht – sollten sie auch nicht. Eine verträgliche Dosis Aufgeregtheit gehört dazu und ein kleiner Adrenalinschub kann Reserven freisetzen, die dafür sorgen, dass die mündliche Prüfung erst recht zu einem Erfolg wird (Wachner 1999, 143). Wer tatsächlich akute Prüfungsangst hat, sollte sich allerdings möglichst schnell professionelle Hilfe suchen, um diese zu überwinden (vgl. Abschnitt II 3.4). Sollten Sie sich am Tag der Prüfung krank fühlen, sollten Sie sich unverzüglich krank melden und ein ärztliches Attest einreichen. Sobald Sie die Prüfung begonnen haben, können Sie eine Krankheit bei einer misslungenen Prüfung im Nachhinein nicht mehr geltend machen (vgl. Abschnitt II 1.1). Mündliche Prüfungen gehören zum Studium genauso wie Studienarbeiten und Klausuren. Das bedeutet: Sie sind unumgänglicher Bestandteil des Studiums und wenn Sie dieses erfolgreich abschließen wollen, ist es wichtig, sich früh damit auseinanderzusetzen. Auch nach dem Studium werden Sie, z. B. in Bewerbungsgesprächen, immer wieder in ähnliche Situationen kommen.

Positiv bei mündlichen Prüfungen ist, dass Sie mit einer guten Planung, einer durchdachten Vorbereitung und der nötigen Portion Selbstbewusstsein diese zur Zufriedenheit der Prüfer und zu Ihrer eigenen meistern werden. Wenn Sie die folgenden Tipps beachten, können Sie sich der nächsten mündlichen Prüfung entspannt nähern.

Vor jeder Prüfung steht ggf. die Themenabsprache. Teilweise können Sie die Themen selbst einschränken. Sind die Inhalte der Prüfung nicht definitiv vorgegeben, ist ein Sprechstundenbesuch beim Prüfer obligatorisch. Auch in anderen Fällen kann dies hilfreich sein (Esselborn-Krumbiegel 2008a, 167): Der Prüfer kennt Sie dann bereits, Sie können evtl. Verständnisfragen ansprechen, den Lernstoff eingrenzen und vielleicht verrät Ihnen der Prüfer ja auch, was ihm an diesem oder jenem Thema besonders wichtig ist. Dabei ist die einzige Voraussetzung: Sie sollten bereits gut vorbereitet in die Sprechstunde gehen. Zum einen, damit Sie sinnvolle Fragen zu Ihren Prüfungsinhalten stellen können, und zum anderen, damit Sie bei Ihrem Prüfer bereits einen kompetenten Eindruck hinterlassen. Aber das Vorgespräch dient nicht nur dazu, damit der Prüfer Sie kennenlernt, sondern auch, um ihn bereits vor dem Tag der mündlichen Prüfung kennenzulernen (Knigge-Illner 2002b, 105). Was für ein Typ ist Ihr Prüfer? Wie wird er sich wohl in der Prüfung verhalten? Was ist ihm wichtig? Da Prüfungen oft in den Räumen der Lehrenden abgehalten werden, haben Sie die Möglichkeit, bereits Ihren Prüfungsort kennenzulernen. Es empfiehlt sich, eine aktuelle Lehrveranstaltung des Prüfers zu besuchen (Charbel 2005, 14 f.). Bietet dieser ein Seminar zu einem Ihrer Prüfungsthemen oder einem verwandten Thema an, sollten Sie unbedingt daran teilnehmen. Ebenfalls kann es für Sie nützlich sein, die Publikationen Ihres Prüfers einmal zu überfliegen: Wo hat dieser seine fachlichen Schwerpunkte? Was schreibt er über Ihre Themengebiete?

Sollten Sie die Möglichkeit haben, sich Ihren Prüfer selbst auszusuchen, sei dies wohlüberlegt (Charbel 2005, 42 ff.). Vor allem ist es wichtig, dass der Prüfer zu Ihren Themen passt, Sie ihn bereits kennen, er Ihnen sympathisch, einigermaßen einschätzbar und vor allem fair erscheint. Haben Sie bei einem Prüfer ein Seminar, eine Vorlesung oder eine sonstige Lehrveranstaltung erfolgreich abgeschlossen und sind dem Lehrenden noch gut in Erinnerung, spricht vieles dafür, bei ihm eine Prüfung abzulegen.

Wenn Sie die Themen frei wählen dürfen, ist es wichtig, diese sehr bewusst zu wählen. Sie sollten sich fragen: Welches Gebiet interessiert mich besonders? Mit welchem Bereich meines Faches will ich mich in den nächsten Wochen oder Monaten intensiv beschäftigen? Welche Thematik bietet sich durch meinen späteren Berufswunsch an? Auch muss in einer mündlichen Prüfung nicht das Rad neu erfunden werden. Es ist durchaus legitim, ein Thema zu wählen, zu dem Sie bereits eine Lehrveranstaltung besucht haben und welches weitreichend erforscht ist (Adl-Amini 2001, 97). Wichtig ist vor allem, dass Sie die Thematik klar eingrenzen, Stellung beziehen und Ihre eigene Position zu dem Thema finden.

Der eine oder andere Prüfer verlangt vielleicht, dass Sie ein Thesenpapier oder eine Literaturliste vor der mündlichen Prüfung einreichen. Dies ist ein Vorteil für Sie, da es Ihnen beim strukturierten zielorientierten Lernen hilft. Außerdem können Sie dem Prüfer so schon vorab Ihre Interessengebiete mitteilen. Suchen Sie rechtzeitig die Sprechstunde auf, um Literaturtipps vom Prüfer zu erhalten und Fragen zur Form des Thesenpapiers abzuklären (vgl. Abschnitt II 1.3).

Wenn Sie Ihr Thema mit dem Prüfer abgesprochen haben, folgt der zweite Schritt: *das Planen Ihres kleinen Lernprojektes* (Lierse et al. 2009). Sie müssen sich Ihren Lernzeitraum, den Sie vor der Prüfung haben, effizient einteilen (Metzig / Schuster 2006b, 129). Nehmen Sie sich Ihren Kalender zur Hand und setzen Sie sich Ziele: Bis wann wollen Sie die Literatur gelesen, Ihre Exzerpte aufbereitet und den Stoff gelernt haben? Wichtig bei der Planung ist, dass Sie sich nicht übernehmen sollten. Planen Sie mindestens ein Fünftel der Zeit als Puffer ein – Sie werden ihn brauchen! Halsen Sie sich nicht zu viel Arbeit auf. Ihre Hobbys müssen nicht komplett in der Lernphase auf der Strecke bleiben, sondern können ein schöner Ausgleich zum Lernen sein. Für mündliche Prüfungen ist es besonders wichtig, dass Sie sich am Ende der Lernphase genügend Zeit lassen, den Stoff zu lernen und immer wieder zu wiederholen. Erst so prägt sich das Gelesene dauerhaft ein.

Ein weiterer wichtiger Punkt ist *das Lernen selbst.* Nach einer mündlichen Prüfung sind oft Sätze von Studierenden zu hören wie: „So viel hätte ich gar nicht lernen müssen. Es ist nur ein Bruchteil von dem drangekommen, was ich gelernt habe!" Hier gilt Folgendes: Natürlich kann nicht in einer Prüfung, die im Extremfall 90 Minuten dauert, alles abgefragt werden, was Sie vorher über Wochen oder gar Monate gelernt haben. Damit müssen Sie sich abfinden. Fatal wäre es, daraus den Schluss zu ziehen, für eine Prüfung „auf Lücke" zu lernen – sich also nur jene Bereiche anzuschauen, von denen Sie vermuten, sie seien wichtig und würden sicher abgefragt. Wie für jede Leistung, die im Studium erbracht werden muss, gilt auch für eine mündliche Prüfung, dass sich Lernen auszahlt. Sie werden viel entspannter und ruhiger in die Prüfung gehen, wenn Sie sich bestens vorbereitet haben und ein „Spezialist" auf Ihrem Gebiet geworden sind, der nur darauf wartet, sein erarbeitetes Wissen anderen mitzuteilen.

Trotzdem ist für viele Studierende eine der wichtigsten Fragen vor der Prüfung: Was wird der Prüfer wohl wissen wollen?

Für jedes Thema gibt es einen gewissen „Fragenpool", aus dem die Prüfer schöpfen können. Dieser ist meistens gar nicht so groß und liegt schätzungsweise bei 30 Fragen pro Thema. Wie bekommen Sie aber die Fragen für Ihre Prüfung heraus?

Nun gibt es erstmal die reinen *Wissensbereiche*, auf die Sie sich immer einzustellen haben. Diese sind die Grundlage der Prüfung. Der Prüfer will erst einmal testen, ob Sie auch fleißig gelernt haben. Bereits nach dem ersten Einlesen in Ihr Thema sollten Sie herausgefunden haben, welche Fragen wahrscheinlich gestellt werden. Sie sollten sich diese herausschreiben und sich Antworten überlegen.

Neben den Wissensfragen gibt es in einer Prüfung auch immer *weiterführende Fragen*. Hier werden Sie zum Forschungsstand oder zu wissenschaftlichen Kontroversen über Ihr Thema gefragt, oder Sie sollen Vergleiche anführen. Hierauf sollten Sie also besonders Ihr Augenmerk richten, wenn Sie sich vorbereiten. Lesen Sie etwas über eine Forschungskontroverse oder über neue Ergebnisse auf dem Gebiet, das Sie behandeln, stellen Sie auch hier mögliche Prüfungsfragen zusammen.

Zu guter Letzt gibt es die Fragen, die Prüfer stellen, wenn die Prüfung bereits perfekt verlaufen ist und sie entscheiden möchten, ob der Prüfling eine *Bestnote* verdient hat oder nicht. Dies sind oft weitergehende, sehr anspruchsvolle Fragen. In der Tat sind diese auch am schwierigsten herauszufinden. Sie sollten darauf nicht zu viel Zeit verwenden, denn wichtig ist erst einmal, dass Sie das Grundgerüst beherrschen. Wenn dies der Fall ist, wird es Ihnen in der Prüfung dann auch nicht schwerfallen, spontan auf eine sehr anspruchsvolle Frage zu antworten. Sollten Sie natürlich während des Lernens trotzdem auf ein Thema stoßen, das sich für eine Frage dieser Art eignen könnte, ist es selbstverständlich, dass Sie sich diese notieren.

So erhalten Sie schließlich einen Fragenkatalog, der – je nach Art der Prüfung – 10 bis 30 Fragen enthält. Nun sollten Sie gute Antworten finden und diese notieren, so dass schließlich ein Frage-Antwort-Katalog entsteht. Diesen gilt es zu lernen. Allerdings kann die Strategie mit dem Fragekatalog natürlich nicht eine allgemeine, sorgfältige Vorbereitung ersetzen. Es wird unweigerlich passieren, dass der Prüfer auch eine Frage stellen wird, auf die Sie sich nicht explizit vorbereitet haben. Dann sind Ihr Können und Ihre Spontaneität gefragt.

Ein weiterer wichtiger Punkt für das Gelingen sind *die rhetorischen Fähigkeiten* (Birk et al. 2009). Es ist nicht jeder von Natur aus ein großer Redner. Das müssen Sie aber auch nicht sein! In einer mündlichen Prüfung wird kein rhetorisches Feuerwerk verlangt. Jedoch sollten Sie zumindest sicherstellen, dass Sie deutlich sprechen: nicht zu langsam, nicht zu schnell, ohne sich zu verhaspeln und ohne störendes „Äh …". Dies ist nicht immer ganz einfach und erfordert auch ein wenig Übung. Eine gute Möglichkeit hierfür ist es, sich selbst einmal aufzunehmen. Wenn Sie sich selbst hören, merken Sie, wie Sie von anderen wahrgenommen werden und hören, wo Ihre Schwächen liegen. Nehmen Sie eine Antwort aus Ihrem Frage-Antwort-Katalog auf und hören Sie sich diese anschließend an. Reden Sie zu schnell? Zu langsam? Wirkt Ihre Antwort kompetent und gut durchstrukturiert? Wenn Sie die Mittel und die Möglichkeit haben, können Sie sich auch filmen (Knigge-Illner 2002b, 120). Der Vorteil dabei ist, dass Sie somit auch Ihre Gestik und Ihr Erscheinungsbild beurteilen können, wie z. B. Ihre Sitzhaltung: Verschränkte Arme (symbolisieren Nervosität) und Verlegenheitsgestiken (am Kopf kratzen) sollten Sie selbstverständlich vermeiden.

Kurz vor der Prüfung empfiehlt sich eine Generalprobe. Ein Freund, der Partner oder am besten ein Mitglied aus der zuvor gebildeten Lerngruppe fragt Sie mithilfe Ihres Frage-Antwort-Katalogs ab. Somit lernen Sie die Situation kennen und bekommen ein Gespür für die Dauer der Prüfung. Darüber hinaus kann Ihnen Ihr Simulationspartner noch Tipps zu Ihrer Gestik geben oder Sie auf Probleme hinweisen. Wenn Sie mit Kommilitonen lernen, die sich in Ihrem Prüfungsthema auskennen, können Sie über Kontroversen diskutieren und festigen somit Ihre eigene Position.

Wenn der Tag der Prüfung gekommen ist, sind Sie somit bestens vorbereitet und warten nur darauf, endlich Ihren Prüfern Ihr erlerntes Wissen mitzuteilen. Hierbei sollten Sie sich an den Dresscode halten, den Sie zuvor in Erfahrung gebracht haben. So ist es bei manchen Prüfungen üblich, dass Sie in Business-Kleidung erscheinen.

Direkt vor der Prüfung atmen Sie einmal kräftig durch, erinnern Sie sich an die wichtigen Punkte Ihrer Vorbereitung und legen Sie schließlich los. Sie haben sich bestens vorbereitet, beherrschen Ihre Themen und haben an Ihrer Rhetorik gefeilt. Es wird also nichts schief gehen. Überzeugen Sie Ihre Prüfer im Gespräch davon, dass Sie Ihr Thema verstanden haben, es in verschiedene Zusammenhänge einordnen und mit wissenschaftlichen Fachbegriffen erläutern können (Knigge-Illner 2002b, 109). Seien Sie ein guter Zuhörer, gehen Sie genau auf die Fragen des Prüfers ein! Wichtig ist, dass Sie nachvollziehen, was der Prüfer von Ihnen hören möchte (Charbel 2005, 173). Wenn Sie merken, dass die Frage in eine Richtung läuft, in der Sie sich sehr gut auskennen, dürfen Sie ruhig leicht nicken und somit dem Prüfer symbolisieren, dass Sie wissen, worum es geht. Aber auch wenn Sie eine Frage nicht verstehen, sollten Sie durchaus nachhaken, um eine neue Formulierung bitten oder ggf. zugeben, nicht die passende Antwort parat zu haben. Dies sollte Sie allerdings nicht daran hindern, eine Hypothese aufzustellen, solange Sie diese aus Ihrem Lernstoff sinnvoll ableiten können. Lassen Sie sich nicht aus der Ruhe bringen, denn in nahezu jeder Prüfung gibt es Situationen, in denen die eine oder andere Frage nicht beantwortet werden kann. Es verlangt allerdings auch kein Prüfer, dass alle Fragestellungen auf höchstem Niveau diskutiert werden (Wachner 1999, 131). Haben Sie sich gut vorbereitet, werden Sie diese Situation meistern und auch die nächsten Fragen beantworten können.

Tipps zum Weiterlesen (für Abschnitt II 1.4)

Adl-Amini 2001, 94 ff.; Charbel 2005, 7 ff. sowie 167 ff.; Esselborn-Krumbiegel 2008a, 165 ff.; Knigge-Illner 2002b, 101 ff.; Metzig / Schuster 2006b, 124 ff.

1.5   Versuchsprotokoll und Laborbericht

Beim Versuchsprotokoll, das auch als Laborbericht bezeichnet wird, handelt es sich um eine stark formalisierte Textart. Solche Ausarbeitungen begleiten typischerweise eine Lehrveranstaltung mit Experimentanteil. Dem Versuchsprotokoll liegen meist praktisch-experimentelle Untersuchungen im Labor oder im Freiland, dem sog. „Feld“, zugrunde.

Das Protokoll folgt einem einheitlichen Aufbau. Das Deckblatt enthält Angaben zu Datum, Ort, Anwesenden, Protokollführer, Dozent und Titel, ggf. auch zum Anlass des Protokolls (z. B. Praktikum Zoologie). Anschließend folgen die Bestandteile Inhaltsverzeichnis, Einleitung, Versuchsaufbau und -durchführung, Ergebnisteil, Ergebnisdiskussion und Literaturverzeichnis. In der Einleitung werden die Theorie zu den Versuchen und die Arbeitshypothesen dargestellt. Auch wird in der Einleitung beschrieben, warum dieses Experiment durchgeführt wurde. Der Versuchsaufbau, die Durchführung sowie die Messmethodik werden präzise beschrieben, ebenso die benutzten Materialien, Organismen, Chemikalien o. Ä. Oft wird die Beschreibung durch Abbildungen veranschaulicht. Zur Beschreibung der Messmethodik gehören ebenfalls eine kurze Beschreibung der Instrumente und die Begründung dieser Methodenwahl.

Als nächstes wird der Versuchsablauf festgehalten. Die Beschreibung ähnelt einem Kochrezept. Wer Ihre Versuche überprüfen will, muss anhand Ihrer Beschreibungen den genauen Versuchsablauf nachvollziehen können. Danach werden die Mess- sowie Beobachtungsergebnisse in tabellarischer Dokumentation aufgelistet. Es handelt sich dabei um die gewonnenen Rohdaten. Die Original-Messkurven bzw. Datentabellen werden entweder an dieser Stelle oder im Anhang eingefügt.

Im Rahmen der Ergebnisdiskussion werden die erhobenen Daten ausgewertet. Die Rohdaten werden in Standardgrößen unter Angabe der Rechnungsschritte umgeformt und grafisch oder in Tabellenform dargestellt. Die erhobenen Daten und Ergebnisse werden kritisch bewertet, die Genauigkeit des Versuchsaufbaus wird diskutiert und die Ausführungen werden durch eine Fehlerbetrachtung abgeschlossen. Der Ergebnisdiskussion folgt das Literaturverzeichnis mit Angaben zur verwendeten Literatur und Hinweisen auf die benutzten Versuchsvorschriften. Gegebenenfalls können in einem Anhang weitere Informationen, z. B. Tabellen, beigefügt werden.

Der beschriebene Ablauf stellt lediglich ein grobes Gerüst für ein Versuchsprotokoll dar. Die genauen Vorgaben wie z. B. die geforderte Seitenanzahl oder formale Anforderungen besprechen Sie mit Ihrem Betreuer.

Tipp zum Weiterlesen (für Abschnitt II 1.5)

Kremer 2006, 42 f.

1.6   Sitzungsprotokoll und Exkursionsbericht

Eine mögliche Form des Leistungsnachweises ist das Erstellen eines Sitzungsprotokolls oder Exkursionsberichts.

Folgende *grundsätzliche Aspekte* sollten Sie beim Verfassen eines Sitzungsprotokolls oder Exkursionsberichts beachten (Sesink 2007, 217 f.):

* Fertigen Sie das Dokument möglichst zeitnah an, damit Ihnen die Inhalte noch präsent sind.
* Die Inhalte sollen auch für Personen verständlich und informativ sein, die nicht an der Lehrveranstaltung teilgenommen haben.
* Lockern Sie den Text z. B. durch Überschriften und Absätze auf.
* Unterlagen, die bei der Lehrveranstaltung verteilt wurden, z. B. Handout, Folienausdrucke und Textauszüge, sollten als Anlage beigefügt werden.

Zu den *Bestandteilen aller Protokollformen* gehört ein Kopfteil oder Titelblatt, in dem Thema, Zeit, Dauer, Ort, Lehrveranstaltungstitel, Sitzungsleiter und Protokollant vermerkt werden. Zudem sollte am Anfang des Protokolls eine kurze Übersicht über die Gliederungspunkte gegeben werden.

Bevor Sie ein Sitzungsprotokoll erstellen, sollten Sie abklären, ob Sie ein Verlaufs- oder Ergebnisprotokoll erstellen sollen, und erfragen Sie die Abgabefrist.

Ein *Verlaufsprotokoll* dokumentiert den Ablauf und Inhalt einer Lehrveranstaltung. Alle Beiträge, die deren Ablauf charakterisieren, müssen inhaltlich sinngemäß wiedergegeben werden mit Nennung der Namen der Personen, die inhaltliche Beiträge geliefert haben. Dabei müssen wichtige Formulierungen wie Definitionen oder Begriffe wörtlich festgehalten werden. Normalerweise sind eigene Kommentare nicht zulässig. Teilweise gehört es jedoch zur Aufgabenstellung dazu, das Dokumentierte zu kommentieren. In diesem Fall sind Kommentare eindeutig als solche zu kennzeichnen oder im Text erkennbar abzusetzen (Theisen 2006, 7).

Ein *Ergebnisprotokoll* (oder Beschlussprotokoll) unterscheidet sich vom Verlaufsprotokoll, indem es vom Umfang her meist knapper gehalten ist und nur die wichtigsten Diskussionsergebnisse und Gedanken wiedergibt. Diskutierte, aber im Verlauf der Sitzung später wieder verworfene Beiträge oder Ergebnisse, die in einen Kompromiss oder ein sonstiges Ergebnis eingegangen sind, werden nicht einzeln erfasst. Auch für ein Ergebnis- oder Beschlussprotokoll gilt, dass nur „objektiv nachvollziehbare Tatbestände" wiedergegeben werden dürfen. Sofern eine Stellungnahme des Protokollanten gefordert ist, muss diese immer als solche gekennzeichnet werden (Theisen 2006, 7).

Wird das *Protokoll als Gruppenarbeit* angefertigt, sollte zuerst ein Koordinator ausgewählt werden. Dessen eigentliche Herausforderung besteht darin, die Einzelbeiträge inkl. Abbildungen einzufordern, das Gesamtprotokoll zusammenzustellen und zu layouten, den Stil der Texte einander anzugleichen und sprachlich zu korrigieren sowie Titelblatt, Inhaltsverzeichnis, Einführung und ggf. ein Fazit zu erstellen. Auch die fristgemäße Abgabe des Gesamtwerks beim Dozenten hat er sicherzustellen. Der Koordinator für das Gruppenprotokoll fungiert damit quasi als Teamleiter. Dieser Mehraufwand wird bei erfolgreicher Durchführung vom Dozenten oftmals angemessen anerkannt. Diese Form des Projektmanagements und Einsatzes für die Gruppe kann ebenso wie die Erstellung eines Einzelprotokolls den Baustein eines wertvollen Erfahrungsschatzes bilden.

Im Rahmen von Exkursionen verlassen Sie die Hochschule und suchen einen außerhalb gelegenen Lernort auf. Exkursionen können sowohl in der Natur, in Museen als auch in Unternehmen, in Institutionen im In- oder im Ausland durchgeführt werden, um bestimmte Dinge vor Ort zu erfahren, zu beobachten oder zu erkunden. Anschließend wird darüber ein *Exkursionsbericht* verfasst. Folgende Bestandteile gehören dazu (Kremer 2006, 41 f.):

1. Kopfteil oder Titelblatt mit Angaben zu Ziel, Zeitpunkt bzw. Dauer der Exkursion, Verfasser des Berichts (Name, Fachsemester, Anschrift), Exkursionsleiter, Lehrveranstaltung;
2. Einleitung mit kurzer Erläuterung des Schwerpunktthemas, des gewählten Exkursionsortes und ggf. -zeitpunktes;
3. Kennzeichnung des Exkursionsgebietes wie z. B. naturräumliche Einbettung, topografische und geologische Besonderheiten;
4. Weg- oder Streckenverlauf bzw. -beschreibung, ggf. mit markanten Punkten, um zu einem späteren Zeitpunkt oder für andere Exkursionsteilnehmer eine Wiederholung zu ermöglichen;
5. Liste der Exkursionsobjekte, die eine systematische oder chronologische Auflistung, ggf. besondere Beobachtungsumstände, enthält;
6. Visualisierung durch Fotos, Abbildungen, Skizzen, Kartenausschnitte oder andere Darstellungen des Exkursionsgegenstands;
7. Bewertung als zusammenfassende Charakterisierung des Exkursionszieles oder -ortes;
8. Literatur zur vertiefenden Beschäftigung wie z. B. Bestimmungsliteratur, Kataloge oder auch Internetquellen.

Handelt es sich hingegen um einen meist als *Gruppenprotokoll angefertigten Exkursionsbericht* bei Organisationen oder Unternehmen mit Fachvorträgen vor Ort, sind die Punkte 3, 4 und 5 zu vernachlässigen. Vielmehr sind Kurzzusammenfassungen der Vorträge, ggf. zusammen mit Diskussionsergebnissen, aufzuführen und manchmal auch Fotos der Vortragenden und der Gruppe einzufügen. Anstelle von Literaturhinweisen (Punkt 8) können auch Internetseiten der Institutionen angegeben werden.

Tipp zum Weiterlesen (für Abschnitt II 1.6)

Sesink 2007, 212 ff.

1.7   Abschlussarbeit

Ein Studium endet in der Regel mit der Erstellung einer Abschlussarbeit. Ob Bachelor-, Master-, Diplom-, Magister- oder Staatsexamensarbeit, eines haben sie alle gemeinsam: Die Themenwahl, der passende Argumentationsstil und die richtige Zitierweise sollen zeigen, dass Sie in der Lage sind, sich einen Überblick über den Forschungsstand zu verschaffen und einen fachwissenschaftlichen Gegenstand adäquat (d. h. mithilfe wissenschaftlicher Methoden) zu erfassen und überzeugend darzustellen.

Studierende der Geistes- und Sozialwissenschaften haben durch die Erstellung von Seminar- bzw. Hausarbeiten häufig schon Erfahrung im Schreiben von wissenschaftlichen Arbeiten gesammelt (vgl. Abschnitt II 1.3). Für Naturwissenschaftler ist die Abschlussarbeit nicht selten die erste große Studienarbeit. Unabhängig davon, ob Sie schon routinierter Autor sind oder sich auf wissenschaftliches Neuland wagen, wird die Abschlussarbeit einen wichtigen Teil Ihrer Abschlussnote ausmachen und muss deshalb auf jeden Fall gründlich geplant werden. Daher sollten Sie sich folgende grundlegende Fragen so früh wie möglich beantworten, um spätere Schwierigkeiten zu vermeiden:

- Wann schreibe ich meine Abschlussarbeit?
- An welchem Lehrstuhl bzw. bei welchem Betreuer schreibe ich meine Abschlussarbeit?
- Welches Thema möchte ich bearbeiten bzw. in welchem Bereich soll mein Thema angesiedelt sein?
- Wie viel Zeit habe ich effektiv während dieses Zeitraums zum Schreiben (z. B. aufgrund eines Nebenjobs)?

Zur Frage nach dem Zeitpunkt der Erstellung gibt es in den meisten Studiengängen durch die Studien- und Prüfungsordnung klare Vorgaben. Da diese sehr unterschiedlich sein können, sollten Sie sich frühzeitig und ausführlich informieren. Ausschlaggebend ist dabei der Termin der Anmeldung des Themas. Es empfiehlt sich aber, bereits in Ihren letzten Semestern mit der Themensuche und ggf. mit der Literaturrecherche zu beginnen. In Diplom- und Magisterstudiengängen ist es meist Voraussetzung für die Anmeldung Ihrer Abschlussarbeit, dass Sie „scheinfrei" sind, d. h. dass Sie alle notwendigen Lehrveranstaltungen belegt und alle Leistungsnachweise erworben haben. In den konsekutiven Studiengängen müssen Sie häufig eine bestimmte Anzahl an Modulen erfolgreich abgeschlossen bzw. eine bestimmte Anzahl an Kreditpunkten erreicht haben, um sich für die Abschlussarbeit anmelden zu können. Teilweise gibt es auch die Regelung, dass innerhalb eines bestimmten Zeitrahmens, z. B. innerhalb eines Monats nach Bestehen der letzten Prüfung, die Anmeldung eingegangen sein muss. Auch die Dauer der Bearbeitung Ihrer Aufgabenstellung ist in der Prüfungsordnung geregelt. Den Beginn der Bearbeitungsperiode legen Sie durch die Anmeldung des Themas beim Prüfungsamt fest, danach haben Sie in der Regel zwischen sechs Wochen und sechs Monaten Zeit. Bei einigen Professoren müssen Sie die Abschlussarbeit direkt nach

Absprache des Themas anmelden, wie es von der Prüfungsordnung vorgesehen ist. Andere Professoren achten nicht so streng auf die Einhaltung dieser Regelung, daher ist es nicht unüblich, die Abschlussarbeit erst anzumelden, wenn sie bereits fortgeschritten ist.

Die Fragen bei wem und worüber Sie Ihre Abschlussarbeit schreiben möchten, sind eng miteinander verbunden. Grundsätzlich sollten Sie sich entscheiden, ob Sie Ihre Abschlussarbeit an der eigenen Hochschule schreiben möchten oder vielleicht in Kooperation mit Dritten, d. h. mit einer Firma, bei der Sie ein Praktikum absolviert haben, in einer Forschungseinrichtung oder sogar an einer ausländischen Hochschule. Wenn Sie sich für die zweite Variante entscheiden, sollten Sie sich in der Prüfungsordnung und beim Prüfungsamt diesbezüglich informieren, um (formale) Fallstricke zu umgehen. Denn die Vorgaben der eigenen Fakultät können sich zum Teil von den Vorstellungen anderer Institutionen unterscheiden.

In den meisten Fällen wird die Abschlussarbeit von einem Mitglied der eigenen Hochschule betreut, zusätzlich kann ein Betreuer des Kooperationspartners hinzukommen. Seltener ist ein Professor einer anderen Einrichtung der einzige Betreuer. In dem Fall sollten Sie darauf achten, dass die Abschlussarbeit von Ihrer Heimathochschule anerkannt wird. Um den Betreuer vor Ort sollten Sie sich rechtzeitig kümmern. Schauen Sie sich die verschiedenen Institute, die für Sie in Frage kommen, genauer an. Gibt es an Ihrer Fakultät einen Professor, der genau Ihre Interessensschwerpunkte lehrt? Oder haben Sie zu einem Dozenten während des Studiums einen persönlichen Kontakt knüpfen können, auf den Sie nun zurückgreifen möchten? Sind Sie noch unsicher in Ihrer Wahl, so können Gespräche mit Studierenden hilfreich sein, die bei dem Professor bereits eine Abschlussarbeit geschrieben haben. Häufig kursieren unter den Studierenden Gerüchte über den jeweiligen Betreuer. Erfahrungsberichte von älteren Studierenden sind wertvoll, aber vertrauen Sie auch auf Ihr eigenes Gefühl.

Wie auch immer Ihre Wahl begründet ist, sollten Sie – sowohl für sich als auch mit Ihrem Betreuer – klären, wie sich Ihr Betreuungsverhältnis gestalten wird. Manche Betreuer treffen sich häufig mit den Studierenden, deren Studienarbeit sie betreuen, lesen einige Abschnitte der Studienarbeit und geben Anregungen, andere besprechen lediglich die Gliederung und lassen die Studierenden dann eigenverantwortlich arbeiten. Um von der Betreuung zu profitieren, sollten Sie die Gespräche auf jeden Fall sorgfältig vor- und nachbereiten. Wenn Ihr Betreuer Kritik oder Änderungsvorschläge äußert, sollten Sie diese nicht als Schikane betrachten oder versuchen, Ihren Stil zu rechtfertigen. Sie müssen nicht jede Änderung übernehmen, aber Sie sollten in Ruhe darüber nachdenken und entscheiden, ob die eine oder andere Modifikation an Ihrer Studienarbeit deren Qualität verbessert.

Die Wahl des Themas Ihrer Abschlussarbeit ist einer der wichtigsten Punkte bei deren Erstellung. Die genaue Formulierung benötigt Zeit. Vor allem in Bachelor-Studiengängen ist es in einigen Hochschulen üblich, dass dem Prüfling nach der Anmeldung ein Thema zugewiesen wird, auf welches er keinen oder nur einen geringen Einfluss hat. Üblicherweise aber wählt der Studierende sein Thema selbst. Dabei gibt es zwei Möglichkeiten: Sie können sich Gedanken machen, welche Thematik Sie interessiert, und diese einem Betreuer vorschlagen, oder Sie befragen Ihren potenziellen Betreuer nach möglichen Themen. Teilweise werden Themenvorschläge sogar direkt auf der Internetseite des Lehrstuhls angeboten. Es ist sinnvoll, ein Thema aus Ihrem zukünftigen Wunscharbeitsgebiet zu wählen, um Ihre Chancen bei der Bewerbung zu erhöhen. Wenn Sie nach dem Studium eine Karriere an der Hochschule anstreben, kann die Abschlussarbeit auch als Grundlage für eine anschließende Promotion dienen.

Prinzipiell sind zwei Arten von Abschlussarbeiten zu unterscheiden: *Literaturarbeiten*, in welchen Sie eine bestimmte Fragestellung mithilfe der aktuellen Literatur beantworten, und *experimentelle bzw. empirische Arbeiten*, in denen Sie Ihr eigenes kleines Forschungsprojekt durchführen, die Studie planen, auswerten und auch dokumentieren. Gerade in naturwissenschaftlichen Studiengängen ist es möglich, dass Sie an einem aktuellen Forschungsprojekt des Instituts mitarbeiten und darüber Ihre Abschlussarbeit schreiben können.

Wenn Sie geklärt haben, wann, wo und worüber Sie schreiben, müssen Sie die Schreibphase genauer planen. Gerade wenn Sie vorher noch keine Studienarbeit geschrieben haben, sollten Sie sich folgende Fragen stellen und beantworten:

- Kann ich mit einem Textverarbeitungsprogramm umgehen?
- Beherrsche ich alle für die Abschlussarbeit nötigen Computerprogramme?
- Habe ich genug Erfahrung in der Literaturrecherche?

Wenn Sie eine dieser Fragen mit „Nein" beantworten, ist es ratsam, vor der Schreibphase an einem entsprechenden Kurs teilzunehmen. Textverarbeitungsprogramme können eine große Hilfe bei der Gestaltung der Texte sein. Wenn Sie sich aber mit deren Handhabung nicht auskennen, können sie auch zum Fluch werden, weil z. B. kurz vor dem Ausdrucken der Endversion plötzlich alle Schriftgrößen verändert sind. Außerdem sollten Sie frühzeitig den Umgang mit anderen Programmen, die Sie zur Auswertung benötigen, erlernen. Kurse zu verschiedenen Computerprogrammen finden in der Regel am Hochschulrechenzentrum statt. Wer noch Probleme beim Auffinden der richtigen Literatur hat, sollte sich vor Beginn der Abschlussarbeit damit genauer beschäftigen. Während Sie schreiben, haben Sie dafür kaum genügend Zeit. Entsprechende Kurse werden meist von Bibliotheken der Hochschulen angeboten. Gegebenenfalls können Sie auch an einem Kurs zum wissenschaftlichen Schreiben teilnehmen (vgl. Abschnitt III 3). Bei einer großen Menge an Literaturstellen kann sich die Verwendung eines Literaturverwaltungsprogramms lohnen (vgl. Abschnitt IV 2).

Die eigentliche Arbeit an Ihrer Abschlussarbeit lässt sich in mehrere Phasen einteilen (Brink 2007, 8):

- Themenreflexion,
- Literaturrecherche,
- Literaturbeschaffung,
- Literaturauswertung,
- Erstellung einer Gliederung,
- Erstellung des Manuskriptes,
- Überarbeitung und Endkontrolle des Manuskriptes,
- Ausdrucken, Binden, Abgeben.

Bei empirischen Abschlussarbeiten kommen noch die Datenerhebung und -auswertung hinzu.

Zu den Punkten der Aufzählung gibt es in den Kapiteln III und IV genauere Ausführungen. Aus diesem Grund werden an dieser Stelle eher organisatorische Punkte erläutert.

Wissenschaftliche Arbeiten erfordern eine Arbeits- und Zeitplanung, die hilft, die zu bewältigende Arbeit adäquat und zeitgerecht durchzuführen. Zunächst gilt es, die erforderlichen Arbeitsschritte zusammenzutragen, um sich einen Überblick über anfallende Aufgaben zu verschaffen. Überlegen Sie, wie viel Zeit Sie für die einzelnen Arbeitsschritte voraussichtlich benötigen werden. Kalkulieren Sie dafür am besten vom Abgabetermin der Studienarbeit an rückwärts. Teilen Sie die Arbeitsschritte möglichst detailliert auf und planen Sie Zeitpuffer für arbeitsorganisatorische Dinge oder unerwartete Probleme ein! Es kann passieren, dass sie auf einen Artikel, den Sie über Fernleihe bestellen, ein bis zwei Monate warten müssen. Seien Sie bei der Planung realistisch und ermitteln Sie die „Nettoarbeitszeit", die Ihnen tatsächlich für das Verfassen Ihrer Studienarbeit zur Verfügung steht! Dabei sollten Sie auch bereits feststehende Verpflichtungen, Feiertage, Vorlesungs- und Klausurtermine berücksichtigen. Berechnen Sie Ihren Zeitplan nicht zu eng, gestehen Sie sich selbst Pausen und Freizeittermine zu.

Auf Grundlage der einzelnen Arbeitsschritte und Ihres ermittelten Zeitbudgets erstellen Sie zuletzt einen konkreten Arbeits- und Zeitplan. Planen Sie genügend Zeitpuffer für Unvorhergesehenes ein! Sonst riskieren Sie, dass Sie schon zu Anfang den Anschluss an Ihre Planung verlieren. Dies wirkt demotivierend und bringt Sie am Ende in Zeitnot. Dennoch werden Sie den Plan nicht immer in allen Details einhalten können. Verstehen Sie ihn als Orientierung, und kontrollieren Sie bei größeren Abweichungen, aus welchen Gründen es dazu gekommen ist. Solch eine Kontrolle steigert Ihre Motivation, wenn Sie erfolgreich einen Arbeitsschritt erledigt haben, und hilft, rechtzeitig mögliche Abweichungen oder Fehlplanungen zu erkennen (Molitor / Schöneck 2009).

Ebenfalls beachten sollten Sie die formalen Anforderungen. Manchen Betreuern ist es weniger wichtig, wie Sie diese Punkte handhaben, andere bestehen darauf, dass ihre Vorgaben eingehalten werden, und bestrafen Nichteinhaltung mit Notenabzug. Sie sollten sich unbedingt bei Ihrem Betreuer danach erkundigen! Evtl. können Sie auch eine Abschlussarbeit lesen, die an derselben Fakultät oder bei demselben Betreuer erstellt wurde.

Bevor Sie Ihre Studienarbeit abgeben, sollte sie von verschiedenen Personen gelesen werden. Sie selbst erkennen Fehler in der Rechtschreibung oder in der Grammatik und vergessene Wörter nicht mehr, weil Sie genau wissen, wie es richtig heißen muss. Daneben sollten aber auch sachkundige Personen wie z. B. Kommilitonen prüfen, ob die Zusammenhänge richtig und verständlich erklärt worden sind.

Tipp zum Weiterlesen (für Abschnitt II 1.7)

Brink 2007.

2 Bewertung von Leistungen

Die Bewertungen von Studienleistungen wie etwa Klausuren, Referaten und Studienarbeiten obliegt den prüfungsberechtigten Dozenten. Dazu gehören vorwiegend Professoren, Privatdozenten und Juniorprofessoren. An einigen Hochschulen und in manchen Studiengängen sind zudem alle Dozenten, also u. a. wissenschaftliche Mitarbeiter und Lehrbeauftragte, zur Leistungsbewertung berechtigt. Für die Leistungsbewertung gibt es keine einheitlichen Maßstäbe oder Regelungen. Dennoch sollte sie so transparent wie möglich sein, um Studierenden und Lehrenden eine Orientierungsgrundlage zu bieten und mögliche Konflikte zu vermeiden.

Obwohl die genaue Leistungsbewertung nicht nur von Fach zu Fach, sondern auch von Prüfer zu Prüfer verschieden ist, lassen sich einige grundlegende Bewertungskriterien identifizieren, die je nach Leistungsnachweis und individuellem Fall angepasst werden müssen. Grundsätzlich lässt sich zwischen inhaltlichen und formalen Bewertungskriterien unterscheiden. Zudem finden die einzelnen Bewertungskriterien in unterschiedlicher Gewichtung Eingang in die Endnote. Im Folgenden werden **inhaltliche Kriterien** erläutert, wie sie vor allem bei der Bewertung wissenschaftlicher Texte angewendet werden:

- Bei jeder Studienarbeit stellt die *Richtigkeit der Ausführungen* einen der wichtigsten Aspekte dar. Das bezieht sich zunächst darauf, dass es sich bei der Studienarbeit weder vollständig noch in Teilen um Plagiate (vgl. Abschnitt III 2.2) handeln darf, d. h. es ist nicht erlaubt, fremde Texte in Teilen oder vollständig abzuschreiben, ohne die Literaturquelle zu nennen. Diese Vorgehensweise ist nicht nur unwissenschaftlich, sondern auch strafbar. Weiterhin werden wissenschaftliche Arbeiten maßgeblich danach beurteilt, ob die genutzten Literaturquellen richtig verstanden, angewendet und wörtlich oder sinngemäß zitiert wurden (vgl. Abschnitt III 3.6.2). Dementsprechend ist es auch möglich, dass eine Studienarbeit verhältnismäßig schlecht bewertet wird, obwohl alle anderen Aspekte eher positiv beurteilt wurden.
- Bei der Bewertung der *Fragestellung* geht es nicht nur um die Frage, wie sie im Detail formuliert wurde, sondern sehr häufig schlicht darum, ob sie überhaupt formuliert wurde und als solche identifizierbar ist. Die Fragestellung sollte in der Einleitung deutlich genannt und als Frage formuliert werden. Sie sollte erläutert und das Thema hinreichend präzisiert sein.
- Anders als die Fragestellung bilden *Thesen bzw. Hypothesen* den Ausgangspunkt wissenschaftlichen Arbeitens, da sie durch die Studienarbeit überprüft werden sollen. Hypothesen werden als begründete Anfangsannahmen grundsätzlich so formuliert, dass sie mit „richtig" oder „falsch" am Ende der Analyse bewertet werden und zu einer belegten „These" umformuliert werden können. Thesen sollten eine Beziehung zwischen zwei Größen herstellen, z. B. „je … desto …" oder „wenn … dann …". Es sollte mindestens eine Hypothese zusammen mit der Fragestellung den Ausgangspunkt der Studienarbeit bilden. Häufig und vor allem in empirischen Arbeiten wird die eingangs gestellte

Hypothese durch eine Reihe von Unterhypothesen im Kontext des Methoden-
designs präziser und detaillierter ausgeführt.

- Bewertet wird zunächst danach, ob eine *Struktur* und eine *Gliederung* (vgl. Abschnitt III 3.2) vorhanden sind, die über die Unterteilung in Einleitung – Hauptteil – Fazit hinausreichen. Weiterhin ist ausschlaggebend, ob die Vorgehensweise, Systematik der Gliederung, Anlage und Aufbau der Studienarbeit nachvollziehbar, logisch und ausgewogen sind. Dazu gehört auch der Aspekt der
Kapitelaufteilung. Wenn die gesamte Studienarbeit z. B. zehn Seiten umfasst
und fünf davon auf die Einleitung entfallen, ist klar, dass es sich nicht um eine
ausgewogene Kapitelaufteilung handelt. Weit häufiger ist allerdings das Problem anzutreffen, dass eine z. B. zehnseitige Studienarbeit eine viel zu ausdiffe-
renzierte Aufteilung mit vier oder mehr Ebenen aufweist und pro Abschnitt
weniger als eine halbe Seite geschrieben wird. Im Zweifel ist es hier sinnvoll,
tendenziell weniger statt mehr Gliederungspunkte zu kreieren.
- Die *Argumentationsweise, die Stringenz und die innere Logik* betreffen die gesamte Studienarbeit. Dieser Aspekt bezieht sich darauf, ob Sie Ihre Gedanken
nachvollziehbar ordnen und Ihre Behauptungen belegen können. Weiterhin
kann damit – ähnlich wie bei der Struktur und Gliederung – nachgewiesen werden, dass Sie das Prinzip des wissenschaftlichen Schreibens und Argumentie-
rens verstanden haben.
- Bewertungsmaßstab ist auch die *Verständlichkeit der Darstellung*, u. a. der sichere Ausdruck und die korrekte Verwendung der wissenschaftlichen Sprache.
Dazu gehört auch der korrekte Umgang mit Fachbegriffen.
- Im Fokus der Aufmerksamkeit steht weiterhin, ob *Methoden* und ein entsprechendes *Methodendesign* vorzufinden sind und ob die Methoden korrekt angewendet wurden. Gerade bei stark theoretisch ausgerichteten Arbeiten kann immer wieder festgestellt werden, dass die Methodenfrage gar nicht beantwortet
wird. Auch wenn dieses Thema in einigen Fächern eher nachlässig behandelt
wird, ist es ein wesentliches Bewertungskriterium. Es lohnt sich daher, sich
frühzeitig nicht nur mit empirischen, sondern auch mit z. B. hermeneutischen
Methoden vertraut zu machen, um die angemessene Methode für die eigene
Studienarbeit auswählen zu können. Auch ein Überblick über klassische Wissenschaftstheorie, die den Ausgangspunkt aller wissenschaftlichen Methoden
bildet, kann dabei hilfreich sein. Es wird jedoch nicht nur bewertet, ob die ver-
wendeten Methoden korrekt angewendet wurden, sondern auch, ob Sie formale
Arbeitstechniken beherrschen.
- Nächster Bewertungsaspekt ist die *Vollständigkeit der bearbeiteten Thematik*.
Wichtig ist dabei, dass Sie nachweisen, dass Sie die wichtigsten Theorien und
Methoden beherrschen und den aktuellen Forschungsstand sowie einschlägige
Literatur kennen. Dazu gehört auch eine deutliche *Eingrenzung* des gewählten
Themas. Zu den häufigsten Fehlerquellen zählt die ausschließliche Verwendung von Literaturquellen, die online zur Verfügung stehen, sowie die Ver-
wendung von zu wenigen Literaturquellen bzw. das Fehlen von zusätzlichen relevanten Literaturquellen und Methoden. Das passiert z. B. dann, wenn Studierende lediglich in einer Zeitschrift nach passender Literatur recherchieren oder
nur die Literatur nutzen, die gerade in einer bestimmten Bibliothek zur Verfü-

gung steht. Bei Studienanfängern mag dies nachvollziehbar sein; bei Abschlussarbeiten ist diese Vorgehensweise grundsätzlich inakzeptabel.

- Mit der Themenabgrenzung sind die Aspekte *Aktualität, Relevanz und Einschlägigkeit* eng verbunden: Durch die Konzentration auf neuere, relevante und einschlägige Literaturquellen wird das Thema eingegrenzt und die Fragestellung fokussiert. Gerade zu Studienbeginn ist es besonders schwierig, die Relevanz und Einschlägigkeit zu beurteilen. Während es in manchen Fällen möglich ist, im Internet den wissenschaftlichen Hintergrund einer Person, eines Projekts oder eines scheinbar passenden Themenaspekts ausfindig zu machen, nützt in manchen Fällen nur das direkte Gespräch mit den Betreuern. Auch wenn die von den Betreuern angegebene Literatur nicht immer hilfreich oder ausreichend erscheint, bietet sie meist einen besseren Einstieg in eine Thematik als eine eigene Suche im Internet.
- Neben der Wiedergabe und Anwendung von Fachwissen und Theorien spielt die *eigene kritische Stellungnahme* eine besondere Rolle. Sie erscheint vielen Studierenden deshalb schwer, weil sie oft eine Gratwanderung zwischen eher trivialen Mutmaßungen und der Wiedergabe von fremden Texten ist. Das gilt vor allem für die meist im letzten Kapitel beschriebenen *Schlussfolgerungen*, die aus der Studienarbeit abgeleitet werden. Bei der Bewertung von wissenschaftlichen Texten geht es nicht um die Frage, ob der Text der Meinung des Betreuers entspricht, sondern dass die kritische Stellungnahme wissenschaftlich korrekt erarbeitet, nachvollziehbar und anhand der zugrunde gelegten Argumente und Literaturquellenlage ableitbar ist. Gern wird die kritische Reflexion der Schlussfolgerungen gegenüber anderen Standpunkten gesehen. Außerdem spielt es eine Rolle, ob der Autor die Ergebnisse in den Erkenntnisstand der Disziplin einordnet (Theoriebezug) oder die Ergebnisse unter den Aspekten der Umsetzbarkeit und der Problemlösungsfähigkeit (Praxisbezug) diskutiert.

Erfahrungsgemäß bereiten die inhaltlichen Aspekte mehr Probleme als die **formalen Aspekte**. Das bedeutet nicht, dass diese selbstredend sind, sondern dass sie mit Ausnahme des Stils und der Zitierweise einfacher zu realisieren sind als die inhaltlichen Anforderungen. Im Folgenden werden daher die gängigen formalen Bewertungskriterien dargestellt.

- Zunächst begutachtet der Prüfer die *Vollständigkeit des Titelblatts bzw. der formalen Angaben.* Auch wenn es unvorstellbar klingt, werden immer wieder Studienarbeiten ohne Titel, ohne oder mit falsch geschriebenem Namen des Betreuers oder ohne Namen des Verfassers abgegeben.
- Anhand der *Zitierweise* wird bewertet, ob und in welchem Umfang wissenschaftliche Literaturquellen verarbeitet wurden. Hier wird vor allem darauf geachtet, ob die Zitierweise einheitlich und vollständig ist (vgl. Abschnitt III 3.6), d. h. bei wörtlichen Zitaten wird z. B. überprüft, ob die Seitenangaben vorhanden und korrekt sind.

- In diesem Zusammenhang sind die gesamten Verzeichnisse der Studienarbeit wie z. B. *Tabellen-, Abbildungs- und Abkürzungsverzeichnis* und vor allem das *Literaturverzeichnis* zu sehen (vgl. Abschnitte III 3.7 und III 3.9). Bewertet werden hier ebenfalls Richtigkeit, Vollständigkeit und Einheitlichkeit, aber auch das Layout hinsichtlich der Übersichtlichkeit.
- In den meisten Fällen ist das *Layout* nicht zu beanstanden. Problematisch ist dagegen oft, dass Verzeichnisse erstellt werden, ohne dass der Text selbst Seitenzahlen hat, oder die Verzeichnisse manuell erstellt werden, ohne dass die Überschriften im Wortlaut abgeglichen bzw. die Seiten vor der Abgabe aktualisiert werden.
- Ähnliches gilt für die Gestaltung von *Tabellen* und *Abbildungen* sowie deren Nummerierung und Beschriftung. Unvollständige, fehlerhaft übernommene oder riesige Grafiken und Tabellen fallen ebenso negativ ins Gewicht wie unnötig bunte oder überfrachtete Tabellen ohne inhaltlichen Mehrwert. Auch hier sollte immer die Literaturquelle ersichtlich sein, sofern diese nicht selbst erstellt wurden.
- Erfahrungsgemäß wird immer wieder unterschätzt, dass *Rechtschreibung, Zeichensetzung und Grammatik* nach wie vor ebenfalls bewertet werden. Das Argument, in einigen Fächern sei das sicher wichtiger als in anderen, ist grundsätzlich unzulässig. Wer ein Studium erfolgreich absolvieren will, sollte nicht nur Fachkenntnisse haben, sondern diese auch klar, deutlich und vor allem orthografisch korrekt darstellen können.

Diese Aspekte können allerdings nur Hinweise für die individuelle Bewertung von Studienleistungen sein. Prüfer können sehr unterschiedliche und *subjektive Vorstellungen* davon haben, was qualitativ „gute" wissenschaftliche Leistungen sind. Möglicherweise gewichten sie einige der hier genannten Aspekte nicht, völlig anders oder haben weitere Kriterien, die hier nicht aufgeführt sind. Obgleich Prüfer sich prinzipiell an Prüfungs- und Studienordnungen halten müssen, besteht zumindest in Deutschland ein *prüfungsrechtlicher Bewertungsspielraum*, der gerichtlicher Kontrolle entzogen ist: Während das Gericht kontrollieren kann, ob fachliche Fragen, die Gegenstand der Aufgabe sind, bearbeitet oder beantwortet wurden, bezieht sich dies nicht auf prüfungsspezifische Wertungen. Wann dieser Bewertungsspielraum überschritten wurde, ist eine höchst komplizierte Frage, die sehr stark von der jeweiligen Aufgabe abhängt. Fehler im Prüfungsverfahren, Rechtsfehler, die Bewertung auf der Grundlage eines unrichtigen Sachverhalts, die Verletzung allgemeingültiger Bewertungsmaßstäbe, sachfremde Erwägungen oder die Bewertung einer vertretbaren Lösung als falsch können zur Aufhebung der Bewertung oder Prüfungsentscheidung führen. Wenn Sie den begründeten Verdacht haben, dass Ihre Leistung nicht korrekt bewertet wurde, sollten Sie um Erläuterung der Bewertung bitten und im Zweifel eine Neubewertung beantragen. Wenn Sie schriftlich darlegen können, dass die Bewertung fehlerhaft ist, können Sie dies zunächst in einem formlosen Schreiben an den jeweiligen Prüfer geltend machen. Falls Sie hierdurch keine Neubewertung erreichen, sollte nach Mitteilung des Prüfungsergebnisses gegen die Bewertung beim zuständigen Prüfungsausschuss schriftlich Widerspruch eingelegt werden. Der Prüfungsausschuss kann dann zumindest bei schriftlichen Prüfungen vom jeweiligen Dozenten eine Stellungnahme einholen und zudem von externen Gutachtern ein weiteres Gutachten über die Prüfungsleistung erstellen lassen. Falls Sie keinen positiven Widerspruchsbescheid erhalten sollten, steht Ihnen die Klage beim Verwaltungsgericht offen. Widerspruchsschreiben und Klage sollten eine ausführliche Begründung enthalten, aus welchen Gründen die Bewertung Ihrer Leistung nicht haltbar ist. Bei einer Klage sollten Sie sich anwaltlich vertreten lassen, am besten von einem Fachanwalt für Verwaltungsrecht, der über einschlägige Erfahrungen im Prüfungsrecht verfügt. Bedenken Sie, dass bei mehrfachem Nichtbestehen bestimmter Prüfungen noch weitere negative Konsequenzen drohen wie der Verlust des Prüfungsanspruchs im Studiengang und die damit verbundene Zwangsexmatrikulation.

Die Verteilung der einzelnen Noten für die 289.979 im Jahr 2007 in Deutschland abgelegten Abschlussprüfungen ist in Tabelle 4 dargestellt. Die Abschlussprüfung endgültig nicht bestanden haben dabei lediglich 1,2 %. Eine detaillierte Aufgliederung der Fächergruppen findet sich in Anhang B.

Tabelle 4.   Anteil der einzelnen Noten in Bezug zum Studienfach für Deutschland im Jahr 2007 (Statistisches Bundesamt 2008, 249 ff.)

Fächergruppe	*Auszeichnung*	*sehr gut*	*gut*	*befriedigend*	*ausreichend*	*Note nicht bekannt*
Sprach- und Kulturwissenschaften	3,9 %	28,0 %	50,6 %	13,3 %	0,7 %	2,9 %
Sport	1,8 %	12,7 %	63,1 %	18,3 %	0,2 %	2,5 %
Rechts-, Wirtschafts- und Sozialwissenschaften	1,6 %	10,9 %	47,6 %	29,3 %	6,6 %	2,2 %
Mathematik, Naturwissenschaften	4,1 %	32,6 %	44,3 %	13,9 %	0,8 %	2,9 %
Humanmedizin / Gesundheitswissenschaften	4,2 %	20,4 %	43,4 %	15,0 %	1,0 %	15,9 %
Veterinärmedizin	3,1 %	20,8 %	47,4 %	27,3 %	0,6 %	0,8 %
Agrar-, Forst- und Ernährungswissenschaften	1,4 %	15,6 %	54,3 %	25,0 %	1,1 %	1,3 %
Ingenieurwissenschaften	2,1 %	11,7 %	56,4 %	27,0 %	1,0 %	0,4 %
Kunst, Kunstwissenschaft	6,5 %	31,4 %	48,1 %	6,2 %	0,3 %	7,2 %
Außerhalb der Studienbereichsgliederung	37,1 %	35,5 %	24,2 %	3,2 %	0,0 %	0,0 %
Gesamt	**2,9 %**	**19,5 %**	**49,0 %**	**21,2 %**	**2,8 %**	**3,4 %**

Bevor es allerdings so weit kommt, kann es hilfreich sein, zunächst Ihre Noten mit denen anderer Studierender zu vergleichen, um einen Eindruck von der Bewertungsweise des Prüfers zu bekommen. Möglicherweise haben Sie einen Prüfer, der grundsätzlich keine volle Punktzahl vergibt oder überdurchschnittlich streng bewertet. Vielleicht entspricht Ihr Selbstbild etwa von der gelungenen mündlichen Leistung auch nicht der objektiven Bewertung, darüber könnte eine Rückmeldung

Ihrer Kommilitonen oder ein Gespräch mit dem Prüfer Auskunft geben. Hilfreich kann es generell sein, beim Prüfer in einem persönlichen Gespräch nachzufragen, anhand welcher Kriterien Arbeiten bewertet werden. Alternativ können Sie auch offen in der Lehrveranstaltung nach den Bewertungskriterien fragen, schließlich betrifft das Thema „Leistungsbewertung" nicht nur Sie, sondern auch Ihre Kommilitonen. Das grundsätzliche Dilemma, nämlich dass jede Bewertung eine unbewusste subjektive Komponente enthält, kann durch keine Strategie vollständig aufgelöst werden: Prüfer sind auch nur Menschen. Aus diesem Grund werden die wichtigsten Abschlussarbeiten und -prüfungen auch von mehreren Prüfern beurteilt, um ein Korrektiv dieser Subjektivität sicherzustellen.

Nehmen Sie ggf. Klausur- bzw. Akteneinsicht in die bewerteten Klausuren und Studienarbeiten. Die Beschäftigung mit den eigenen Schwächen kann emotional belastend sein. Sie sollten jedoch die Chance, aus eigenen Fehlern zu lernen, nicht verschenken. Niemand erwartet von Ihnen, dass Sie perfekt sind. Mit zunehmendem Studienfortschritt werden typische Anfängerfehler jedoch zu Recht gravierender bewertet. Erfreulicherweise geben sich viele Prüfer große Mühe bei der Korrektur und wollen Ihnen gerade hierdurch bei Ihren weiteren Prüfungen helfen. Honorieren Sie diese Mühe, indem Sie Ihre Studienarbeit selbstkritisch prüfen und Ratschläge annehmen. Sie werden großen Nutzen daraus ziehen.

Tipps zum Weiterlesen (für Abschnitt II 2)

Karmasin / Ribing 2007, 33 ff.; Niehues 2004; Stickel-Wolf / Wolf 2006, 266 ff.; Theisen 2006, 232 ff.; Zimmerling / Brehm 2007.

3   Vorbereitung auf Leistungsnachweise und Prüfungen

Jetzt wird es ernst: Sie haben einen Termin bekommen, zu dem Sie die Prüfungsinhalte parat haben müssen! In den folgenden Abschnitten lesen Sie, wie Sie sich allein oder in der Gruppe gezielt auf Prüfungen vorbereiten und was Sie tun können, wenn Sie kurz vor dem entscheidenden Moment der Mut verlässt.

3.1   Aktives Zuhören in Lehrveranstaltungen

Vorlesungen und Seminare sind die wichtigsten Lehrveranstaltungen, wenn es um die Vermittlung von Wissen geht. Während die Studierenden in Seminaren aktiv mitarbeiten und häufig Referate halten, ist die Rednerrolle in Vorlesungen auf den Dozenten beschränkt. Das könnte auf den ersten Blick dazu verführen, dass Sie sich zurücklehnen, über das Mittagessen oder die Abendgestaltung sinnieren, und schauen, was die Mitstudierenden so tun oder einfach das süße Nichtstun und Nichtsdenken genießen. Das sind auf den ersten Blick herrliche Aussichten, nur wenn Sie an die Klausur am Ende des Semesters denken, graut es Ihnen – zu Recht.

Damit sich insbesondere Vorlesungen nicht zu reiner Zeitverschwendung entwickeln, sollten Sie sich in der Disziplin des aktiven Zuhörens üben. Leider reicht es nicht, dem Dozenten einfach zuzuhören oder kurz vor der Klausur das von ihm herausgegebene Skript bzw. die im Internet hinterlegten Materialien anzuschauen und zu hoffen, dass sich die Inhalte im Kurzzeitgedächtnis halten. Genau so wenig effektiv ist es, wenn Sie versuchen, aus den Mitschriften Ihrer Kommilitonen zu lernen, deren Notizen Sie gewissenhaft kopiert und abgeheftet haben. Dies sollte die Ausnahme bleiben, wenn Sie bspw. erkrankt sind und eine Lehrveranstaltung nicht besuchen konnten. Aus Ihren eigenen Mitschriften können Sie immer noch am effizientesten lernen, da Sie mit Ihren eigenen Stichpunkten etwas verbinden können.

Effizientes Zuhören ist – idealerweise – ein dreistufiger Prozess: Eine Lehrveranstaltung sollte vorbereitet, aufmerksam verfolgt und mit möglichst geringer zeitlicher Verzögerung nachbereitet werden.

Vor der Lehrveranstaltung sollten Sie sich anhand der Lehrveranstaltungsankündigung über das Thema und wichtige Schlüsselbegriffe informieren. Zum Teil sind im kommentierten Vorlesungsverzeichnis bereits Lektüreempfehlungen zu den Lehrveranstaltungen enthalten, denen Sie nachgehen können. Wenn ein Plan für das Semester ausgegeben wird, können Sie sich wöchentlich auf die jeweilige Lehrveranstaltung vorbereiten. Schaffen Sie eine Erwartungshaltung und stellen Sie sich folgende Fragen:

- Welches Vorwissen habe ich zum Thema, auch zu Randgebieten und benachbarten Themen?
- In welchem Zusammenhang habe ich von dem Thema schon gehört oder gelesen?
- Was ist an dem Thema interessant?
- Was erwarte ich an neuen Informationen oder Erkenntnissen?

Während der Lehrveranstaltung brauchen Sie Ihre gesamte Aufmerksamkeit. Im Unterschied zum häuslichen Studium können Sie hier nicht das Lerntempo bestimmen, sondern müssen sich an das vorgegebene Tempo anpassen. Setzen Sie sich so, dass Sie den Dozenten gut hören und ggf. die Tafel oder Projektionsfläche gut sehen können. Seien Sie ausgeschlafen und gehen Sie mit der positiven Grundeinstellung in die Lehrveranstaltung, hier etwas Neues erfahren zu dürfen. Lassen Sie sich nicht ablenken, sondern konzentrieren Sie sich voll und ganz auf den Vortrag.

Es ist nicht Sinn und Zweck einer Vorlesung, dass Sie das Gehörte wörtlich mitschreiben. Sie sollen nicht unter Beweis stellen, dass Sie Stenografie beherrschen! Schreiben Sie so mit, dass Sie Ihre Notizen zu jeder Zeit verstehen können. Schreiben Sie das Gehörte deshalb am besten in eigenen Worten nieder. Wenn Ihnen das gelingt, können Sie davon ausgehen, dass Sie das Gesagte inhaltlich erfasst haben. Zum Verstehen gehört des Weiteren, dass Sie nur die Informationen aufschreiben, die für Sie wichtig sind. Schließlich müssen Sie bei der Nachbereitung anhand Ihrer Mitschrift in der Lage sein, die wesentlichen Inhalte zu rekonstruieren. Sie sollten deshalb bereits beim Zuhören zwischen Wichtigem und Unwichtigem unterscheiden. Hier führen verschiedene Wege ans Ziel. Möglicherweise wird zu Beginn der Vorlesung die Struktur in Form einer Gliederung offen gelegt, anhand derer deutlich wird, worauf der Schwerpunkt der Lehrveranstaltung liegt. Im Laufe der Vorlesung kann der Dozent sprachliche und nonverbale Mittel einsetzen, um Wichtiges zu unterstreichen. Kommentare wie „Das sollten Sie sich merken" oder „Ich fasse meine Hauptaussagen noch mal zusammen" sollten Sie aufmerken lassen. Aber auch durch entsprechende Gestik oder durch das Anheben der Stimme kann Kernaussagen Nachdruck verliehen werden. An diesen Stellen ist Mitschreiben wichtig. Im Falle von Zusammenfassungen können Sie kontrollieren, ob sich das Gesagte in Ihrer Mitschrift widerspiegelt. Wenn Sie etwas für wichtig erachten, aber nicht verstehen, sollten Sie dies unbedingt in Ihrer Mitschrift kenntlich machen. Am Ende der Vorlesung besteht in der Regel die Gelegenheit, Rückfragen zu stellen. Diese Gelegenheit sollten Sie nutzen, auch wenn das in einem großen Hörsaal zunächst ein wenig Überwindung kostet. Haben Sie keine Angst, dass Sie sich durch Fragen als unwissend oder gar dumm darstellen. Der Dozent wird Ihnen für Fragen dankbar sein, da Sie damit zeigen, dass Sie zugehört haben, sich für das Thema interessieren und es begreifen wollen. Um für den Dozenten und Ihre Kommilitonen deutlich zu machen, bei welchem Aspekt Sie Verständnisschwierigkeiten haben, ist es oft hilfreich, den problematischen Inhalt nochmals kurz in seinem Kontext darzulegen oder, falls möglich, sich auf einen konkreten Gliederungspunkt oder auf eine Seitenzahl im Skript zu beziehen.

Da kaum ein Mensch eine große Menge an neuen Informationen behalten kann, die er nur ein einziges Mal gehört hat, werden Sie um das Mitschreiben nicht herumkommen. Das Mitschreiben bietet Ihnen viele Vorteile. Es entlastet das Gedächtnis, da Sie sich die Informationen nicht merken müssen. Durch das Hören und parallele Umsetzen in Form einer Mitschrift prägen sich Inhalte besser ein. Arbeiten Sie nach dem Motto „Weniger ist mehr", denn indem Sie sich zwingen, Wichtiges von Unwichtigem zu trennen, setzen Sie frühzeitig den Verstehens- und Lernprozess in Gang und ersparen sich zugleich eine vom Mitschreiben verkrampfte Hand. Durch die komplexe Tätigkeit des Zuhörens und parallelen Mitschreibens sind Sie konzentriert bei der Sache und können nicht so schnell abgelenkt werden. Möglicherweise gibt es Vorlesungen, bei denen Sie nicht in der Lage sind, Wichtiges von Unwichtigem zu unterscheiden, weil Sie (noch) nicht tief genug in die Materie eingedrungen sind. In diesem Fall sollten Sie so viel wie möglich mitschreiben und die Vorlesung ergänzende Übungen und Tutorien nutzen, um die Inhalte zu wiederholen und besser zu verstehen. Wenn die Klausur näher rückt, verfügen Sie über Unterlagen, die Sie verstehen und anhand derer Sie effektiv lernen können. Bei Unsicherheiten bez. Ihrer Mitschriften oder Inhalten der Vorlesung empfiehlt sich die Bildung einer Arbeitsgruppe (vgl. Abschnitt II 3.3). In dieser können mögliche Lücken geschlossen und der Lernstoff wiederholt werden.

Da Sie früher im Schulunterricht in der Regel nicht mitschreiben mussten, was der Lehrer gesagt hat, sondern wichtige Aussagen in Form von Tafelbildern festgehalten wurden, müssen Sie für sich eine angemessene Form der Mitschrift finden. In welcher Form und Ausführlichkeit Sie mitschreiben, hängt nicht zuletzt von Ihrem Ziel ab: Ist Ihre Mitschrift die Basis einer Klausur oder die Grundlage einer Studienarbeit? Wird der vermittelte Stoff nicht abgeprüft, sondern dient die

Lehrveranstaltung lediglich der Erweiterung Ihres Grundlagenwissens? Vergessen Sie nicht, dass Sie in der Vorlesung nicht nur dazu angehalten sind, mitzuschreiben, sondern auch mitzuzeichnen. Unabhängig vom Studien- oder Prüfungsfach sollten Sie dabei präzise arbeiten und auch tatsächlich Grafiken, keine Skizzen anfertigen. Dies gilt insbesondere dann, wenn Ihre Zeichnungen nicht nur als Gedächtnisstützen dienen, sondern die exakte Abbildung eines Sachverhalts darstellen sollen. Nehmen Sie sich also die Zeit, exakt zu arbeiten. Nicht selten sind Grafiken, die in der Vorlesung angefertigt werden und nicht im Skript oder Ihren Büchern enthalten sind, prüfungsrelevant. Dadurch überprüfen Professoren gerne, ob Sie die Vorlesung auch tatsächlich besucht haben.

Unabhängig vom Ziel Ihrer Mitschrift ist diese nur nützlich, wenn Sie sich selbst in Ihren Aufzeichnungen zurechtfinden. Hierfür gibt es einige Faustregeln:

- Verwenden Sie Einzelblätter im DIN-A4-Format, die Sie einseitig beschreiben. So bleiben Sie flexibel, können spätere Ergänzungen auf weiteren Blättern einfügen oder ausgegebene Kopien dazwischenheften.
- Lassen Sie Platz in Ihrer Mitschrift. Sollten zu einem späteren Zeitpunkt Zusatzinformationen genannt werden oder Sie durch Recherche gewonnene zusätzliche Informationen einfügen wollen, haben Sie dann den Platz dafür. Umfangreiche Erklärungen und Ergänzungen sollten Sie auf den frei gehaltenen Rückseiten Ihrer Einzelblätter notieren. Bei einer Mitschrift am Notebook ist dieser Punkt hinfällig.
- Strukturieren Sie die Blätter vor. Sie können dies z. B. am Computer tun, indem Sie ein Formblatt für jede Vorlesung erstellen. In der Kopfzeile stehen der Titel der Lehrveranstaltung, der Dozent, das Datum und die Seitenzahl. Das Blatt unterteilen Sie am besten in eine breite Spalte zum Mitschreiben und eine ca. ein Drittel der Seite umfassende Randspalte. Die Randspalte nutzen Sie für Symbole wie „!" (wichtig) oder „?" (unklar, noch mal nachfragen oder nachschlagen) und Abkürzungen wie „Def." (Definition) und „Bsp." (Beispiel). Auch können Sie in der Randspalte nachträglich wichtige inhaltliche Schlagwörter einfügen, um sich beim späteren Lernen schneller in Ihren Aufzeichnungen zurechtzufinden.
- Schreiben Sie leserlich! Wenn Ihnen dies nicht gelingt, dann sollten Sie die Aufzeichnungen möglichst zeitnah überarbeiten. Alternativ können Sie, sofern Sie im Besitz eines Notebooks sind, bereits während der Vorlesung in geordneter Form mitschreiben. Das setzt aber voraus, dass Sie zügig tippen und zugleich zuhören können und sich nicht durch Formatierung des Geschriebenen oder gar durch andere auf dem Notebook befindliche Anwendungen von der Vorlesung ablenken lassen. Beim Nacharbeiten kann Ihnen die Mitschrift am Computer einen erheblichen Zeitvorteil bieten. Bedenken Sie allerdings auch, dass Sie stets Stift und Papier in der Vorlesung dabei haben sollten, damit Sie Ihre Notizen z. B. um relevante Skizzen oder grafische Abbildungen ergänzen können. Ohne Übung kosten Sie Zeichnungen am Computer zu viel Zeit.
- Schreiben Sie Stichwörter mit, formulieren Sie keine vollständigen Sätze. Nur Definitionen und Zitate sollten Sie in ganzen Sätzen niederschreiben.

- Verwenden Sie zwecks Zeitersparnis Abkürzungen und Symbole. Neben dem Einsatz gängiger Abkürzungen wie z. B. (zum Beispiel), vgl. (vergleiche), s. (siehe) sollten Sie die in Ihrem Fach geläufigen Abkürzungen verwenden wie z. B. in der Betriebswirtschaftslehre KMU (kleine und mittlere Unternehmen) oder HR (Human Resources). Außerdem sollten Sie Schlüsselbegriffe, die häufig in Vorlesungen genannt werden, mit von Ihnen definierten Abkürzungen belegen. Symbole können kurz und prägnant Zusammenhänge verdeutlichen, z. B. ein Pfeil ($\Rightarrow$ daraus folgt).

- Arbeiten Sie mit textstrukturierenden Elementen wie Spiegelstrichen, Aufzählungszeichen, Einrückungen und Hervorhebungen, mit Unterstreichungen, Großbuchstaben und unterschiedlichen Farben.

Nach der Vorlesung ist es wichtig, dass Sie Ihre Notizen zeitnah, d. h. am Tag der Vorlesung oder spätestens am Folgetag, selbst überarbeiten. Noch sind Ihre Eindrücke frisch und Sie können mit den von Ihnen angefertigten Notizen etwas verbinden. Je mehr Zeit Sie zwischen der Vorlesung und der Nachbearbeitung verstreichen lassen, desto mehr vergessen Sie. Zusammenhänge, die Ihnen zum Zeitpunkt der Vorlesung völlig logisch erschienen, kommen Ihnen nun auf einmal vollkommen fremd vor. Erst beim Überarbeiten Ihrer Mitschriften merken Sie, ob Sie wirklich verstanden und sinnvoll niedergeschrieben haben, was in der Vorlesung gesagt wurde. Sie können nun Redundanzen und Informationen, die sich im Gesamtverlauf der Vorlesung als unwichtig herausgestellt haben, streichen, Schlüsselwörter und Definitionen hervorheben, unklare Begriffe nachschlagen und in der Mitschrift ergänzend erklären. Machen Sie stets durch einen Vermerk und eine Literaturquellenangabe deutlich, woher die Ergänzung stammt.

Am besten legen Sie sich für jede Lehrveranstaltung einen Schnellhefter oder einen Ordner an. In der Phase der Nacharbeit heften Sie Kopien und, falls vorhanden, vom Dozenten ausgegebene Materialien zu Ihrer überarbeiteten Mitschrift ab. Sie können diese Kopien leicht in die Nummerierung einbeziehen, indem Sie der Kopie die thematisch zu Ihrer Mitschrift passende Seitennummer zuteilen und der Seitenzahl einfach einen Buchstaben hinzufügen (z. B. S. 6a). Nehmen Sie Ihre Unterlagen zu jeder Lehrveranstaltung mit, bei Bedarf können Sie dann auf frühere Inhalte zurückgreifen. Sollten Sie Ihre Mitschriften zur Klausurvorbereitung benötigen und direkt daraus lernen wollen, können Sie die prüfungsrelevanten Informationen auch auf Karteikarten übertragen, mit denen Sie besser lernen können als mit unhandlichen Zetteln (vgl. Abschnitt II 3.2).

Sie werden sehen: Eine aktive und konzentrierte Mitarbeit während der Lehrveranstaltung sowie eine gewissenhafte Nacharbeit werden Ihnen die Prüfungsvorbereitung erheblich erleichtern.

3.2   Lerntechniken

Ob alleine oder in einer kleinen Gruppe, ob zu Hause oder in Ihrem Lieblingscafé – auf jede Art von Prüfung sollten Sie sich gründlich vorbereiten. Doch bevor bereits das Wort Prüfung zu Nervosität und Anspannung bei Ihnen führt, lassen Sie sich beruhigen: Auch das Lernen kann gelernt werden.

Zuallererst sollten Sie sich verdeutlichen, dass Sie nicht lernen, um Ihren Prüfer glücklich zu machen oder einen weiteren Leistungsnachweis zu sammeln. Es geht um viel mehr, nämlich um den erfolgreichen Abschluss Ihres Studiums und damit einhergehend um die Aneignung bedeutsamen Wissens für Ihre spätere Berufstätigkeit. Definieren Sie daher Ihre eigenen Ziele und halten Sie sich diese immer wieder vor Augen: sei es Ihr Traumberuf oder aber Ihr persönlicher Triumph in Form eines akademischen Abschlusses. Sicherlich gibt es im Hinblick auf Ihre persönlichen Zukunftspläne Lernthemen, die bedeutsamer sind als andere, aber halten Sie sich vor Augen, dass Sie mit jeder bestandenen Prüfung Ihrem Ziel ein Stück näher kommen.

> Schreiben Sie Ihr persönliches Ziel auf oder malen Sie etwas, was Sie damit verbinden. Auch eine passende Collage erfüllt seinen Zweck: Jedes Mal, wenn Sie beim Lernen ins Stocken geraten, verhilft Ihnen ein Blick darauf zu neuer Motivation.

Ein wesentlicher Faktor für erfolgreiches Lernen ist die Fähigkeit, sich selbst zu motivieren. Schließlich müssen Sie über einen recht langen Zeitraum in der Regel eine große Menge an Lernstoff bewältigen, der Sie mal mehr und mal weniger interessiert. Sie müssen Ihr eigener Coach werden, der Sie antreibt und Ihnen hilft durchzuhalten. Daneben ist es gerade während einer längeren Lernphase bedeutsam, dass Sie sich, vor allem in vorangeschrittenen Lernphasen, selbstkritisch kontrollieren und so Verantwortung für Ihren Lernprozess übernehmen. Es sollte immer Ihr Ziel sein, gut vorbereitet in die Prüfung zu gehen.

Zu einer guten *Prüfungsvorbereitung* gehört ein gutes Zeitmanagement (vgl. Molitor / Schöneck 2009). Planen Sie lang-, mittel- und kurzfristig. Denn die Prüfungsvorbereitung beginnt nicht mit dem Tag, an dem Sie sich entscheiden, sich an Ihren Schreibtisch zu setzen und die Bücher auszupacken. Schließlich wissen Sie häufig bereits zu Beginn des Semesters, wann Ihre Prüfungen stattfinden, wie lange Sie für die Vorbereitung benötigen bzw. wie viel Zeit Ihnen noch zur Verfügung steht. Wenn Sie bspw. eine zeitintensive Nebentätigkeit ausüben, müssen Sie eher mit dem Lernpensum beginnen, als wenn Ihnen mehrere Wochen allein für das Lernen zur Verfügung stehen. Grundsätzlich sollten Sie zu jeder Zeit in der Lage sein, Ihren Zeitplan zu überschauen. Sonst könnte es eines Tages ein böses Erwachen geben und es fällt Ihnen auf, dass Ihnen für eine Prüfung weniger Vorbereitungszeit bleibt, als Sie eigentlich bräuchten.

Zur *langfristigen Vorbereitung* gehört auch, dass Sie sich einen Überblick über die anstehenden Themengebiete einer Prüfung verschaffen, die Sie anschließend in kleine Lerneinheiten zerlegen und auf Ihre Lernphase gleichmäßig verteilen können. Oftmals geben Dozenten Hinweise auf Literatur, die Sie im Hinblick auf die Klausur durcharbeiten müssen. Diese können Sie sich meist am Lehrstuhl oder in der Bibliothek kopieren. Doch planen Sie auch hierfür genügend Vorlaufzeit ein, denn nicht selten sind die relevanten Exemplare oder Kopiervorlagen vergriffen oder bereits für einige Wochen reserviert. Gelegentlich kann es jedoch auch sein, dass Ihr Dozent relevante Zusatzliteratur in elektronischer Form im Internet zur Verfügung stellt. Prüfen Sie daher gewissenhaft alle Optionen.

> Bitten Sie zuverlässige Kommilitonen, die dieselben Unterlagen benötigen, Ihnen diese zu besorgen oder zu kopieren. Beim nächsten Mal können Sie das dann übernehmen. Das erspart Ihnen Zeit und Stress. Ihren Kommilitonen zu helfen bzw. auch deren Hilfe anzunehmen ist außerdem eine geeignete Grundlage, um ein Netzwerk aufzubauen, auf das Sie vielleicht zu einem anderen Zeitpunkt Ihres Studiums zurückgreifen können.

Spätestens zu Beginn einer umfangreicheren Lernphase ist eine mittelfriste Planung bedeutsam. Hierbei sollten Sie *Etappenziele* festlegen. Überlegen Sie sich konkret, wann Sie welchen Lernstoff bewältigt haben wollen, um alle weiteren Lerneinheiten ebenfalls in Ruhe angehen zu können. Dabei sollten Sie sowohl Zeit für ausreichende Wiederholungen des bereits gelernten Stoffs, Pufferzeiten für unvorhergesehene Zeitfresser und auch Freizeitaktivitäten einplanen. Denn die notwendige Entspannung darf in einer Phase der längerfristigen Anspannung und Anstrengung nicht zu kurz kommen (Lierse et al. 2009).

> Vergessen Sie nicht, genügend Pausen einzulegen!

Die bewusste Einplanung von *Pausen* in die tägliche Lernroutine ist nicht nur für das eigene Wohlbefinden wichtig. Pausen sind Teil des Lernprozesses und dienen der Vertiefung dessen, was Sie direkt vor der jeweiligen Pause aufgenommen haben. Während Sie Ihren Körper und Geist entspannen, verarbeitet Ihr Gehirn die zuvor aufgenommenen Inhalte nämlich unbewusst weiter. Verteilen Sie Ihre Lerneinheiten daher über den Tag und gönnen Sie sich Zeit, Ihre Batterien wieder aufzuladen. Pausen sollten gleichmäßig über einen Lerntag verteilt werden, d. h. nach einer halben Stunde folgen fünf Minuten Pause, nach zwei Stunden 30 Minuten und nach einem vierstündigen Lernblock sogar ein bis zwei Stunden. Sehen Sie Ihre kleinen und größeren Pausen vor allem als Belohnung dafür, dass Sie zuvor einen festgelegten Lernabschnitt vollständig und konzentriert durchgearbeitet haben. Den leckeren Milchkaffee, den kleinen Spaziergang oder den Plausch mit einem Freund haben Sie sich dann richtig verdient. Das Prinzip der Belohnung hilft Ihnen zudem, Ihre Motivation beizubehalten. Also: Nutzen Sie Ihre Pausen nicht nur als freie Zeit, um unangenehme Dinge wie Geschirrspülen oder Bügeln zu erledigen, sondern gönnen Sie sich bewusst Zeit für Ihr Wohlbefinden (Charbel 2005, 88 ff.).

Gleich zu Beginn des Studiums sollten Sie Ihren persönlichen *Lernstil* herausfinden. Lernen Sie am besten in den frühen Morgenstunden, am späten Vormittag, nachmittags oder abends? Wie verläuft Ihre persönliche Leistungskurve? Welche

Lernmethoden liegen Ihnen am meisten und welche Bedingungen müssen gegeben sein, damit Sie effektiv lernen können? Wie können Sie Spaß am Lernen empfinden und was motiviert Sie auch bei zähen oder aussichtslos scheinenden Phasen zum Durchhalten? Probieren Sie dazu ganz bewusst verschiedene Lernszenarien und -rhythmen aus und halten Sie für sich fest, welche Tageszeit, welche Methode etc. für Sie am Erfolg versprechendsten sind – und halten Sie sich künftig so oft wie möglich daran. Ein persönlicher Lernstil entlastet Sie nicht nur vom Stress, tagtäglich planen zu müssen, was Sie wann wie machen. Sie programmieren sich darüber hinaus quasi selbst auf das Lernen zu festgesetzten Zeiten und mit bewährten Methoden, was auch Ihrer inneren Einstellung zum Lernen förderlich sein wird (Charbel 2005, 85 f.).

Seinen individuellen *Lerntyp* zu kennen ist auch wichtig, wenn es darum geht, ein bestimmtes Tagespensum in Angriff zu nehmen. Dazu können Sie sich durch kleine „Aufwärmübungen" wie z. B. das kurze Wiederholen der Inhalte vom Vortag ein wenig „lockern". Sie können aber auch gleich in das neue Thema einsteigen und die Wiederholungen zu einem späteren Zeitpunkt erledigen. Hier einen Rhythmus zu finden, bleibt Ihnen überlassen. Konzentrieren Sie sich jedoch bei jeder Lernsequenz auf das Thema, an dem Sie gerade arbeiten und machen Sie sich nicht damit verrückt, was noch alles auf Sie zukommen wird. Das lenkt Sie nur ab, Sie müssen Sätze oder ganze Abschnitte mehrmals lesen und verlieren dadurch genau die Zeit, die Sie für den restlichen Lernstoff noch brauchen werden.

Mischen Sie Ihre Lerninhalte, d. h. vermeiden Sie das zeitnahe Lernen von Inhalten, bei denen sich leicht Verwechslungen ergeben können bzw. die den gleichen Lernduktus erfordern. Nehmen Sie sich am Vormittag z. B. einen Lernabschnitt vor, bei dem Sie vor allem auswendig lernen müssen und gönnen Sie sich dann nachmittags einen Lernabschnitt, in dem bspw. logisches Denken im Mittelpunkt steht. Dadurch stellen Sie sicher, dass Sie sich immer mal wieder mit Themen beschäftigen, an denen Sie mit besonders großer Freude arbeiten und die Ihnen auch neue *Motivation* für weniger attraktive Aufgaben geben können.

Um Ihre Lerntechniken effektiv umsetzen zu können, benötigen Sie die passenden Rahmenbedingungen. Dazu zählen funktionierende Arbeitsmittel (Computer, Drucker, Textmarker, Hefter etc.) ebenso wie ein angenehmer Arbeitsplatz mit hellem Licht, einem guten Stuhl und einem ordentlichen Schreibtisch. Falls Sie in der Bibliothek arbeiten möchten, erkundigen Sie sich, ob Sie während der Prüfungsphasen ein Schließfach anmieten können, um Bücher und Ordner vor Ort zu lagern. Das erspart Ihnen täglich einige Kilo an Gepäck.

Achten Sie nicht zuletzt auch darauf, dass Sie zwar derjenige sind, der die Motivation zum Lernen aufbringen muss, dass es aber auch externe Faktoren gibt, die Sie von der Arbeit abhalten können, z. B. Besuch, Anrufe oder auch die Kommilitonen in der Bibliothek, die Sie zu einer Kaffeepause einladen möchten. Versuchen Sie daher, mögliche *Störfaktoren* zu identifizieren und für die Phase der Prüfungsvorbereitung abzuschalten. Bitten Sie bei Freunden und Verwandten um Verständnis und sprechen Sie auch mit Ihren Kommilitonen ab, dass Sie Ihren Lernplan zwar einhalten möchten, dass Sie Ihre planmäßigen Pausen aber gerne zusammen verbringen können. So kommen Sie mit Bestimmtheit und Umsicht an Ihr Ziel (Bohlinger et al. 2009a).

Die wichtigsten Aspekte zur Vorbereitung Ihrer Lernphase lassen sich wie folgt zusammenfassen:

- Lernen muss gelernt werden.
- Lernen muss geplant werden.
- Beginnen Sie rechtzeitig mit der Vorbereitung der Lernphase.
- Pausen sind Teil des Lernprozesses (Verinnerlichung und Belohnung!).
- Regelmäßigkeit erleichtert die Entwicklung günstiger Lerngewohnheiten (Rhythmisierung).
- Abwechslung im Lernplan fördert die Motivation.
- Sorgen Sie für eine angenehme und motivierende Lernumgebung.

Es gibt unterschiedliche Techniken, anhand derer der *Informationsverarbeitungsprozess* erleichtert werden kann. Dennoch plagen sich die meisten Studierenden immer noch mit dem sturen Auswendiglernen, das sie aus der Schule kennen und das damals schon den wenigsten Spaß gemacht hat. Sicherlich besteht auch das studentische Lernen zu einem großen Teil aus der Aneignung und der fantasielosen Reproduktion von Fakten, Zahlen und Begriffen, die Sie während des Prüfungszeitraums einfach parat haben müssen. Dennoch gibt es in jeder mündlichen und schriftlichen Prüfung sog. *Transferaufgaben*, in denen Ihre Fähigkeit überprüft wird, Gelerntes auf ähnliche Sachverhalte zu übertragen. Diese Transferaufgaben fallen Ihnen nur dann leicht, wenn Sie den Prüfungsstoff nicht nur gelernt, sondern auch verstanden haben. Das Verstehen geht dem Lernen also immer voraus und es sollte Ihr oberstes Ziel sein, z. B. nicht nur zu wissen, in welcher Reihenfolge ein logistischer Prozess abläuft, sondern auch, warum er genau so abläuft und nicht anders. Um ein glänzendes Ergebnis zu erzielen, müssen Sie sich daher sowohl um Verständnis als auch um Faktenwissen bemühen. Und Sie werden sehen: Beides parat zu haben, lässt Sie nicht nur mit einem guten, sondern mit einem besonders guten Gefühl in die Prüfung gehen!

Um zu überprüfen, ob Sie einen Sachverhalt tatsächlich auch verstanden haben, bieten sich Ihnen unterschiedliche Möglichkeiten. Die einfachste und nützlichste Möglichkeit ist es, Ihr Wissen anhand von praktischen Beispielen anzuwenden und zu durchdenken. Bewährt ist auch die Praxis, sich von einer anderen Person befragen zu lassen, z. B. anhand von alten Klausuren, die entweder von den Prüfern oder den studentischen Organisationen bezogen werden können. Dabei spielt es keine Rolle, ob die fragende Person Vorkenntnisse besitzt – im Gegenteil: Sie sind gefordert und müssen den Stoff auch für einen Laien verständlich rekapitulieren können. Dabei werden Sie die eine oder andere Wissenslücke entdecken und merken, an welchen Punkten Sie Ihr Wissen noch ausbauen sollten. Insbesondere dann, wenn es um das Verständnis eines sehr abstrakten Sachverhalts geht, ist es von Vorteil, schlüssige und anschauliche Beispiele vorlegen zu können, um sich und seinem Zuhörer zu einem tieferen Verständnis zu verhelfen (Knigge-Illner 2002b, 72 ff.). Mit der Verwendung passender Beispiele stellen Sie Ihre Fähigkeit unter Beweis, den Transfer vom Abstrakten zum Konkreten vollziehen zu können. Dies wird spätestens in der Prüfung von Ihnen verlangt werden. Der Vorteil, sich mit Kommilitonen auszutauschen, die zur gleichen Prüfung antreten werden, ist, dass sie offene Fragen gleich gemeinsam klären können und auch der Zuhörer sein eigenes Wissen weiter vertiefen kann. Von der gemeinsamen Prüfungsvorbereitung profitiert somit jeder.

Bevor unterschiedliche Techniken zur effektiven Aneignung und Verinnerlichung von Wissen, sog. Mnemotechniken, vorgestellt werden, sollten Sie sich anhand der folgenden Anregungen überlegen, welcher **Lerntyp** Sie sind. Denn nicht jede Lernstrategie ist für jeden Lernenden – und auch nicht für jeden Lerninhalt – gleich gut geeignet (Charbel 2005, 101).

Visueller Lerntyp: Sie lernen am besten, wenn Ihnen Informationen in Form von Bildern oder Grafiken präsentiert werden, so prägen Sie sich den Lernstoff besser ein und können das neue Wissen entsprechend abrufen.

> Lernen und wiederholen Sie anhand von Grafiken oder Mindmaps und arbeiten Sie mit Farben bzw. Symbolen. Ihre Lernmaterialien müssen vor allem übersichtlich gestaltet sein.

Auditiver Lerntyp: Sie orientieren sich am liebsten am gesprochenen Wort und merken sich am besten die Informationen, die sie hören.

> Lernen und wiederholen Sie, indem Sie Ihren Lernstoff vor sich hin sprechen oder jemandem vortragen. Auch aktives Zuhören in Lehrveranstaltungen (vgl. Abschnitt II 3.1) bringt Ihnen einen Lernfortschritt.

Kinästhetischer Lerntyp: Sie lernen am besten mit allen Sinnen. Ihnen fallen Wiederholungen leicht, wenn Sie den Lernstoff in unterschiedlicher Form, z. B. anhand von Modellen, am Computer oder durch unterschiedliche Gestaltung Ihrer Lernumgebung, aufgenommen haben.

> Sorgen Sie für Abwechslung beim Lernen.

Wenn Sie sich nicht sicher sind, welcher Lerntyp Sie sind, dann probieren Sie die nachfolgenden Techniken doch einfach einmal aus. Sie werden bald feststellen, welche Ihnen liegen und welche nicht. Je besser Sie mit den jeweiligen Techniken zurechtkommen, umso effektiver können Sie sich auf Ihre Prüfungen vorbereiten. Vieles ist einfach nur Übungssache.

> Bereiten Sie sich – unabhängig von Ihrem Lerntyp – immer der Prüfungsart entsprechend vor, d. h. sprechend auf eine mündliche, schreibend auf eine schriftliche Prüfung!

Das *Strukturieren und Bearbeiten* von Arbeitsunterlagen stellt einen wesentlichen Aspekt des effektiven Lernens dar. Zugegeben, ein Buch, das auf jeder Seite rot und grün leuchtet und mit jeweils 20 oder mehr Anmerkungen versehen ist, wirkt gründlich bearbeitet. Zumindest auf den ersten Blick. Doch können Sie beim zweiten, genaueren Hinsehen noch den Überblick behalten? Versuchen Sie, sich über die inhaltliche Anforderung, die ein Text an Sie stellt, nicht noch zusätzlich zu verwirren. Unterstreichungen und Hervorhebungen sind zwar ebenso wie Randnotizen gut geeignet, das Wesentliche hervorzuheben und Akzente auf die

Kernbegriffe eines Abschnittes oder eines Absatzes zu setzen. Aber übertreiben Sie es nicht! Ihre Markierungen sollten für Sie vor allem Orientierungspunkte sein, wenn Sie sich Ihre *eigene* Zusammenfassung des Lernstoffs erarbeiten (vgl. Abschnitt I 2).

Eine individuelle *Zusammenfassung* erfüllt mehrere Zwecke: Zunächst konzentrieren Sie sich darauf, den Kern des Lernstoffs zu erfassen. Durch die Reduktion der Informationsflut auf stichpunktartige Notizen verringern Sie den Umfang dessen, was Sie tatsächlich lernen müssen. Wichtig ist, dass Sie anhand der Stichpunkte den Sachverhalt erkennen und entsprechend rekapitulieren können. Zusammenfassungen oder Übersichtsblätter sind auch geeignet, um sich z. B. vor dem Schlafengehen nochmals strukturiert und mit zeitlich begrenztem Aufwand die wichtigsten Inhalte durchzulesen. Sie lernen zwar nicht im Schlaf, aber Sie verarbeiten das Gelernte, während Sie schlafen! Es bietet sich auch an, die Zusammenfassungen immer weiter zusammenzufassen. Mit jedem Schritt steigern Sie die Abstraktionsebene und damit auch Ihr Hintergrundwissen. Sie können mithilfe dieser Gedächtnisstützen dann immer schneller alle wesentlichen Inhalte aus Ihrem Gedächtnis abrufen.

Zur Verinnerlichung Ihres Lernstoffs bietet sich vor allem auch die *grafische Darstellung* der Inhalte an. Zur Visualisierung stehen die unterschiedlichsten Methoden zur Verfügung, sei es eine künstlerische Freihandskizze oder eine strukturierte Mindmap. Mindmaps sind dazu geeignet, Lernstoff sinnvoll zu reduzieren, zu ordnen und übersichtlich darzustellen (Metzig / Schuster 2006a, 117 ff.). Mit dem Mindmapping wird eine Methode vorgestellt, mit der komplexe Gedanken organisiert werden. Eine Mindmap ist eine Art „geistige Landkarte". Mit ihr gelingt es Ihnen nicht nur, die zentralen Gedanken eines Textes zu erfassen. Sie steigern durch die Visualisierung vor allem Ihre Gedächtnisleistung sowie Ihre Kreativität, die Sie auch zur Lösung anderer Probleme einsetzen können.

Bei der Erstellung einer Mindmap gehen Sie am besten abschnittsweise vor und schreiben das Thema, die Frage- oder Problemstellung mittig auf ein Blatt, am besten im Querformat. Anhand von Verzweigungen, die Sie im Uhrzeigersinn gestalten können, ordnen Sie die wichtigsten Lösungsansätze, Gedankengänge etc. um diesen Begriff herum an. In weiteren Verzweigungsebenen können Sie zusätzliche Informationen hinzufügen bzw. untergeordnete Aspekte aufnehmen. Benutzen Sie dabei auch Verbindungsstriche oder Pfeile, um z. B. Wechsel- oder Rückwirkungen zum Ausdruck zu bringen. Sie können diese auch durch konkrete Beziehungen, die zwischen den Verzweigungsebenen bestehen, benennen und die Verbindungen beschriften. Bilden Sie jedoch nicht zu viele Ebenen, um nicht den Überblick zu verlieren. Des Weiteren empfiehlt es sich, Symbole, Farben und Emoticons („Smilies") zu verwenden, anhand derer Sie in der Mindmap Zuordnungen, Bewertungen und Gefühle darstellen können. Der große Vorteil dieser Anordnung um einen zentralen Begriff: Im Gegensatz zu einer Liste, die unserem Auge automatisch eine Reihenfolge aufzwingt, gibt Ihnen diese kreisförmige Anordnung der Information einen unbewerteten Gesamtüberblick.

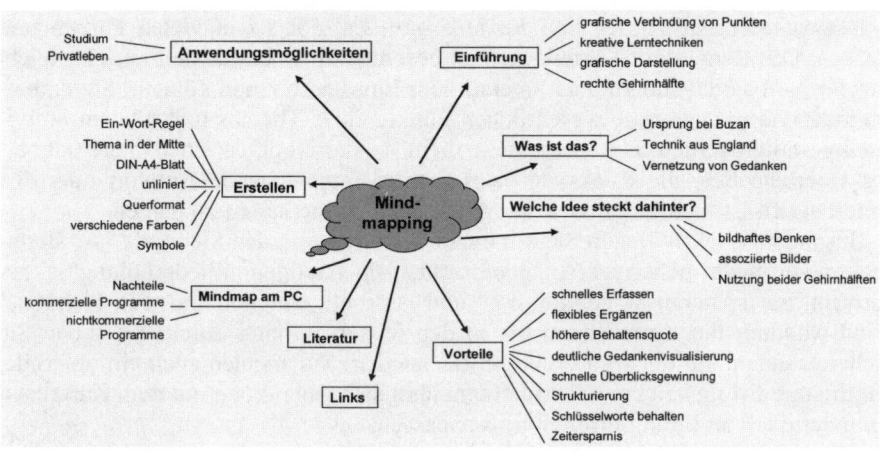

Abb. 1. Mindmap

„Die Mindmapping-Methode stützt sich auf die gedächtnis-psychologischen Erkenntnisse …, dass [Informationen] im Langzeitgedächtnis … in Form von Netzwerken …" gespeichert werden, was der äußeren Form einer Mindmap durchaus
entspricht (Metzig / Schuster 2006a, 120). Sie können Mindmaps auch mithilfe
des Computers erstellen (freemind.softonic.de, www.mindjet.com/resources/
downloads). Der Vorteil dabei ist, dass Sie die Mindmap jederzeit einfach ändern
und umstrukturieren können. Verschiedene Betriebssysteme bieten außerdem mit
Notizzettel-Funktionen o. Ä. eine einfache Möglichkeit, Mindmaps zu erstellen.
Allerdings hat ein Blatt Papier an der Wand emotional oft mehr Bestand als eine
Datei im Computer. Probieren Sie aus, ob Sie Ihre Ideenlandschaft lieber am
Computer oder auf Papier entstehen lassen möchten. Sie können auch auf Papier
anfangen, das Resultat abtippen und anschließend im Computer speichern. Weite-
re Vorteile des Computers sind, dass Sie die Mindmap beliebig erweitern und Ihre
Ideenblätter an Kommilitonen verschicken können.

Ein weiteres Hilfsmittel sind *Karteikarten*. Es gibt sie in vielen Farben und Größen. Das Lernen mit Karteikarten ist besonders beliebt, da sie nicht nur leicht anzufertigen sind, sondern auch überall zum Einsatz kommen können. Sie enthalten kurz und prägnant die wesentlichen Punkte eines Themas und können individuell gestaltet werden. Die Vorderseite dient für das Notieren einer Frage oder eines Überbegriffes, die Rückseite dann für die entsprechende Antwort oder den Unterbegriff. Es bieten sich viele Möglichkeiten, Karteikarten zu nutzen.

Besonders effektiv lernen Sie mit einem Karteikasten, den Sie in die vier Bereiche „noch nicht beherrscht", „beherrscht, zur häufigen Wiederholung", „beherrscht, zur späteren Wiederholung" und „erlernt" einteilen. Je nach Kenntnisstand wandern die Karten dann bis in den letzten Bereich durch. So haben Sie nicht nur eine unmittelbare Lernkontrolle, sondern Sie erzielen auch ermunternde, kurzfristige Erfolgserlebnisse! Außerdem lässt sich das Lernen mit dem Karteikasten individuell an Ihren Lernrhythmus anpassen.

> Schließen Sie Ihre Vorbereitung unbedingt *rechtzeitig* vor der Prüfung ab. Den Stress, sich in letzter Minute auf das Ultrakurzzeitgedächtnis verlassen zu müssen, können Sie elegant umgehen, indem Sie langfristig planen. Sie haben genug Zeit. Nutzen Sie sie auch!

Tipps zum Weiterlesen (für Abschnitt II 3.2)

Buzan / Buzan 2002; Charbel 2005, 79 ff.; Kirkhoff 2004; Knigge-Illner 2002b, 49 ff.; Metzig / Schuster 2006a; Stickel-Wolf / Wolf 2006, 315 ff.

3.3   Gruppenarbeit

Im Studium gibt es viele Gelegenheiten, bei denen Sie mal mehr oder mal weniger freiwillig in der Gruppe arbeiten. Für das spätere Berufsleben sind diese Erfahrungen auf jeden Fall hilfreich. Teamfähigkeit und Projektorientierung zählen zu den Schlüsselkompetenzen im Arbeitsleben. Neben Ihren Kommunikationsfähigkeiten schulen Sie auch Ihre sozialen Kompetenzen wie Integrationsvermögen und Führungsqualität sowie die Fähigkeit, Konflikte zu lösen.

Die Freiwilligkeit der Gruppenarbeit kann im Studium sehr unterschiedlich ausgeprägt sein: Auf der einen Seite gibt es in einigen Studiengängen verpflichtende Gruppenprojekte, bei denen Sie sich Ihre Mitstreiter nicht aussuchen können und bei denen die Note oder das Ergebnis von allen abhängt. Auf der anderen Seite stehen Gruppen, die sich freiwillig – oft zur Prüfungsvorbereitung – treffen, um gemeinsam Aufgaben zu bearbeiten oder zu lernen. Im Folgenden wird zwischen „verpflichtenden Gruppenprojekten" und „freiwilligen Gruppenarbeiten" unterschieden.

Zu den *verpflichtenden Gruppenprojekten* gehören insbesondere in den technischen Studiengängen Projekte, bei denen mehrere Gruppenmitglieder jeweils einen Teil einer technischen Lösung erarbeiten, z. B. programmiert einer den Mikrocontroller für einen Roboter, der Nächste erstellt das Layout für eine Platine und lötet sie zusammen, der Dritte baut die Fernsteuerungseinheit. Wenn einer alleine die ganze Arbeit machen würde, hätte er in diesem Semester keine Zeit mehr für den Rest des Studiums, bzw. er wäre tatsächlich überfordert. Deshalb hängt alles davon ab, ob alle gut mitarbeiten und sich für das gemeinsame Projekt engagieren. Wenn Sie sich Ihre Mitstreiter aussuchen können, empfiehlt es sich deshalb, schon frühzeitig im Studium bzw. im Semester zu sondieren, mit wem Sie sich eine Zusammenarbeit gut vorstellen können und sich dann auch gemeinsam dafür anzumelden. Es ist sehr wichtig, dass Sie die Erwartungen und Ansprüche der anderen Teilnehmer hinsichtlich des Arbeits- und Zeitaufwandes und des zu erreichenden Zieles einschätzen können und dass diese im Team zueinander passen. Konflikte sind vorprogrammiert, wenn innerhalb der Gruppe einer das Projekt nur gerade bestehen will und ein anderer unbedingt eine sehr gute Note erreichen möchte.

Bewährt hat sich ein Arbeitsklima gegenseitiger Achtung und Wertschätzung. Außerdem ist es wichtig, dass Sie miteinander sachlich und effizient über das Projekt reden können. Auch wenn Ihr Team vom Dozenten zusammengestellt wird, ist es wichtig, diese Punkte in einer Vorstellungsrunde abzufragen, damit sich jeder auf die anderen einstellen kann. Auch die Frage „Wer macht was und bis wann?" sollte geklärt und gemeinsame verbindliche Absprachetermine vereinbart werden. Dabei ist es hilfreich, regelmäßig festzuhalten, ob jeder mit seinem Arbeitspaket zurechtkommt oder ob Sie ggf. etwas ändern müssen, damit das Projekt erfolgreich fortgeführt werden kann (Lierse et al. 2009). Bei Abstimmungsschwierigkeiten oder Konflikten im Team sollten die entsprechenden Themen frühzeitig angesprochen werden. Der hochschulseitige Ansprechpartner könnte eingebunden werden, wenn es Schwierigkeiten gibt, die den Erfolg des Projektes gefährden. Oft ist es möglich, dass noch einmal vermittelt werden kann oder dass andere Teams zusammengestellt werden.

Die Motivation für *freiwillige Gruppenarbeiten*, z. B. die gemeinsame Klausurvorbereitung, kann ganz unterschiedlich sein:
- Steigerung der Lerndisziplin,
- gegenseitige Motivation und Ermunterung,
- Zeitersparnis durch Aufgabenverteilung und Aufgabenteilung,
- besseres Verständnis und Erklärungskompetenz durch Fragen und Antworten,
- schnelleres Erkennen unzutreffender Überlegungen.

Fragen, die in der Gruppe nicht geklärt werden können, können Sie auf eine Liste schreiben und dann mit dem entsprechenden Dozenten besprechen. Auch für freiwillige Gruppenarbeiten ist zu empfehlen, frühzeitig die organisatorischen Rahmenbedingungen zu klären, wie im Absatz über die verpflichtenden Gruppenarbeiten beschrieben.

Konflikte in der Gruppe kann es immer geben – auch wenn vorher die Erwartungen und das „Wer macht was?" geklärt wurden. Es gibt unterschiedliche Möglichkeiten, damit umzugehen.

Die häufigsten Situationen sind:

- *Einer der Teilnehmer ist chronisch unpünktlich oder schafft seine Aufgaben nicht.* In diesem Fall ist es wichtig, nachzuforschen, warum das so ist. Dabei wäre zu klären, ob derjenige z. B. gerade private Sorgen hat oder ob er andere Prioritäten setzt. Da es nicht im Interesse dieses Teilnehmers sein kann, dass die anderen ihre Arbeit nicht gut machen können, sollten Sie sich unter dieser Prämisse zusammensetzen und erklären, dass so nicht gut gearbeitet werden kann. Je früher Sie das Problem zur Sprache bringen, desto sachlicher kann das Gespräch verlaufen und desto eher kann eine Lösung gefunden werden. Meistens gibt es die Möglichkeit, die Gruppenarbeit etwas anders zu organisieren. Bspw. könnten Sie die Treffen anders terminieren (vgl. Tabelle 5) oder den Zeit- und Aufgabenplan anpassen.

Tabelle 5.   Tabelle zur Terminfindung[1]

	Termin A	*Termin B*	*Termin C*	*Termin D*
Teilnehmer 1	+	+	0	-
Teilnehmer 2	-	-	+	-
Teilnehmer 3	+	0	+	+
Teilnehmer 4	-	+	+	0

Dieses einfache Verfahren erleichtert und beschleunigt die Terminfindung enorm. In dem oben dargestellten Fall (vgl. Tabelle 5) würde sich die Gruppe an dem Termin C treffen, da alle Gruppenmitglieder diesen Termin wahrnehmen können. Eine Fernabsprache wird durch Systeme wie www.doodle.ch erleichtert.

- *Der Kenntnisstand eines Teilnehmers liegt deutlich unter dem der Gruppe* und die Gruppe ist dadurch gezwungen, dieser Person weniger anspruchsvolle Aufgaben abzuverlangen. In den meisten Fällen gibt es die Möglichkeit, die Aufgaben so zu verteilen, dass jeder seinen Teil bearbeiten kann, auch wenn für den einen Teil mehr Kenntnisse verlangt werden als für einen anderen. Zudem ist es besonders in den Geisteswissenschaften wichtig zu sehen, dass nicht jeder alles gleich gut kann: Bspw. können einige Menschen gut präsentieren, während andere die Gruppenarbeit durch fundiertes Recherchematerial, kritische Fragen oder eine schlüssige Argumentation bereichern können. In den Fällen, in denen so eine Aufteilung nicht möglich ist und somit der Erfolg der Studienarbeit infrage steht, ist es ggf. nötig, dies mit dem Dozenten zu klären.

- *Jemand möchte „Chef" sein.* Wenn alle Gruppenmitglieder mit den Zielen und der Vorgehensweise dieser Person einverstanden sind, kann dies ein angenehmer Zustand sein. Oft zeitigt aber eine gleichberechtigte und kooperative Arbeitsweise die besten Ergebnisse. Wenn Sie also den Eindruck haben, „untergebuttert" zu werden, und Sie Ihre Ideen nicht im gleichen Maße wie andere einbringen können, ist ein offenes und ernstes Gespräch nötig. Als mögliche Lösungswege bieten sich die abwechselnde Moderation der Gruppentreffen oder die Aufteilung in Teilbereiche an, für die dann jeder selbst verantwortlich

---

[1] Legende: + (passt gut), - (passt nicht), 0 (geht einigermaßen)

ist. Sollte das nicht helfen, müssten Sie abwägen, ob Sie die Gruppenarbeit in der gegebenen Konstellation noch fertigstellen oder sich lieber gleich eine neue Gruppe suchen möchten.

> Grundsätzlich sollten Sie versuchen, Konflikte zu lösen, anstatt sie zu vermeiden. Die Erfahrung, wie Sie solche Konflikte lösen können, ist ein wichtiges Element von Gruppenarbeit.

Gruppenarbeit beinhaltet, dass Sie sich auf andere Menschen einstellen müssen, gemeinsame Termine und manchmal auch gegensätzliche Interessen koordinieren müssen. Konflikte gehören dazu und Sie lernen nicht zuletzt aus deren Bewältigung einiges über sich selbst und darüber, wie Zusammenarbeit mit anderen Charakteren funktionieren kann. Trotz dieser Schwierigkeiten – oder gerade deshalb – sind nicht wenige Freundschaften fürs Leben in Lerngruppen aus dem Studium gewachsen.

3.4   Tipps gegen Prüfungsangst und Lampenfieber

Falls Sie zu den Menschen gehören, die völlig cool und ohne Lampenfieber eine Prüfung antreten können, dann sind Sie ein echter Glückspilz. Denn für die meisten Menschen haben Prüfungen etwas sehr Beängstigendes: Bereits bei dem Gedanken daran fängt der Puls an zu rasen, Schweiß bricht aus und die Knie werden weich. In so einer Situation sind beruhigende Worte zwar gut gemeint, letztlich aber nur bedingt hilfreich.

Obwohl die Anzeichen von Prüfungsangst oder Lampenfieber bei vielen Menschen ähnlich sind, kann diese Angst ganz unterschiedliche Ursachen haben: Ungewissheit über die Anforderungen der Prüfung, fachliche Schwächen oder einfach der Gedanke, dass eine bestimmte Prüfung für Ihren weiteren Lebensweg entscheidend ist. Natürlich sind mit jeder Prüfung Unsicherheiten verbunden. Das ist ganz normal. Was wird gefragt? Wie verhält sich der Prüfer in einer mündlichen Prüfung? Bürden Sie sich deshalb mit Ihrer Prüfungsangst keine zusätzliche Unsicherheit auf, sondern lernen Sie, Ihre Angst mit ein paar einfachen Tipps und Tricks zu beherrschen oder zumindest einzudämmen. Denn so überraschend es klingt: Ihre Angst hat auch etwas Positives! Ihre Angst ist ein Motor, der Sie antreibt und motiviert, sich gründlich auf die Prüfung vorzubereiten (vgl. Abschnitt II 3.2). Auch während der Prüfung ist ein gewisses Maß an Aufgeregtheit hilfreich, da Ihre Sinne dadurch geschärft werden und Sie sich besonders gut konzentrieren können. Das Yerkes-Dodson-Gesetz stellt diesen Zusammenhang grafisch dar (vgl. Abb. 2).

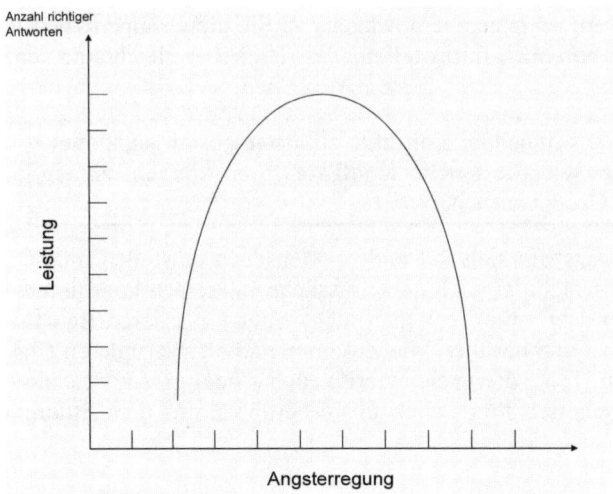

Abb. 2. Yerkes-Dodson-Gesetz (Knigge-Illner 2002b, 24)

Demnach trägt ein mittleres (Angst-)Erregungsniveau zu einer optimalen Leistung bei. Sowohl völlige Entspannung als auch extreme Nervosität beeinträchtigen Ihre Leistungsfähigkeit (Knigge-Illner 2002b, 23 f.). Die „optimale Prüfungsangst" zuzulassen, gleichzeitig aber die Kontrolle über sich zu behalten, ist zwar schwierig, nicht aber unmöglich. Vor allem nicht, wenn Sie die folgenden Tipps beherzigen:

- Bereiten Sie sich gut auf die Prüfung vor.
- Setzen Sie Ihren Ängsten rationale Argumente entgegen.
- Sorgen Sie für Entspannung.
- Suchen Sie sich (professionelle) Unterstützung.

Sich auf eine Prüfung vorzubereiten und sich dadurch seiner Angst zu entledigen, bedeutet für Sie zweierlei: Zum einen müssen Sie sich fachlich intensiv auf die Prüfung vorbereiten und sich das für die Prüfung nötige Wissen strukturiert und Ihrem Lerntyp entsprechend aneignen (vgl. Abschnitt II 3.2). Werden Sie also aktiv! Gehen Sie mit Elan an die Herausforderung „Prüfung" heran und begegnen Sie Ihrer Angst, indem Sie nichts dem Zufall überlassen. Allein Sie haben es in der Hand, ob Sie bange in der Prüfung darauf hoffen, dass die Fragen nicht Ihre Wissenslücken treffen oder ob Sie aufgrund guter Vorbereitung spielerisch mit den Fragen umgehen. Da Sie selbst bei guter, fachlicher Vorbereitung natürlich nie gegen alle Risiken gefeit sind, lässt sich eine Restnervosität meist nicht vermeiden. Daher sollten Sie zum anderen mit Ihrer Angst konstruktiv umgehen, indem Sie sich auch auf die Prüfungssituation an sich vorbereiten. Sehen Sie sich z. B. bereits im Vorfeld Ihren Prüfungsraum an, stellen Sie sicher, dass Ihre Uhr und Ihre Stifte funktionieren, und wenn es Ihnen hilft, dann legen Sie sich auch einen Talisman für die Prüfung bereit. Indem Sie kleine Unsicherheiten beseitigen, haben Sie den Kopf frei für die eigentliche Leistung, die Sie erbringen müssen (Charbel 2005, 141 f.).

Unabhängig davon, ob Sie sich gemeinhin als rational denkenden Menschen beurteilen oder nicht – bei dem Gedanken an eine anstehende Prüfung neigt fast jeder Mensch dazu, sich Horrorszenarien auszumalen, die von fachfremden Prüfungsfragen bis hin zu einem völligen Blackout reichen können. Tatsächlich haben jedoch die wenigsten bereits solche Katastrophen erlebt, was Sie dazu anhalten sollte, derartigen Szenarien mit rationalen Argumenten entgegenzutreten (Charbel 2005, 142 ff.):

- *Ich werde keine einzige Frage beantworten können!* Ihr rationales Gegenargument: Ich habe mich gut vorbereitet und überblicke den Stoff. Es ist also sehr unwahrscheinlich, dass ich gar nichts weiß!
- *Der Prüfer wird nur gemeine Fragen stellen, um mich fertig zu machen!* Ihr rationales Gegenargument: Niemand hat ein Interesse daran, den Prüfungsablauf durch Unsachlichkeit oder gar Gemeinheiten zu gefährden. Auch für den Prüfer ist es erfreulich, wenn die Prüfung positiv verläuft.
- *Wenn ich die Prüfung nicht bestehe, ist alles aus!* Ihr rationales Gegenargument: Von einer Prüfung hängt nicht meine gesamte Zukunft ab. Außerdem kann ich ein schlechtes Ergebnis mit anderen Leistungen ausgleichen oder die Prüfung im schlimmsten Fall wiederholen.

Falls sich ein paar hartnäckige Ängste allerdings zu sehr in Ihrem Kopf eingenistet haben, sollten Sie nicht nur auf psychische Beruhigung setzen, sondern sich auch körperliche Entspannung gönnen (Charbel 2005, 147 ff.; Knigge-Illner 2002b, 79 ff.). Da Entspannung und (Angst-)Erregung nach dem antagonistischen Prinzip funktionieren, sich also gegenseitig ausschließen, sind Sie in einem entspannten Zustand wesentlich weniger empfänglich für Angstgefühle als in einem angespannten Zustand. Neben Entspannungstechniken wie speziellen Atemtechniken, Yoga, autogenem Training oder progressiver Muskelentspannung ist vor allem körperliche Bewegung jeglicher Art zum Anspannungsabbau geeignet. Das kann, muss aber nicht Sport sein. Auch das dynamische Schrubben der Badewanne oder Rasenmähen hilft Ihnen, auf andere Gedanken zu kommen und die Anspannung abzuschütteln. Die physiologische Erklärung hierfür ist, dass durch Bewegung die Stresshormone Adrenalin und Noradrenalin abgebaut und Endorphine, also die körpereigenen „Glückshormone", ausgeschüttet und Sie in den Zustand eines angenehmen Körperempfindens versetzt werden.

Den gleichen Effekt erreichen Sie mit den oben genannten Entspannungstechniken. Allerdings bedarf es hierfür zunächst ein wenig Übung. Besorgen Sie sich daher ein entsprechendes Lehrbuch oder noch besser eine mit Musik und meditativen Texten bespielte CD (z. B. „Innere Traumreisen") bzw. lassen Sie sich, insbesondere bei Yoga und Autogenem Training, professionell in diese Techniken einführen. Entsprechende Kurse bieten die meisten Volkshochschulen, Psychotherapeuten sowie spezielle Yogastudios an. Sie können sich auch bei zentralen Informations- oder Beratungsstellen Ihrer Hochschule nach entsprechenden Kursanbietern erkundigen.

Lassen Sie sich nicht dazu hinreißen, zur Entspannung oder Verdrängung Ihrer Anspannung zu Beruhigungsmedikamenten oder Alkohol zu greifen! Sollten Sie Ihre Ängste langfristig tatsächlich nicht in den Griff bekommen, kann es hilfreich sein, professionelle Hilfe in Anspruch zu nehmen. Führen Sie eine medikamentöse Behandlung ausschließlich unter ärztlicher Kontrolle durch.

Unabhängig davon, wie intensiv Sie Ihre Ängste empfinden, sollten Sie sich stets vor Augen führen, dass Sie bei Weitem nicht auf einsamer Flur stehen. Zwar müssen Sie die Prüfung letztlich alleine meistern, doch bis es soweit ist, stehen Ihnen Freunde und Kommilitonen zur Seite, bei denen Sie Ihren Ängsten und Sorgen einmal freien Lauf lassen können, die Ihnen Mut zusprechen und mit denen Sie vielleicht auch gemeinsam überlegen können, wie Sie Ihre Prüfungsangst am besten angehen. Falls Ihre Kommilitonen in einem bestimmten Prüfungsfach gleichzeitig auch Ihre Leidensgenossen sind, können Sie sich mit dem Ziel zusammenschließen, sich gegenseitig aktiv zu unterstützen. Klären Sie jedoch im Vorfeld, wie intensiv diese Zusammenarbeit aussehen soll. Welchen Zweck sollen die Treffen verfolgen? Wo und wie oft treffen Sie sich? Wollen Sie tatsächlich gemeinsam lernen oder lediglich Tipps zur Prüfungsvorbereitung austauschen?

Sie werden merken, dass geteiltes Leid eben halbes Leid ist. Reichen Ihnen die Ratschläge Ihrer Kommilitonen nicht aus, um ein sicheres Gefühl für Ihre Prüfungen zu entwickeln, können Sie sich jederzeit professionelle Unterstützung holen. Viele kommunale, kirchliche oder gemeinnützige Einrichtungen bieten Beratungsleistungen an, die in verstärktem Maße auch von Studierenden in Anspruch genommen werden. Hier treffen Sie auf erfahrene Psychologen und weitere Fachleute, die mit Ihnen gemeinsam eine Lösung für den Umgang mit Ihrer Prüfungsangst suchen. Auch Ihre Hochschule verfügt möglicherweise über eine entsprechende Beratungsstelle, an die Sie sich vertrauensvoll wenden können. Nutzen Sie diese Möglichkeit allerdings nicht auf den letzten Drücker, eine wundersame Heilung können Ihnen nämlich auch professionelle Berater nicht versprechen.

Sie haben nun ein reichhaltiges Repertoire an Ratschlägen an der Hand, wie Sie mit Ihrem Lampenfieber umgehen können. Dass Sie sich auch weiterhin angenehmere Dinge als Prüfungen vorstellen können, ist ganz klar. Dass Sie weiterhin Nervosität verspüren werden auch. Doch Sie wissen nun, dass Sie Ihren Ängsten nicht bedingungslos ausgeliefert sind. Gehen Sie aktiv dagegen vor und lassen Sie sich nicht unterkriegen. Nur so bewahren Sie sich auch die Freude an Ihrem Studium.

Tipps zum Weiterlesen (für Abschnitt II 3.4)

Charbel 2005, 137 ff.; Heister et al. 2007, 15 ff.; Knigge-Illner 2002b; Metzig / Schuster 2006b.

III Schreiben im Studium: Von der Seminararbeit zur Abschlussarbeit

Schreiben gehört zum Studium genauso dazu wie Lesen. In den folgenden Abschnitten erfahren Sie daher etwas über die Hilfsmittel, die Ihnen bei unterschiedlichen Aufgaben und in verschiedenen Phasen nützlich sein können. Dabei führt der Weg über kreative Schreibtechniken und andere Arbeitsschritte, die notwendigerweise im Vorfeld des wissenschaftlichen Schreibprozesses liegen.

1 Kreative Schreibtechniken

Wissenschaft und Kreativität gehören zusammen. Zwar sind wissenschaftliche Ergebnisse rational begründet, systematisch und logisch erarbeitet. Doch wissenschaftlich zu arbeiten bedeutet auch, frei, ungeordnet und fantasievoll zu denken. Die hier vorgestellten Techniken regen dazu an, im wissenschaftlichen Kontext kreativ zu denken und zu schreiben, Ideen zu Papier zu bringen, sie zu strukturieren und neue Lösungen zu finden. Auf diese Weise können Themen eingegrenzt und Schreibblockaden (vgl. Abschnitt III 5), die eine normale Begleiterscheinung des Schreibprozesses sind, überwunden werden. Kreative Schreibtechniken unterstützen Sie vor allem darin, die „Angst vor dem weißen Blatt" zu überwinden.

Zu Beginn hilft es, sich zu vergegenwärtigen, wie der Arbeitsprozess beim Schreiben abläuft. Er kann in vier Phasen unterteilt werden:

1. *Inspiration*: Sie machen sich mit Ideen vertraut, sammeln Fakten, Charakteristika und Berichte zu Ihrem Thema und fangen an, die Informationen spielerisch zu ordnen. So entsteht ein grobes Schreibkonzept.

2. *Inkubation*: Schaffen Sie Schreibanreize und entfernen Sie Faktoren von Ihrem Arbeitsplatz, die Ihren kreativen Prozess stören. Entspannung und eine kurze Beschäftigung mit etwas anderem können Ihnen helfen, einen Überblick über Ihr Thema zu gewinnen. Sie sind aber noch in der Phase des Sammelns. Verwerfen Sie keine Ideen, auch wenn Sie von Selbstzweifeln geplagt werden.

3. *Illumination*: Sie probieren individuelle Schreibmethoden aus. Dabei können „Aha-Erlebnisse" auftreten. Sie entwickeln jetzt Ihre Routinen und einen persönlichen Arbeitsstil.

4. *Verifikation*: Sie erstellen eine Rohfassung und überarbeiten diese. Fragen Sie sich, wie Ihr Text auf Sie wirkt, an welchen Stellen er Ihnen gefällt und wo nicht. Emotionale Zugänge ergänzen dabei die rationale Textkritik. Ihre Ideen werden überprüft, ausgefeilt, verfeinert und verbessert.

Diese Phasen greifen oft ineinander. Sie müssen deshalb dieser Systematik nicht linear folgen. Sie können sie sich aber vergegenwärtigen, um sich zu orientieren und um Ihre Arbeitsweise zu reflektieren.

Welche Techniken und Instrumente können Ihnen nun wie helfen, diesen Prozess zu bewältigen? Der Einstieg in das Schreiben ist für viele der schwierigste Teil. Darum sollten Sie sich zu Anfang freischreiben. Nehmen Sie sich fünf Minuten Zeit und schreiben Sie ohne Unterbrechung. Dieses assoziative Schreiben wird als *Freewriting* oder *Ecriture automatique* bezeichnet. Bringen Sie Ihre Ideen aufs Papier und lösen Sie sich von orthografischen, grammatikalischen und wissenschaftlichen Konventionen. Schreiben Sie über das, was gerade vor Ihrem Fenster passiert oder z. B. über das Wetter. Ziel dieser Übung ist das Schreiben als solches, der Inhalt ist dagegen Nebensache.

Was leistet Freewriting? Sie können die Ängste vor dem Schreiben oder Motivationsschwierigkeiten überwinden. Zudem ordnen Sie Ihre Gedanken und kommen in Kontakt mit Ihrem Thema. Sie verbessern Ihre Technik und Ihre Schreibqualitäten. Weiterhin kann Ihnen dieses Vorgehen zu einem groben Schreibkonzept verhelfen (Elbow 1998, 61 ff.). Verschiedene Gedankenmuster und thematische Varianten können Sie beim Freewriting leiten, z. B.:

- *Erste Gedanken*: Schreiben Sie in fünf Minuten alle Gefühle, Ideen oder Einfälle nieder, die das Thema bei Ihnen auslöst. Die ersten Einfälle können der Schlüssel zur zentralen Idee sein, die das Thema erschließen und einleiten können.
- *Vorurteile*: Bringen Sie Ihre Vorurteile zum Thema auf das Papier. Schlüpfen Sie in die Rolle eines Außenseiters und schreiben Sie aus seiner Haltung.
- *Adressatenwechsel*: Schreiben Sie einen Brief über das Thema an Ihren besten Freund oder an Ihre kleine, neugierige Nichte. So nähern Sie sich dem Thema, ohne dass Sie sich an wissenschaftliche Stilmittel gebunden fühlen.
- *Dialoge*: Bemerken Sie bei Ihrem Thema widersprüchliche Gefühle, versuchen Sie es mit einem Dialog. Geben Sie jedem Gefühl eine Stimme und schreiben Sie einen Dialog zwischen Protagonist und Antagonist.
- *Wahrheiten und Lügen*: Schreiben Sie in fünf Minuten alle Ihnen bekannten Wahrheiten zu Ihrem Thema auf und danach in fünf Minuten alle Lügen.

Nachdem Sie einen Einstieg ins Schreiben gefunden haben, vertiefen Sie sich weiter in Ihr Thema. Techniken wie *Brainstorming, Mindmapping* und *Clustering* erleichtern es Ihnen, Ihre Assoziationen zu visualisieren. Der dabei entstehende Überblick hilft Ihnen, das Thema einzugrenzen und zu strukturieren. Das Brainstorming und das Clustering werden im Folgenden erläutert.

Brainstorming ist eine Kreativitätstechnik, mit der Sie Ideen zu einem vorgegebenen Thema finden können. Die Technik beruht vor allem auf Gruppenarbeit und freier Assoziation, kann aber auch allein angewendet werden. Ein Brainstorming sieht wie folgt aus (Senftleben o. J.):

1. Nehmen Sie sich ein großes Blatt Papier und genau zehn Minuten Zeit. Am besten stellen Sie einen Wecker.
2. Formulieren Sie Ihre Fragestellung in Stichworten.

3. Schreiben Sie alle Ideen auf, die Ihnen zu Ihrer Fragestellung einfallen. Streichen Sie keine Ideen durch; diese könnten Sie zum Weiterdenken inspirieren.
4. Nach Ablauf der Zeit strukturieren und bewerten Sie Ihre Ideen. Streichen Sie jetzt das, was nicht zu Ihrem Thema passt. Achten Sie dabei auch auf die Umsetzbarkeit Ihrer Ideen.

Die Anzahl der Ideen ist beim Brainstorming wichtiger als die Qualität. Während des Ideensammelns (vgl. Punkt 3) üben Sie keine Kritik, weder an Ihren Ideen noch an denen der anderen Teilnehmer. Machen Sie mindestens weiter bis zum Ablauf der zehn Minuten. Fällt Ihnen vor Ablauf der Zeit nichts mehr zum Thema ein, lesen Sie die aufgeschriebenen Ideen und suchen Sie nach weiteren Assoziationen.

Eine andere Möglichkeit – neben dem Klassiker des *Mindmappings* (vgl. Abschnitt II 3.2) – besteht darin, Ihre Gedanken in *Clustern* zu visualisieren. *Clustering* beinhaltet gelenktes freies Assoziieren (Rico 2002, 35 ff.). Bilden Sie aus Ihrem Thema ein Kernwort und schreiben Sie es in die Mitte eines Blattes, z. B. „Kreativität". Kreisen Sie das Wort ein. Schließen Sie die Augen und warten Sie auf Einfälle. Schreiben Sie alle Ideen – z. B. „Spaß", „vielseitiges Denken", „Künstler", „malen", „Probleme lösen", „Ideen finden" – als Stichworte auf und verbinden Sie diese je nach Assoziationskette mit dem Kernwort (*zentriertes Cluster*). So gehören etwa „Künstler" und „malen" zu einer Kette und „vielseitiges Denken" und „Probleme lösen" in eine andere. Bedienen Sie sich der Worte des Clusters, um die ersten Sätze zu schreiben.

Wenn das Thema einen Widerspruch, einen Vergleich oder eine Kontroverse enthält, können Sie auch ein *Doppelcluster* erstellen. Wählen Sie dazu zwei Kernwörter, z. B. „Studium und Freizeit", und arbeiten Sie ansonsten wie mit dem zentrierten Cluster: Auf der linken Seite schreiben Sie die Assoziationen zu Ihrem Studium auf und auf der rechten die zu Ihrer Freizeit.

Die o. g. Techniken sind gut miteinander kombinierbar. Im ersten, kreativen Schritt erstellen Sie eine Mindmap, ein Brainstorming oder ein zentriertes Cluster. Schreiben Sie jeden Einfall und jedes Stichwort groß und deutlich auf eine separate Karteikarte. Diese Kärtchen können Sie während des Sammelns auf dem Boden oder einem großen Tisch auslegen. In der Mitte liegt dann das Kärtchen mit dem zentralen Begriff, umrahmt von den Assoziationen, Einfällen und Stichworten. Im zweiten Schritt bilden Sie kleinere Cluster und fokussieren so bestimmte Ideen und Themen: Sie legen zusammen, was zusammengehört. Auf einem neuen Kärtchen geben Sie jedem kleinen Cluster einen Namen. Mit diesen neuen Kärtchen erstellen Sie eine übergeordnete Übersicht. Sie bewerten die Cluster und bestimmen die Reihenfolge und die Gewichtung. Was gar nicht passt, legen Sie zur Seite. So strukturieren Sie Ihr Thema und grenzen es ein. Die fertige Übersicht können Sie an die Wand hängen oder auf ein großes Blatt kleben und aufbewahren.

Wollen Sie sich eingehend mit einem Thema beschäftigen und nach neuen Lösungen suchen, können Sie die *Synectics-Technik* (gr. synektios; Verknüpfung) heranziehen (Linneweh 1999, 100 f.). Diese Technik beruht auf dem Denken in Analogien. Suchen Sie Analogien zu Ihrem eigenen Thema.

Gleicht Ihr Thema z. B.:

- einer Person,
- einem Symbol,
- einer Idee,
- einer Fantasie,
- einem technischen oder natürlichen Phänomen?

Schreiben Sie zu einer dieser Fragen einen kleinen Text. Hierdurch wird das Gewöhnliche ungewöhnlich und das Ungewöhnliche gewöhnlich. Der Wechsel der Perspektive regt Ihr Denken an und führt zu neuen Einfällen.

Wenn Sie Schwierigkeiten haben, sich auf ein Thema einzulassen, können Ihnen folgende *Schreibstimuli* helfen (von Werder 2000, 54 ff.):

- *Informationen sammeln*: Legen Sie eine alphabetische Kartei mit Stichworten zu Ihrem Thema an. In einer zweiten Kartei sammeln Sie bibliografische Angaben. Sammeln Sie thematisch passende Texte. Achten Sie z. B. auf Artikel in Zeitungen und Programme im Radio und im Fernsehen. Suchen Sie Anregungen durch Romane. Benutzen Sie den Schlagwortkatalog in Bibliotheken. Sammeln Sie die Namen der wichtigsten Autoren zu Ihrem Thema und besorgen Sie sich Biografien oder Autobiografien; auf diese Weise werden die Gedanken der Autoren biografisch konkret und damit fassbar. Schließen Sie sich Netzwerken an und sprechen Sie mit Fachleuten. Solche Gespräche können Sie auf neue Gedanken bringen.
- *Die Aristotelischen Fragen*: Der Philosoph Aristoteles hat erkannt, dass folgende fünf Aspekte ein Thema sehr gut beleuchten: die Definition, der Vergleich, die Beziehung, die Umstände und die herrschende Meinung. In Neeld / Kiefer 1990, 325 ff. werden zu diesen Aspekten weiterführende Fragen vorgestellt (Tabelle 6). Beantworten Sie die Fragen für das Kernwort aus dem Thema Ihrer Studienarbeit. Notieren Sie Ihre Antworten und fassen Sie die Ergebnisse zu einem kurzen Text zusammen.

Tabelle 6.   Aristotelische Fragen

Definition	Wie definiert das Lexikon ...?
	In welche Teile zerfällt ...?
	Was bedeutet ... in der Vergangenheit und in der Gegenwart?
	Welche ähnlichen Worte gibt es?
	Welche Beispiele gibt es für ...?
Vergleich	Was gleicht ...?
	Wem gleicht ... nicht?
	Wem ist ... übergeordnet?
	Wem ist ... gänzlich fremd?
Beziehung	Was verursacht ...?
	Was bewirkt ...?
	Was kommt vor ...?
	Was kommt nach ...?
Umstände	Welche Umstände machen ... möglich oder unmöglich?
	Was passiert bei ...?
	Wer hat mit ... experimentiert?
	Wer kann ... tun?
	Wo beginnt ... und wo endet es?
Herrschende Meinung	Was haben die Leute bisher über ... gesagt?
	Kann ich Schriften oder Statistiken finden über ...?
	Habe ich schon mit irgendjemand über ... gesprochen?
	Erinnere ich mich an eine Erzählung über ...?
	Kann ich irgendwelche Forschungen über ... finden?

- *Spielen Sie Kamera*: Personalisieren Sie Ihr Thema, identifizieren Sie seine sozialen Orte in Ihrer Lebenswelt. Entwerfen Sie einen Beobachtungs- oder Fragebogen, mit dem Sie den Ort aufsuchen. Schreiben Sie dort wie ein Ethnologe Ihre Erfahrungen auf. Erweitern Sie Ihr Thema, indem Sie sich in die Personen, die mit Ihrer Untersuchungsfrage zu tun haben, hineinversetzen.
- *Thematisches Journal führen*: Legen Sie zu Ihrem Thema ein Journal an, eine Mischung aus Notiz- und Tagebuch. Hier protokollieren Sie von Anfang an Ihre Arbeitsschritte und tragen alles ein, was Sie zu Ihrer Fragestellung finden: Einfälle, Erkenntnisse und Ideen. Das Journal hilft Ihnen, die Übersicht zu behalten und auch nach längeren Pausen wieder einzusteigen. Werten Sie die Eintragungen am Ende jeder Woche aus. Datieren Sie jedes Blatt und geben Sie den Eintragungen auch Überschriften, die Sie auf einer Seite zusammenschreiben. Suchen Sie darin nach Schlüsselideen. Markieren Sie die Inhalte, die Sie bereits verarbeitet haben.
- *Persönliches Journal führen*: Legen Sie noch ein Journal an, wiederum als Mischung aus Notiz- und Tagebuch. Hier tragen Sie alles ein, was Sie interessiert oder bewegt, aber nicht direkt zu Ihrem Thema passt. In diesem Journal ist auch Platz für Ihre Gefühle: Was motiviert Sie? Was lenkt Sie ab? Fühlen Sie sich gerade wohl? Was beschäftigt Sie, auch außerhalb des Studiums? Blättern Sie ab und zu auch zurück: Wie ging es Ihnen vor drei Monaten? Wie haben sich Ihre Aufzeichnungen im Laufe der Zeit verändert?

Kreative Techniken helfen, Erfahrungen zu reflektieren, Kompetenzen zu erwerben und zu erweitern. Sie lernen sich als Schreibenden kennen. Was liegt Ihnen mehr: die schnelle Rohfassung, die freie Assoziation, die langsame Niederschrift? Oder sind Sie ein „Praxisschreiber", der gern Erinnerungen notiert und Feldberichte erstellt? Durch das Experimentieren mit verschiedenen Textsorten erarbeiten Sie sich Ihren eigenen Stil. Schreiben Sie z. B. auch einmal in der Form von Dramen oder Gedichten. All dies fördert Ihre Entwicklung als Schreiber. Und noch zwei Tipps: Wer gut und kreativ schreiben möchte, sollte vor dem Schreiben viel lesen und das Gelesene als Inspiration nehmen. Beginnen Sie rechtzeitig mit dem Schreiben, damit Sie die Abgabefrist einhalten.

Tipps zum Weiterlesen (für Abschnitt III 1)

Linneweh 1999; Tufte 2005; von Werder 2000; von Werder 2007.

2   Vorarbeiten zum wissenschaftlichen Schreiben

Bevor es mit dem Schreiben losgehen kann, sind gewisse Vorarbeiten zu erledigen und Entscheidungen zu treffen. Sie brauchen ein Thema, zu dem Sie sich dann umfassend informieren und Material zusammentragen. Dabei sollten Sie systematisch vorgehen.

2.1   Themensuche

Über welches Thema soll ich nur schreiben? Diese Frage stellen sich nicht nur Studienanfänger bei ihrer ersten Studienarbeit, sondern oft auch Studierende vor ihrer Abschlussarbeit. Um sich eine langwierige Themensuche und damit verbundene Probleme beim Verfassen Ihrer Studienarbeit zu ersparen, sollten Sie ein paar grundlegende Hinweise beachten.

Das Ziel jeder Studienarbeit ist die Erkenntnis. Sie schreiben Ihre Studienarbeit nicht, um allein einen Gegenstand oder eine Situation zu beschreiben, sondern Sie beschäftigen sich mit einem Thema, um eine konkrete Fragestellung zu beantworten. Daher müssen Sie sich fragen, was Sie herausfinden wollen, d. h. was Ihr Erkenntnisinteresse ist.

Das Thema akademischer Arbeiten muss dabei mehreren Anforderungen gerecht werden. Es muss neben einem wissenschaftlichen Anspruch auch innerhalb des vorgegebenen Zeitrahmens und Umfangs zu bearbeiten sein und sollte – wenn möglich – Ihren eigenen Interessen entsprechen. Bei Seminararbeiten in höheren Semestern und bei Abschlussarbeiten ist zudem ein hinreichender Neuigkeitsgrad wünschenswert. D. h. Sie geben nicht nur bestehendes Wissen wieder, sondern tragen zum wissenschaftlichen Fortschritt bei.

Doch wie finden Sie ein Thema, das diesen Anforderungen genügt? Im einfachsten Fall hat Ihr Dozent bereits (mehr oder weniger bindende) Vorschläge für ein Thema. Sollte eines Ihr Interesse wecken, spricht nichts dagegen, sich diesem in Ihrer Studienarbeit anzunehmen. Eine Garantie, dass Sie stets ein Ihnen gelegenes Thema bearbeiten können, gibt es nicht. Dennoch sollten Sie sich nicht scheuen, eigene Themenvorschläge mit Ihrem Dozenten zu besprechen. Natürlich muss das Thema in Ihr Studienfach passen. Darüber hinaus gibt es mittlerweile auch immer häufiger interdisziplinäre Arbeiten.

Falls Sie das Thema nach eigenen Vorlieben auswählen können, wird Ihre Motivation vermutlich höher sein, die Forschungsfragen in der zur Verfügung stehenden Zeit möglichst tief und umfassend zu bearbeiten. Dabei ist aber zu beachten, dass sich eigene Vorlieben auf die Ergebnisse nicht selektiv auswirken dürfen. Es wäre unwissenschaftlich, wenn Sie aufgrund Ihrer persönlichen Ansichten auf ein bestimmtes Ergebnis hinarbeiten und nur die Fakten aufgreifen, die Ihre Annahmen stützen.

Allerdings fällt es Studierenden oft schwer, die eigenen Interessen mit einem wissenschaftlichen Thema in Einklang zu bringen. Gerade für Studienanfänger ist es daher ratsam, ein wissenschaftliches Journal anzulegen und zu führen (Esselborn-Krumbiegel 2008b, 36 f.). In dieses Journal schreiben Sie all das hinein, was während Ihres Studiums Ihr Interesse weckt, sei es ein guter Artikel, eine diskutierte Forschungsfrage oder ein interessanter Aspekt in einer Vorlesung. Das wissenschaftliche Journal bildet die Schnittmenge aus den Studieninhalten und Ihren eigenen Interessen und ist als solches ein idealer Ausgangspunkt für Ihre Themensuche (vgl. Abschnitt III 1).

Nach ein paar Semestern werden Sie so Ihre besonderen Fachinteressen kennengelernt haben. Um dem vor allem im Hauptstudium und für die Abschlussarbeit geforderten Neuigkeitsgrad Ihrer Studienarbeit gerecht zu werden, empfiehlt sich die (regelmäßige) Durchsicht der aktuellen Literatur innerhalb Ihres Interessenschwerpunktes. Hierzu eignen sich besonders Fachzeitschriften, in denen sich am deutlichsten aktuelle Themen und Fragenkomplexe innerhalb eines wissenschaftlichen Faches widerspiegeln. Oft bieten diese Debatten Anhaltspunkte für offene Forschungsfragen und Ideen, denen Sie dann in Ihrer Studienarbeit nachgehen können.

Außerdem stehen Ihnen noch unterschiedliche Kreativitätstechniken zur Themenfindung zur Verfügung, mithilfe derer Sie einen Aspekt oder einen spontanen Einfall zu einem Thema und einer konkreten Fragestellung weiterentwickeln können. Die bekannteste Methode ist das Mindmapping (vgl. Abschnitt II 3.2), in dem Sie Ihren spontanen Assoziationen zu einem Begriff freien Lauf lassen. Mit dieser Methode ist es oft möglich, auf neue Aspekte und Querverbindungen zu stoßen. Doch auch andere Kreativitätsmethoden wie der Strukturbaum oder ein Perspektivenwechsel können Sie für Ihre Themensuche nutzen (Esselborn-Krumbiegel 2008b, 37 ff.). Welche dieser Methoden für Sie am besten geeignet ist, finden Sie durch einfaches Ausprobieren heraus (vgl. Abschnitt III 1).

Bei der Auswahl Ihres Themas sollten Sie neben Ihren eigenen Vorlieben auch Ihre persönlichen Fähigkeiten wie z. B. Sprachkenntnisse berücksichtigen. Es ist wenig sinnvoll, ein Thema zu wählen, für das die meiste Primär- oder Sekundärliteratur auf Französisch vorliegt, wenn Sie des Französischen nicht mächtig sind. Überlegen Sie sich zudem, welche Themen Sie vor dem Hintergrund Ihrer persönlichen Stärken und Schwächen bzw. Ihrer bereits erworbenen Fachkenntnisse weniger oder besonders gut bearbeiten können (Bänsch 2007, 35).

Nachdem Sie die aktuelle Forschungsdiskussion sowie Ihre persönlichen Interessen und Fähigkeiten berücksichtigt haben, sollten Sie einen schwerwiegenden Fehler vermeiden, der auch Studierenden höherer Semester häufig unterläuft: Allzu oft werden das Thema zu breit und die Fragestellung zu unpräzise gewählt. Dies führt dazu, dass Sie während Ihrer Literaturrecherche nicht genau wissen, wonach Sie suchen, und sich daher leicht im Lesen und Sammeln von Literatur verlieren. Darüber hinaus werden Sie mit einer vagen Fragestellung ein Thema nicht in seiner ganzen Tiefe ergründen sowie in der vorgegebenen Zeit und im festgelegten Umfang bearbeiten können.

Um eine (Selbst-)Überforderung von Anfang an zu vermeiden, ist es sehr wichtig, Ihr Thema von vornherein klar zu anderen Themengebieten ab- und in seiner Fragestellung präzise einzugrenzen. Formulieren Sie daher immer eine Frage, aus der sich weitere Unterfragen entwickeln lassen, die Sie dann in Ihrer Studienarbeit systematisch beantworten. Bearbeiten Sie auf diese Weise lieber ein begrenztes Thema gründlich, als bei einem zu umfassenden Thema nur an der Oberfläche zu schürfen. Je klarer und präziser Ihr Thema und Ihre Fragestellung sind, desto gezielter und leichter wird Ihnen die Literaturrecherche und letztlich das Verfassen Ihrer Studienarbeit fallen.

Ob Sie sich mit Ihrer Themenwahl auf dem richtigen Weg befinden, sollten Sie unbedingt mit Ihrem Betreuer besprechen. Hierfür sollten Sie gleich zu Beginn eine kurze Zusammenfassung (Exposé) Ihres Vorhabens mit einer Gliederung und relevanter Literatur verfassen. Diese Gliederung kann dann zeigen, ob das Thema bearbeitungswürdig ist und in der vorgesehenen Zeit bewältigt werden kann. Außerdem kann ein Exposé auch als Argumentationshilfe gegenüber dem Betreuer verwendet werden, dem die Themenvergabe obliegt.

Falls sich dennoch erst im Laufe der Bearbeitung zeigt, dass das Thema zu umfangreich für den vorgesehenen Bearbeitungszeitraum ist, empfiehlt es sich, umgehend mit dem Betreuer Rücksprache zu halten und gemeinsam das Thema auf einen Teilbereich der ursprünglichen Themenstellung einzugrenzen.

Ein weiterer wichtiger Aspekt bei Ihrer Themenwahl ist die Literatur. Ist zu dem in Aussicht genommenen Thema sehr viel oder noch gar keine Literatur erschienen? In einer Seminararbeit sollten Sie nur Themen wählen, zu denen Sie ausreichend aussagekräftige Literatur vorfinden. Bei Abschlussarbeiten könnten sich allerdings auch bisher wenig wissenschaftlich beachtete Themen anbieten, die möglicherweise einen größeren Raum für Eigenleistungen zulassen.

Das spezielle Thema einer Studienarbeit ist aber gerade zu Beginn des Studiums weit weniger wichtig, als Sie denken. Sie werden das Rad in einer Studienarbeit nicht neu erfinden und das erwartet auch niemand von Ihnen. Viel wichtiger als das Thema Ihrer Studienarbeit ist die Erfahrung, die sie mit sich bringt, nämlich die Anwendung wissenschaftlicher Methoden. So bereiten Sie sich auf Ihre Abschlussarbeit vor, indem Sie das methodische Vorgehen bereits kennengelernt und eingeübt haben.

Studienarbeiten müssen nicht notwendigerweise eigene Forschung beinhalten; es können auch Arbeiten sein, die Forschungsergebnisse zu einem Thema unter einem neuen Gesichtspunkt zusammentragen, gegenüberstellen bzw. vergleichen.

Wenn Sie in der Wissenschaft weiterarbeiten möchten, ist es dennoch von Vorteil, wenn Sie bereits das Thema Ihrer Abschlussarbeit so gewählt haben, dass es auf Interesse in der Fachwelt stößt. Die Chance, Ihre Ergebnisse in einer Fachzeitschrift publizieren zu können, steigt auf diese Weise. Dies kann Ihnen gute Bedingungen für eine spätere Promotion eröffnen.

Tipp zum Weiterlesen (für Abschnitt III 2.1)

Eco 2007, 16 ff.

2.2   Internet als Informationsquelle

Dem Internet kommt nicht nur für die Suche nach elektronisch veröffentlichten Texten und Daten eine große Bedeutung zu, sondern es ermöglicht auch den schnellen Zugriff auf klassische Printmedien wie Fachbücher und -zeitschriften. Über verschiedene Online-Kataloge kann nicht nur der Bestand der örtlichen Bibliothek, sondern auch der Gesamtbestand wissenschaftlicher Bibliotheken in Deutschland durchsucht werden. Zudem können heute über das Internet durch Angebote von Verlagen oder einen Hochschulzugang wissenschaftliche Online-Zeitschriften genutzt werden, die in vielen Fächern aufgrund ihrer schnellen Publikationsfähigkeit und Aktualität aus dem Wissenschaftsbetrieb nicht mehr wegzudenken sind (vgl. Abschnitt IV 1). Darüber hinaus ermöglicht das Internet den Zugriff auf die Online-Ausgaben überregionaler und internationaler Tageszeitungen, um die Darstellung und Diskussion eines bestimmten Themas in den Medien zu verfolgen. Besonders hilfreich für eine systematische Recherche ist als umfangreichste deutsche Suchmöglichkeit für wissenschaftliche Bibliotheken der Karlsruher Virtuelle Katalog (kvk.uni-karlsruhe.de). Ergänzend können Google Scholar (scholar.google.de) oder die Google Buchsuche (books.google.de) genutzt werden, die (nicht nur) wissenschaftliche Arbeiten, teilweise im Volltext, online zugänglich machen. Die beiden letzten Angebote sollten allerdings eher zur Recherche verwendet werden, um dann auf die Printquellen zurückzugreifen (vgl. Abschnitt IV 1). Im Rechenzentrum oder in der Bibliothek Ihrer Hochschule werden üblicherweise Einführungen oder Grundlagenkurse für die Recherche im Internet angeboten.

Bislang war insbesondere die Rede vom Internet als Recherchemedium. Das Internet hat aber auch einen eigenen Literaturquellenwert. Besonders für empirische Arbeiten können hier Daten, z. B. Wahlergebnisse oder ganze Parlamentsdebatten, gut und zuverlässig recherchiert werden. Allerdings ist gerade in diesem Bereich äußerste Vorsicht geboten! Klar zu unterscheiden sind hier bedenkenlos zitierbare wissenschaftlich fundierte Primärtexte und -quellen (bspw. von Behörden und Hochschulen) von nur eingeschränkt brauchbaren populärwissenschaftlichen Seiten oder gar rein privaten Internetseiten. Noch schwieriger sieht es aus, wenn der

Urheber gar nicht erkennbar ist, was z. B. ein Hauptproblem von Wikipedia ist. Solche Angebote sind für einen ersten Themeneinstieg sicher hilfreich, können aber keinesfalls als zitierfähige Literaturquelle verwendet werden.

In jedem Fall müssen Sie Internetquellen noch stärker auf ihre Qualität überprüfen als Printmedien. Letztere werden in aller Regel außer vom Autor auch von einem Verlag und seinem Lektorat verantwortet, so dass dadurch immerhin eine gewisse Qualitätsgrenze eingehalten wird. Folgende Kriterien können für die Literaturquellenkritik im Internet eine Hilfe sein:

- Ist der Urheber des Textes angegeben oder feststellbar?
- Lässt sich der Autor einer bestimmten Institution oder Organisation zuordnen?
- Wie aktuell ist die Internetseite?
- Handelt es sich um einen bekannten, seriösen Anbieter wie z. B. eine Hochschule, eine Behörde oder einen Wissenschaftsverlag?
- Sind die Ausführungen kompetent, ernsthaft und nachprüfbar?
- Wird das Thema nur subjektiv und einseitig dargestellt oder werden Meinungen gegeneinander abgewogen?
- Sind nachvollziehbare Literaturquellen für die Daten und Informationen angegeben?

Da die Internetquellen teilweise nur für kurze Zeit verfügbar und oft sehr schnell veraltet sind, empfiehlt es sich grundsätzlich, diese zur weiteren Bearbeitung gedruckt oder als PDF-Datei und mit dem Abrufdatum zu archivieren (vgl. Abschnitt III 2.4). Sie müssen zur späteren Überprüfbarkeit für den Korrektor aufbewahrt werden. Grundsätzlich müssen Sie Internetquellen so zitieren, dass sich der Text mit diesen Angaben im Internet wieder finden lässt (vgl. Abschnitte III 3.7).

Die Literaturrecherche im Internet kann jedoch keinesfalls die Einbeziehung traditioneller Publikationsformen ersetzen. Im Gegenteil: Außer für anerkannte wissenschaftliche Online-Zeitschriften gilt vielmehr die Regel, dass klassische wissenschaftliche Medien vorzuziehen sind, sofern sich die Informationen mit zumutbarem Aufwand auch aus ihnen gewinnen lassen. Internetquellen sollten sparsam und gründlich abgewogen eingesetzt werden. Der Gang in die Bibliothek inkl. des manchmal zeitaufwendigen Recherchierens ist nach wie vor fester Bestandteil des wissenschaftlichen Arbeitens. Es empfiehlt sich, die Art der Nutzung von Internetquellen und deren Aufbewahrung im Vorfeld mit dem Betreuer verbindlich zu vereinbaren.

Bei der Verwendung des Internet als Quelle ist einerseits zu berücksichtigen, dass nach wie vor viele relevante Literaturquellen nicht digital verfügbar sind! Sie sollten den Wert der eigenen Arbeit nicht im Vorhinein schmälern, indem Sie diese völlig unberücksichtigt lassen. Zudem sollte die Literaturrecherche im Internet wegen der großen, ungefilterten Informationsfülle in der Regel nicht am Anfang der Literaturrecherche stehen. Vielmehr sollten Sie die geeigneten Stich- und Schlagwörter zuvor schon eingegrenzt haben, sonst wird die Literaturrecherche im Internet schnell zum „Zeitvernichter" (vgl. Abschnitt IV 1)!

Andererseits werden immer häufiger Internetquellen und online zur Verfügung gestellte Studienarbeiten ganz oder teilweise ohne Literaturquellenangabe für eigene Arbeiten übernommen.

Ein *Plagiat*, sei es auch nur in Auszügen, ist bei Weitem kein Kavaliersdelikt, sondern ein Straftatbestand und führt bei Entdeckung im Mindesten zur Aberkennung der Prüfungsleistung, möglicherweise auch zur Exmatrikulation! Das gilt auch im Nachhinein: Wird der Betrug später entdeckt, kommt es zur Aberkennung des Abschlusses oder akademischen Grades durch die verleihende Hochschule, was zum Verlust der Berufsgrundlage führen kann.

2.3 Bibliografieren

Das Bibliografieren von Literatur und die Bearbeitung dieser Literaturquellen für eine Studienarbeit stehen zwar noch vor Beginn der Schreibphase, sind aber schon ein erster Schritt für die spätere Textfassung. Jede Arbeit enthält ein Literaturverzeichnis, das am Ende des Textes einen Nachweis der verwendeten Literatur darstellt. In einer Bibliografie sind alle relevanten Literaturnachweise zu einem Thema aufgeführt. Daher kann ein Literaturverzeichnis auch als Auszug einer Bibliografie angesehen werden.

Bevor Sie mit dem Schreiben beginnen, müssen Sie also zunächst die relevanten Informationen für Ihr gewähltes Thema aus der Literatur herausfiltern. Ziel ist es, eine spezielle Bibliografie, d. h. ein Literaturverzeichnis, zu erstellen, die ganz auf Ihre Fragestellung zugeschnitten ist. Bei der Auswahl geeigneter Literatur sollten Sie allerdings möglichst strikt sein. Nur solche Texte, die wirklich wichtige Thesen und Argumente für Ihre Forschungsfrage liefern, gehören in die Bibliografie.

Für das systematische Bibliografieren können Sie verschiedene Hilfsmittel und Methoden verwenden. Wichtigste Voraussetzung ist jedoch, dass Sie Ihr Thema in treffende Stich- und Schlagwörter unterteilen und Ihre Suchstrategie an die unterschiedlichen Textsorten anpassen. Denn häufig müssen Sie mehrere Methoden parallel anwenden, um Aufsätze, Monografien, spezielle Zeitschriften etc. zu finden (Kalina et. al. 2003, 74 ff.). Eine wichtige Recherchequelle sind in jedem Fall lokale Bibliothekskataloge und Datenbanken (vgl. Abschnitt IV 1). Erstellen Sie dazu am besten eine Wortliste zu Ihrem Thema, die alle wichtigen Aspekte abdeckt. Elektronische Kataloge wie der Online Public Access Catalogue (OPAC) funktionieren in der Regel über eine Suchmaske, mit der Sie Autorennamen, Themenkategorien, Stich- und Schlagwörter abfragen können. Sinnvoll kombiniert (z. B. „Brandt" und „Ostpolitik") können Sie die Trefferquote auf diese Weise bereits für Ihr Thema eingrenzen. Die meisten Bibliotheken bieten diesen Service auch über das Internet an. Oft sind die Bibliotheken einer Stadt oder Region zudem in einem gemeinsamen Verbundkatalog zusammengeschlossen, so dass Sie evtl. dort fündig werden (vgl. Abschnitt IV 1).

In den Bibliotheken finden Sie außerdem schon thematisch zusammengestellte Bibliografien. Häufig stehen diese „Bücher über Bücher" (Schlichte 2006, 61) in einer gesonderten Abteilung und sind nach Fachgebieten geordnet, um die Suche zu erleichtern. Auch hier gilt allerdings die Regel der rigorosen Auswahl, um nicht bloß lange Titellisten zu produzieren, sondern gezielt eine geeignete Auswahl zu treffen.

Insbesondere aktuelle Aufsätze in wissenschaftlichen Zeitschriften geben oft einen guten Überblick über den aktuellen Stand der Diskussion sowie aktuelle Forschungsergebnisse und enthalten zugespitzte Thesen und Argumente. Allerdings ist die Suche nach solchen Artikeln häufig etwas komplizierter. Viele Bibliotheken bieten aber spezielle Datenbanken auf CD-ROM oder als Online-Version an, um die systematische Recherche nach Fachaufsätzen oder Sonderausgaben von Zeitschriften zu erleichtern. Haben Sie einen geeigneten Artikel gefunden, der für Ihr Thema wichtige Ansätze liefert, können Sie zusätzlich das sog. *Schneeballsystem* verwenden: Dazu sichten Sie zunächst die Literaturangaben des Autors und suchen seine für Sie relevanten Literaturquellen im Original, um diese dann wiederum auf interessante Inhalte bzw. weitere Literaturverweise zu prüfen etc. Falls Sie ein sehr aktuelles Thema bearbeiten, lohnt sich evtl. auch die Recherche in den Pressearchiven. Fast jede überregionale Tageszeitung bietet inzwischen im Internet einen Zugriff auf das Archiv an, der in manchen Fällen allerdings kostenpflichtig ist. Eine mögliche Alternative ist dann der Gang in ein Pressearchiv; diese geben Zeitungsausschnitte aus verschiedenen Blättern in Themenmappen heraus. Bei der Suche nach sog. „grauer Literatur", also z. B. Forschungsberichte wissenschaftlicher Institute oder Arbeitspapiere, ist darüber hinaus eine systematische Recherche im Internet hilfreich (vgl. Abschnitt III 2.2).

Falls Sie trotz intensiver Suche nicht fündig werden oder nur sehr wenig Literatur zusammentragen können, sollten Sie spätestens an dieser Stelle darüber nachdenken, ob sich Ihr Thema ggf. aus einer anderen Perspektive besser bearbeiten lässt.

In der Regel können Sie mit einer systematischen Literaturrecherche mithilfe der Kataloge und Datenbanken Ihrer Bibliothek eine solide Literaturquellenauswahl für eine Studienarbeit zusammenstellen. Ein Literaturverzeichnis der von Ihnen zitierten Texte und Literaturquellen ist grundsätzlich für jede Studienarbeit nötig.

Deshalb sollten Sie unbedingt einige wichtige Regeln beachten: Die Angaben müssen vollständig und exakt sein. Alle Literaturquellen, auf die Sie in Ihrer Studienarbeit verweisen oder die Sie zitieren, müssen dort angegeben werden und in das Literaturverzeichnis eingehen (vgl. Abschnitt III 3.7).

Im Literaturverzeichnis dürfen nur die zuvor im Text angegebenen Literaturquellen aufgelistet werden: nicht mehr und nicht weniger!

Am besten schreiben Sie das Literaturverzeichnis Ihrer Studienarbeit nicht erst am Ende, wenn die Zeit drängt, sondern entwickeln es durch kontinuierliches Bibliografieren. Damit wird auch sichergestellt, dass Text und Verzeichnis verzahnt entstehen und das Literaturverzeichnis keine sinnlose Ansammlung von Titeln wird (Brandt 2006, 94 f.).

Es empfiehlt sich, bei der Anfertigung von Kopien immer gleich die Titelei, d. h. die ersten Seiten eines Buches mit den bibliografischen Angaben wie Erscheinungsort, Verlag und Jahr mitzukopieren. Ansonsten kann es passieren, dass

Sie Kopien nicht mehr zuordnen können, was Ihnen zunächst selbstverständlich erschien. Und Sie ersparen sich eine spätere aufwendige Recherche, wenn Sie aus den Kopien zitieren möchten.

Für eine zielgerichtete Bearbeitung, d. h., um genau die Informationen zu gewinnen, die für Ihr Thema und Ihre Fragestellung von Interesse sind, genügt es jedoch nicht, einen Text nur zu lesen, sondern Sie müssen in der Lage sein, die Inhalte und Argumente kritisch zu bewerten:

- Sind die Informationen und Thesen des Autors logisch verknüpft und plausibel?
- Welche Fragestellung wird diskutiert und wie beantwortet?
- Ist die Darstellung wissenschaftlich fundiert oder steht sie im Zusammenhang mit einer speziellen Weltanschauung bzw. einer bestimmten „Schule"?

Die Antworten auf solche kritischen Fragen an den Text können Ihnen bereits erste Anhaltspunkte dafür liefern, ob diese Literaturquelle für Ihre eigene Studienarbeit hilfreiche Informationen liefern kann (vgl. Abschnitt I 1).

Um die wichtigen Aussagen, Fakten und Argumente zusammenzustellen, sollten Sie ein *Exzerpt* erstellen. Exzerpieren bedeutet, die Inhalte und Gedanken eines Textes schriftlich zusammenzufassen. Ziel eines Exzerpts ist es, die wichtigen Aussagen für Ihre Studienarbeit zu sammeln und für Ihre Fragestellung aufzubereiten (vgl. Abschnitt I 3).

2.4   Sichten und Ordnen

Ihr „externes Gedächtnis" besteht im Studium aus Aufzeichnungen wie Vorlesungsmitschriften, Übungsaufgaben und Protokollen sowie aus allen weiteren schriftlichen Notizen wie Ergebnissen. Auch alle selbst erstellten Dokumente z. B. mit Ideen zu einem möglichen Thema für Ihre Abschlussarbeit, Argumenten und Schlussfolgerungen, aber auch ggf. Vokabellisten oder Formelsammlungen zählen dazu.

Für Studienarbeiten und Referate müssen Sie weitere Literatur sammeln. Es gilt, auf die noch offenen Fragen Antworten zu finden. Um nicht den Überblick und das Ziel aus den Augen zu verlieren, sollten Sie Ihre Aufzeichnungen und Literatursammlungen von Beginn an nicht nur weiter auffüllen, sondern auch nach einem einheitlichen Schema ordnen. So entsteht während des Studiums bereits ein eigener wissenschaftlicher Katalog, auf den Sie immer wieder zurückgreifen können. Nehmen Sie sich regelmäßig Zeit, um Ihre Ordner nach Bedarf neu zu strukturieren.

Für Klausuren und Übungen können Sie das Material in einem Semesterordner sammeln und chronologisch oder thematisch abheften. Dazu können Sie auch ein Schlagwortregister für den Ordner erstellen, das Sie am besten vorne einheften. So erhält jede Lehrveranstaltung ihren eigenen Ordner. Bei der Sammlung des Materials sollten Sie versuchen, bereits aufgekommene Fragen zu klären. Gefundene Antworten und noch offene Fragen sollten Sie sich notieren, am besten mit entsprechenden Literaturverweisen. So können Sie später, z. B. bei Klausurvorbereitungen, an dieser Stelle weiterarbeiten. Die Fragen, die lange unbeantwortet bleiben, ergeben damit eine Liste von schwer verständlichen Inhalten, die Sie dann rechtzeitig, z. B. in Ihrer Lerngruppe, besprechen können.

Das zusammengetragene Material in Ihren Ordnern soll Ihr persönliches Nachschlagewerk werden. Dazu sollten die angefallenen Schriften zuerst gesammelt und eindeutig beschriftet werden oder zumindest in einzelne Kategorien grob eingeteilt werden. Damit Sie sich in Ihrem Nachschlagewerk sicher bewegen, sollten Sie eindeutige Schlagwörter wählen, die Ihnen helfen, sich auch nach längerer Zeit noch in Ihren Unterlagen zurechtzufinden. Für eine elektronische Dokumentation Ihrer Unterlagen können Sie sog. Wikis verwenden, die Sie selber auf dem Computer installieren und dann mit Leben füllen. So können einzelne Themen und Begriffe miteinander verlinkt werden (www.wikimatrix.org). Alternativ können Sie auch Dokumente mit einer Textverarbeitung (vgl. Abschnitt IV 3) wie Microsoft Office Word oder Openoffice.org Writer erstellen oder auch sortierbare Tabellen mit Microsoft Office Excel oder Openoffice.org Calc zusammenstellen, um diese Dokumente in Ordnern abzulegen. Für die elektronische Archivierung von Unterlagen, die nur auf Papier vorhanden sind, gibt es Scanner, die wie viele moderne Kopierer auch Stapel von Papier verarbeiten und daraus eine PDF-Datei erzeugen können.

Beim Einfügen von gesammelter Literatur in Ihre Ordner empfiehlt sich eine Unterscheidung in gesichtete und noch zu sichtende Literatur. Dies ist insbesondere im Rahmen von Abschlussarbeiten (vgl. Abschnitt II 1.7) zu empfehlen, da Sie hier in der Regel eine große Menge an Material sichten müssen. Die gesichtete Literatur kann – wenn sie verwertbar ist – in der entsprechenden thematischen Kategorie Ihres Ordners Platz finden. Die noch zu sichtende Literatur wird in regelmäßigen Abständen bearbeitet und alles Unwesentliche aussortiert. Als Kriterien bei der Auswahl sind zu empfehlen: „geeignet", „ungeeignet" und „vielleicht geeignet". Hilfreich dabei ist, sich bereits im Vorfeld Gedanken zu machen, welche thematischen Bereiche für eine eigene Studienarbeit wirklich relevant sind. Erstellen Sie hierzu eine Positiv-Negativ-Liste. Schreiben Sie Ihre Masterarbeit bspw. zum Thema „Sozialverhalten im Jugendalter", so müssen Sie im theoretischen Teil Ihrer Studienarbeit nicht den gesamten Problemkomplex „Sozialverhalten" aufarbeiten. Was fällt genau in die Fragestellung Ihrer Studienarbeit? Zu welchen Theorien und Konzepten können Sie Ihre empirischen Daten in Beziehung setzen? Solche Fragen schon zu Beginn der Literaturrecherche zu klären, kann helfen, die Literatur vorab einzugrenzen, um somit die Flut an ungeeignetem Material zu minimieren und die Ausbeute an geeignetem zu erhöhen.

Zeitschriftenartikel, Bücher, Aufsätze und alles andere, was für Ihr Thema geeignet ist, sollten Sie katalogisieren. Was vielleicht geeignet ist, kann wieder in den Abschnitt „noch zu sichten" einsortiert werden. Beim nächsten Sichten wissen Sie oft mehr und können dann die Entscheidung leichter fällen. Eine weitere Unterteilung, die hilft, sich einen Überblick zu verschaffen, sind die Kategorien „wissenschaftlich" und „unwissenschaftlich". Da im Studium wissenschaftlich gearbeitet wird, gilt es, die Spreu vom Weizen zu trennen. Durch häufiges Lesen von wissenschaftlicher Literatur bekommen Sie schnell ein Gespür für die Seriosität von Quellen.

Haben Sie schließlich das Material für Ihre Studienarbeit zusammengetragen und die Sichtung abgeschlossen, strukturieren Sie die gesichteten Schriften und Exzerpte. „Was will ich ordnen?" und „Wie will ich es ordnen?" sind dabei die entscheidenden Fragen. Während Sie sichten, nehmen Sie schon eine gewisse Ordnung vor, die sich daraus ergibt, dass Sie die Literatur nach Wichtigkeit unterscheiden. Die Vorgänge des Sichtens und Ordnens gehen so meistens Hand in Hand. Das gesichtete Material wird bereits geordnet. Diese Ordnung wird dann meistens noch einmal genauer vorgenommen und weiter strukturiert. Schon während der Sichtung des Materials und seiner Anordnung ergibt sich eine gewisse Logik in der Ordnung. Jedenfalls sollten Sie sich nun einen guten ersten Überblick über Ihr Thema verschafft haben.

Wie oben erwähnt, helfen Ihnen bei der Sichtung und Ordnung des Materials auch Computerprogramme, insbesondere Literaturverwaltung (vgl. Abschnitt IV 2). Denken Sie unbedingt daran, Ihre gesamten elektronischen Daten in regelmäßigen Abständen auf anderen Datenträgern zu sichern, beim Schreiben einer Studienarbeit sogar jeden Tag (vgl. Abschnitt IV 5).

3 Wissenschaftliches Schreiben

Wissenschaftliche Texte wie Studienarbeiten und Referate sind ein wichtiger Bestandteil des Studiums. Im Folgenden erhalten Sie einen Überblick über die gängigen Vorgaben für korrektes wissenschaftliches Arbeiten. Praxishinweise sollen die Umsetzung erleichtern.

3.1 Grundzüge des wissenschaftlichen Arbeitens

Wissenschaftliche Texte unterscheiden sich inhaltlich und stilistisch von anderen Texten. Hypothesen, Daten, Theorien und Ergebnisse müssen belegt, bewiesen oder zumindest plausibel begründet werden. Dabei hat jedes Fach und jedes Teilgebiet seine eigene Terminologie, seine sprachlichen Besonderheiten und Konventionen, an die Sie sich so weit wie möglich halten sollten. Die Unterschiede betreffen unter anderem:

- Umfang und Aufbau der Studienarbeit,
- Zitierweise,
- formale Richtlinien (spezifisch für jeweils eine Institutsreihe oder eine Fachzeitschrift).

Vielfach stellen Betreuer explizite Anforderungen an Aufbau und Gestaltung der Studienarbeit. Halten Sie im Zweifelsfall Rücksprache mit Ihrem Betreuer.

Bevor Sie mit dem Schreiben beginnen, haben Sie in der Regel schon viel gelesen, haben sich mit der wissenschaftlichen Literatur auseinandergesetzt und Elemente übernommen, aus denen sich langsam Ihr eigener Stil bilden wird. Möchten Sie diesen gezielt weiterentwickeln, dann lesen Sie Zeitschriftartikel und andere Literatur auch unter formalen und stilistischen Gesichtspunkten. Welche Stilmittel benutzen die Autoren? Wie verständlich ist der Text? Wie sehen die Bezüge zu den Literaturquellen, derer sie sich bedient haben, im Einzelnen aus? Lesen Sie also, was andere geschrieben haben, achten Sie auf die Formalia, notieren Sie sich besonders gelungene Formulierungen und üben Sie sich darin, Ihre eigene Sichtweise möglichst unverstellt zu Papier zu bringen. Haben Sie noch keine eigene Sichtweise zu dem Thema, kommen Sie nicht umhin, sich eine zu bilden. So entgehen Sie dem geistlosen Abschreiben und lernen im Laufe der Zeit am Modell, wie Sie selbst wissenschaftlich schreiben können.

Als *Rohfassung* kann schon die erste, lückenhafte, aber grob strukturierte Ansammlung von Ideen gelten. Halten Sie Fragen, Stichworte und erste Ideen in Rohform fest, damit sie Ihnen nicht verloren gehen. Chaos ist erlaubt! Es kommt weder auf Schönheit noch auf Feinschliff an. Beginnen Sie mit den Themen, die Ihnen leicht fallen, oder schreiben Sie Ihre erste Rohfassung in einem Zug. Anschließend kontrollieren Sie, ob Sie nichts vergessen haben, und füllen nach und nach die Lücken. Ihr Journal hilft Ihnen, den Überblick zu behalten (vgl. Abschnitt III 1). Sobald Sie eine Gliederung (vgl. Abschnitt III 3.2) haben, können Sie die einzelnen Teile der Rohfassung darin einordnen. Beim Schreiben entsteht eine Struktur Ihrer Studienarbeit, denn es regt Ihren Denk- und Erkenntnisprozess an (Messing / Huber 2007, 128). Viele Probleme und Zusammenhänge werden erst dann richtig klar, wenn Sie versuchen, diese schriftlich darzustellen. Oder aber Sie gliedern, nachdem Sie sich in Ihr Thema eingelesen haben, zuerst und schreiben anschließend Ihre Rohfassung. Unabhängig von Ihrem Vorgehen sind ausgefeilte Formulierungen oder das Layout zum Zeitpunkt der ersten Schreibversuche unwichtig.

In einer *späteren Fassung* sollten Sie dann daran gehen, die Perspektive des Lesers einzubeziehen und die Studienarbeit so aufzubauen, dass Sie bei der Argumentation nicht gleich in die Tiefe gehen. Der Leser muss in das Thema eingeführt werden! Dazu gehen Sie von allgemeinen Dingen zu den besonderen vor (deduktive Methode). Zunächst erklären Sie das Thema und stellen es in einen fachlichen Kontext, dann wägen Sie ab, was dazugehört und welche Aspekte Sie nicht bearbeiten. Ihre Argumentation muss für den Leser schlüssig und nachvollziehbar sein. Um das zu erreichen, brauchen Sie eine klare Gliederung, die sich in einigen Punkten im Lauf der Studienarbeit aber noch ändern kann.

Nutzen Sie von Anfang an *Exzerpte* (vgl. Abschnitte I 3), um den Überblick über die gesammelte Literatur zu behalten.

Rohfassung, Gliederung und Exzerpte sind Hilfsmittel beim Arbeiten. Die endgültige Form wissenschaftlicher Werke beruht unter anderem auf den folgenden inhaltlichen Ansprüchen (Haefner 2000, 76 ff.):

- *Fragestellung und Thesen bzw. Hypothesen*: In der Studienarbeit sollen eine klare Fragestellung, deren Bearbeitung und die Beantwortung durch Thesen bzw. Hypothesen deutlich zu erkennen sein. Das schließt bei umfangreicheren Arbeiten auch die Aufarbeitung des aktuellen Forschungsstandes ein. Dabei sind Hypothesen noch nicht überprüfte Annahmen und Thesen Behauptungen, die aufgrund von Beobachtungen, Forschungen oder Ergebnissen formuliert werden.

- *Objektivität und Fairness*: Wissenschaftliche Ergebnisse müssen zielführend dargestellt werden; Aspekte, die der eigenen Sichtweise entgegenstehen, dürfen nicht unterschlagen werden. Die Diskussion am Textende dient der sachlichen Auseinandersetzung mit verschiedenen Positionen und Erkenntnissen.
- *Reliabilität (Zuverlässigkeit)*: Der Leser muss sich auf die in der Wissenschaft publizierten Sachverhalte verlassen können.
- *Validität (Gültigkeit)*: Die getroffenen Aussagen müssen zum Thema gehören und dürfen nicht in einen falschen Zusammenhang gebracht werden.

Diese inhaltlichen Anforderungen haben in jeder Disziplin eine lange, teils explizite, teils implizite Tradition hervorgebracht, auf welche Art *Zitate und Bezüge* in einen Text einzubauen und kenntlich zu machen sind. In der Wissenschaft müssen Argumentationen und Gedanken so dargestellt werden, dass der Leser nachvollziehen kann, wie die gewonnenen Erkenntnisse und Schlussfolgerungen zustande gekommen sind. Dies ist unter anderem auch eine Bewertungsgrundlage für Ihre Studienarbeit (vgl. Abschnitt II 2).

3.2 Gliederung

Für den Leser ist die Gliederung, auch Inhaltsverzeichnis genannt, Wegweiser durch Ihre Studienarbeit. Sie gibt ihm Einblick in Ordnung und Struktur der kommenden Ausführungen. Deshalb kann der Leser – Ihr Betreuer – bereits anhand Ihrer Gliederung zumindest teilweise einschätzen, inwieweit Sie das Thema adäquat erfasst haben (Ebster / Stalzer 2008, 76 ff.). Für Sie als Schreibenden ist die Gliederung das Gerüst, an dem Sie Ihren Text von der ersten Rohfassung an ausrichten und das Sie zusammen mit dem Text weiterentwickeln.

Auf der obersten Ebene der Gliederung gibt es stets eine Dreiteilung:
- *Einleitung*: Die Einleitung beschreibt die Ausgangssituation (Forschungsstand), die Problemstellung und Zielsetzung (Forschungsfrage), dazu skizziert sie die Methode (Forschungsdesign) sowie den Aufbau der Studienarbeit. Durch eine möglichst anschauliche Schilderung soll sie zugleich das Interesse des Lesers wecken, um ihn an das Thema heranzuführen (Ebster / Stalzer 2008, 74).
- *Hauptkapitel*: Die Hauptkapitel bearbeiten die Forschungsfrage, stellen in allen Einzelheiten die Methodik und die auf diese Weise erzielten Ergebnisse dar und setzen damit themenspezifische Schwerpunkte.
- *Schlussteil*: Der Schlussteil beantwortet die Eingangsfragen, rundet Ihre Studienarbeit ab und gestattet Ihnen, dem Leser eigene Analysen und Folgerungen mitzuteilen. Sie fassen die Ergebnisse Ihrer Studienarbeit zusammen und geben bei umfangreichen Arbeiten einen Ausblick, empfehlen Handlungen oder formulieren Hinweise auf wünschenswerte weiterführende Forschungsarbeiten (Desiderate).

Hinzu kommen das *Literaturverzeichnis* (vgl. Abschnitt III 3.7) und, falls nötig, die *Anhänge* (vgl. Abschnitt III 3.9).

Die Gliederung zeigt den roten Faden der Studienarbeit. Was wollen Sie sagen, was genau ist wichtig und wie ist die logische Reihenfolge, in der Sie Ihre Gedanken aufbauen? Welche Zusammenhänge sind hierbei wichtig? Mit solchen Fragen können Sie bereits einige Lücken in Ihrer Argumentation aufspüren und schließen. Sie können auch den Umfang der einzelnen Abschnitte planen. Stehen die Abschnitte in der richtigen Gewichtung zueinander? Eine klare und wohlüberlegte Struktur erleichtert Ihnen die Studienarbeit. Feste Bestandteile sind bspw. Einleitung, Forschungsstand, Methode, Ergebnisse, Diskussion und Schlussfolgerungen. Achten Sie generell auf angemessene Verhältnisse zwischen Theorie- und Praxisteilen. Dies gilt insbesondere dann, wenn Sie in dieser Hinsicht keine Vorgaben haben und frei gestalten können bzw. müssen.

Es gibt verschiedene **Gliederungstypen** (von Werder 2000, 77 ff.):

- *Chronologische Gliederung*: Bei einer historischen Begebenheit kann ein chronologischer Aufbau zweckmäßig sein. Sie können auch erst eine bestimmte Theorie entfalten und dann die praktische Umsetzung schildern. Der Theorie- (z. B. Definitionen) und Praxisanteil (z. B. Darstellung des Untersuchungsverlaufs) müssen innerhalb der Gliederung logisch aufgebaut sein.
- *Pro-und-Contra-Gliederung*: Bei einigen Themen kann sich auch eine Darstellung in Pro und Contra (These, Antithese und Synthese) als sinnvoll erweisen.
- *Systematische Gliederung*: Diese Vorgehensweise kann gewählt werden, wenn die Unteraspekte eines Themas gleichberechtigt nebeneinander analysiert und bewertet werden sollen, d. h. je Abschnitt ein Thema systematisch bearbeitet wird.
- *Deduktive und induktive Gliederung*: Eine deduktive (lat. deducere; herabführen, ableiten) Gliederung geht von Hypothesen aus und überprüft diese anschließend z. B. durch eigene Experimente. Eine induktive (lat. inducere; hineinführen, einführen) Gliederung verfährt genau umgekehrt: Anhand vorhandenen Materials werden Folgerungen bzw. Thesen aufgestellt. Die Entscheidung, ob deduktiv oder induktiv gegliedert wird, hängt von der Fragestellung und vom vorhandenen Material ab. Grafisch sieht dies wie in Tabelle 7 dargestellt aus.

Tabelle 7.   Vergleich einer deduktiven und einer induktiven Gliederung

Deduktiv		Induktiv	
Hypothese 1		Argument 1	
	Argument 1	Argument 2	
	Argument 2	Argument 3	
	Argument 3		These 1
Hypothese 2		Argument 1	
	Argument 1	Argument 2	
	Argument 2	Argument 3	
	Argument 3		These 2

- *Ursache-Wirkungs-Gliederung*: Die Ursache-Wirkungs-Gliederung geht entweder von den Ursachen aus und beschreibt deren Wirkungen oder schildert das beobachtete Phänomen und davon ausgehend die möglichen Ursachen (vgl. Tabelle 8).

Tabelle 8.   Ursache-Wirkungs- und Phänomen-Ursache-Gliederung

Ursache-Wirkung		*Phänomen-Ursache*	
Ursache 1		Phänomen 1	
	Wirkung 1		Ursache 1
	Wirkung 2		Ursache 2
	Wirkung 3		Ursache 3
Ursache 2		Phänomen 2	
	Wirkung 1		Ursache 1
	Wirkung 2		Ursache 2
	Wirkung 3		Ursache 3

- *Relationale Gliederung*: Die sog. Relation wird genutzt, wenn Themen oder vorhandene Materialien miteinander verglichen, Literaturquellen zueinander in Beziehung gesetzt und Befunde vergleichend ausgewertet werden sollen. Es gibt zwei Unterarten: die Blockgliederung und die alternierende Gliederung (vgl. Tabelle 9). Bei der Blockgliederung werden nacheinander Theorien bezogen auf ausgewählte Kriterien dargestellt und nachfolgend miteinander verglichen, während bei der alternierenden Gliederung Theorien ausgehend von ausgewählten Vergleichskriterien einander direkt gegenübergestellt und verglichen werden.

Tabelle 9.   Blockgliederung und alternierende Gliederung

Blockgliederung		*Alternierende Gliederung*	
Theorie 1	Kriterium 1,2,3	Kriterium 1	Vergleich Theorie 1, Theorie 2
Theorie 2	Kriterium 1,2,3	Kriterium 2	Vergleich Theorie 1, Theorie 2
Vergleich		Kriterium 3	Vergleich Theorie 1, Theorie 2

Die Wahl des Gliederungstypus hängt in erster Linie von der Themenwahl (vgl. Abschnitt III 2.1) ab, aber auch von den Anforderungen Ihres Betreuers sowie von Ihnen selbst. Wenn Sie mit den unterschiedlichen Gliederungstypen noch nicht vertraut sind, sollten Sie Ihre Wahl so früh wie möglich mit Ihrem Betreuer besprechen und ggf. in bereits fertiggestellten Arbeiten aus der Disziplin nachsehen.

Bei der Darstellung der Gliederung bietet sich das *Abstufungsprinzip* oder das *Linienprinzip* an. Beim Abstufen werden die Überschriften der nächstniedrigeren Gliederungsebene eingerückt, wohingegen beim Linienprinzip alle Überschriften ungeachtet ihres Ranges am linken Rand dargestellt werden. Bei sehr starken Untergliederungen ist das Abstufungsprinzip nicht zu empfehlen, da mit jeder Einrückung niedrigere Ebenen immer weiter an den rechten Rand rücken. Die *Hervorhebung der ersten Gliederungsebene* durch Schriftgröße oder -stärke verdeutlicht die Grobstruktur Ihrer Gliederung.

Folgende Gliederungsregeln sind zu beachten (Karmasin / Ribing 2007, 45 ff.):

- Eine Überschriftenebene muss mindestens zwei Unterpunkte enthalten. Wenn ein Gliederungspunkt aufgeteilt wird, dann entstehen daraus mindestens zwei Teile. Im folgenden Beispiel wäre darauf zu achten gewesen, dass dem Abschnitt 3.1 ein Abschnitt 3.2 folgt.
  So sollte es *nicht* aussehen:
  3   Begriff der Massenkommunikation
  3.1 Entwicklungsgeschichte der Massenkommunikation
  4   Rezipientenorientierung in Massenmedien
  So sollte es aussehen:
  3   Wertediskussion in den Sozialwissenschaften
  3.1 Kritischer Rationalismus
  3.2 Frankfurter Schule
  4   Rezipientenorientierung in Massenmedien
- Abschnittstitel sollen Kapitel- bzw. Abschnittsüberschriften nicht wörtlich wiederholen.
  So sollte es *nicht* aussehen:
  3   Kritischer Rationalismus und Frankfurter Schule
  3.1 Kritischer Rationalismus
  3.2 Frankfurter Schule
  So sollte es aussehen:
  3   Wertediskussion in den Sozialwissenschaften
  3.1 Kritischer Rationalismus
  3.2 Frankfurter Schule
- In Überschriften sind Trennungen zu vermeiden. Abkürzungen sind nur erlaubt, wenn ihre Bedeutung aus der Überschrift hervorgeht, also nicht: „3.2 OLAP-Komponenten", sondern „3.2 Komponenten des On-Line Analytical Processing (OLAP)".
- Ausführungen, die nicht unmittelbar zum Thema gehören, die aber dennoch erwähnenswert sind, müssen gesondert ausgewiesen werden. In diesem Fall wird entweder eine längere Fußnote oder ein Exkurs verwendet. Ein Exkurs ist auf derselben Gliederungsebene als solcher auszuweisen:
  3   Begriff der Massenkommunikation
  3.1 Theoretische Zugänge und Funktionen
  3.2 Rezipientenforschung
  3.3 Exkurs: Die demokratiepolitische „Schweigespirale"
- Der Textumfang pro Abschnitt, d. h. pro Gliederungspunkt, sollte mindestens eine halbe DIN-A4-Seite betragen.

Überschriften sollen inhaltlich den folgenden Abschnitt wiedergeben. Die Kapitel- und Abschnittsüberschriften sind programmatisch. Sie werden in der Gliederung erstmalig genannt und im Text der Studienarbeit im gleichen Wortlaut und mit der entsprechenden Nummerierung wieder aufgenommen. Diese Konvention erlaubt den Lesern, einzelne Aspekte der Studienarbeit gezielt aufzusuchen. Für die Anzahl der Überschriftenebenen gilt: So wenige wie möglich, so viele wie nötig. Dies kann jedoch variieren, je nach den Gepflogenheiten Ihres Fachs. Als grobe

Richtschnur kann allerdings gelten, dass die Gliederungstiefe vier Ebenen (bei Seminararbeiten) bzw. fünf Ebenen (bei Abschlussarbeiten) nicht überschreiten sollte. Zum einen riskieren Sie sonst, dass der Leser Ihrer Gliederung nicht mehr folgen kann und zum anderen besteht die Gefahr, dass Sie zu einer Überschrift nur ein oder zwei Sätze schreiben können.

> Bei der Gliederung sollten Sie darauf achten, dass alle Gliederungspunkte einer Ebene ungefähr die gleiche Gewichtung, also den gleichen Umfang, haben. Platzhalter oder Notizen dazu, welche Tabellen und Abbildungen Sie benötigen, können bereits in der Rohfassung von Nutzen sein. In der Regel werden Sie an verschiedenen Stellen Ihrer Studienarbeit darauf stoßen, dass ein Abschnitt oder ein Absatz an mehreren Stellen passt. Dort haben Sie die Freiheit, unter mehreren Möglichkeiten zur Strukturierung zu wählen, und die Pflicht, zu entscheiden. Wichtig ist, dass Gliederung und Argumentation schlüssig sind und zueinander passen.

Mit Ihrem Textverarbeitungsprogramm können Sie mit wenig Aufwand eine Gliederung erstellen (vgl. Abschnitt IV 3) – dann drucken Sie Ihre Gliederung aus, wobei jede Ebene auf einem eigenen Blatt erscheinen sollte. Alternativ können Sie einfach auf Papier schreiben – oder auch Karteikärtchen bekleben oder beschreiben und diese nebeneinander auslegen (sog. Strukturlegetechnik). Wenn der Tisch zu klein ist, benutzen Sie den Fußboden. Jetzt erhält jeder Abschnitt sein Kärtchen und jedes Kärtchen seinen Platz unter den Überschriften. Schieben Sie die Kärtchen so lange hin und her, bis die Reihenfolge stimmt. Wenn Sie zufrieden sind, nummerieren Sie die Kärtchen so, wie Sie es mit den Kapiteln und Abschnitten vorhaben. Während die Bearbeitung des Themas fortschreitet, erhält jeder fertige Abschnitt (jedes Kärtchen) einen Punkt, z. B. gelb für die Rohfassung und grün für den fertigen, überarbeiteten Text. So behalten Sie den Überblick über Ihre Fortschritte. Sind alle Kärtchen grün markiert, so ist Ihre Studienarbeit fast fertig und sollte nun gründlich Korrektur gelesen werden.

3.3   Textkörper

Der Textkörper setzt sich aus dem geschriebenen Text sowie den dazugehörigen Abbildungen bzw. Tabellen und in einigen Fächern auch Formeln zusammen. Dabei beginnt die Seitennummerierung – in arabischen Ziffern – mit der Einleitung. Diese soll die Problemstellung, ggf. den Forschungsstand, das Ziel der Studienarbeit sowie Ihre Vorgehensweise bei der Bearbeitung des Themas beschreiben. Auch Bemerkungen zur Bedeutung des Themas finden hier ihren Platz. Wenn Sie die Einleitung früh schreiben und dort Ihr Vorgehen darlegen, werden Sie sich über manche Fehler bereits im Ansatz klar. Mit geringem Aufwand können Sie die Einleitung zwecks weiterer Absprache mit einem Dozenten zum Exposé umarbeiten. Sie sollten in der Einleitung nur die Fragen stellen, die Sie in Ihrer Studienarbeit auch beantworten können – und das bedeutet in den meisten Fällen, dass die Einleitung überarbeitet werden muss, wenn Sie Haupt- und Schlussteil fertig geschrieben haben. Im Hauptteil behandeln Sie Ihr Thema in logischer Abfolge. Achten Sie darauf, das Thema deutlich von benachbarten Themen abzugrenzen und sich stringent an Ihrer eng begrenzten Fragestellung entlangzuarbeiten. Achten Sie auch auf die verwendete Terminologie und Begriffsdefinitionen. Werden z. B. Arbeitsdefinitionen gegeben, müssen Sie sich im Verlauf der gesamten Studienarbeit konsequent daran halten.

Den Schluss der Studienarbeit bilden eine Zusammenfassung der wesentlichen Arbeitsergebnisse sowie ggf. ein Ausblick, d. h. Hinweise auf offen gebliebene Problemfelder oder die Hinleitung zu weiterführenden Fragen.

Inhaltlich müssen Einleitung, Hauptteil sowie der Schluss eine in sich geschlossene Darstellung bilden. Im Einzelnen bedeutet dies, dass Sie die in der Einleitung gegebene Problemstellung auch bearbeitet haben, dass Sie dabei die Ziele der Studienarbeit erreicht oder auch – mit Begründung! – nicht erreicht und dass Sie die angekündigte Vorgehensweise eingehalten haben.

3.4   Formalia

Zur Anfertigung einer Studienarbeit sind gewisse Normen einzuhalten. Beachten Sie grundsätzlich die Normen des Duden (Scholze-Stubenrecht et al. 2006) und der DIN 5008 (DIN 2005), sofern Sie keine weitergehenden Vorgaben von Ihren Betreuern erhalten.

Alle Kalenderdaten werden gemäß DIN EN 28601 / DIN 5008:2005 (basiert auf ISO 8601:1989) in der Form Jahr-Monat-Tag (JJJJ-MM-TT) angegeben (DIN 2005, 14). Alternativ ist auch die im deutschsprachigen Raum geläufigere Form Tag-Monat-Jahr möglich, wobei der Monat auszuschreiben ist (z. B. 15. Januar 2009). Auch hier gilt, dass Sie im Zweifelsfall grundsätzlich Rücksprache mit Ihrem Betreuer halten sollten.

Sämtliche Abkürzungen führen Sie ein, indem Sie den vollständigen Begriff bei der ersten Verwendung ausschreiben und die Abkürzung in Klammern anfügen, z. B. „Deutsches Institut für Normung (DIN)". Nach dieser Einführung können Sie mit der Abkürzung arbeiten. Zu vermeiden sind Abkürzungen aus Bequemlichkeit, wie „Volksw.", „i. d. R.", „bzgl." oder „stellv.". Abkürzungen sollten sparsam verwendet werden. In einigen Fachrichtungen werden Abkürzungen in ein Abkürzungsverzeichnis aufgenommen. Ebenso wird für verwendete Formelzeichen ein eigenes Verzeichnis erstellt (vgl. Abschnitt III 3.9).

Die ordnungsgemäße formale Ausgestaltung nimmt relativ viel Zeit in Anspruch, was viele Studierende unterschätzen. Planen Sie daher von Beginn an entsprechende Zeiträume ein und berücksichtigen Sie die folgenden Vorgaben frühzeitig. Es erleichtert Ihnen den Umgang mit den Regelungen, so dass Sie Ihre Studienarbeit von Anfang an richtig anfertigen können. Überschreitungen des Abgabetermins werden meist nicht akzeptiert. Auch beim Ausfall Ihres Computers, dem Verlust von Dateien oder ähnlichen Vorkommnissen, die sich erstaunlicherweise kurz vor Abgabe „statistisch" häufen, wird die Bearbeitungszeit nicht verlängert. Machen Sie sich rechtzeitig mit den Eigenheiten Ihres Computers sowie

Ihres Druckers vertraut und sichern Sie Ihre Dateien von Beginn an mit aktuellen Kopien (vgl. Abschnitt IV 5), auch als Papierausdrucke!

3.5   Sprache und Stil

Ein fester Bestandteil der wissenschaftlichen Tradition ist ein spezifischer *Sprachgebrauch*. Hiermit können Wissenschaftler sich, bewusst oder unbewusst, abgrenzen und so einander ihre Seriosität beweisen. Dies führt manchmal zu umständlichen und unübersichtlichen Texten voller Passivkonstruktionen und Substantivierungen. Dem muss aber nicht so sein. Wissenschaftlichkeit und guter Stil können – und sollten – in einem Text zusammenkommen. Entwickeln Sie einen eigenen Stil, der sowohl objektiv und präzise als auch *verständlich* ist. Sowohl dem Betreuer als auch den Kommilitonen, die Ihre Studienarbeit lesen, müssen Sie die Chance geben, Sie zu verstehen. Ihnen selbst mögen nach langer Auseinandersetzung mit Ihrem Thema viele Sachverhalte trivial erscheinen. Für Ihre Leser trifft dies aber nicht zu. In Messing / Huber 2007, 129 werden vier Kriterien angeführt, an denen Sie Verständlichkeit messen können:

- *Einfachheit*: Verwenden Sie kurze und übersichtliche Sätze. Vermeiden Sie allzu komplizierte Wörter.
- *Prägnanz*: Bleiben Sie bei dem Wesentlichen und bei den Fakten.
- *Struktur*: Sie brauchen eine klare Gliederung Ihrer Studienarbeit. Dazu müssen Sie ausreichend Zeit investieren. Springen Sie nicht von einem Thema zum nächsten. Am Ende eines Abschnitts steht immer eine Überleitung zum Folgeabschnitt.
- *Leseanreize*: Interessante Texte verleiten zum Weiterlesen. Beginnen Sie ein Kapitel z. B. mit einem (populärwissenschaftlichen) Beispiel, bevor Sie die dazugehörige komplizierte Theorie erläutern.

Während (hohe) Literatur Synonyme liebt und Wiederholungen bestimmter Wörter meidet, sind Wiederholungen in der Wissenschaft keineswegs verpönt. Ein Sachverhalt oder eine Sache erhält einen genau definierten Namen und sollte auch immer so genannt werden, selbst wenn das Wort mehrmals in einem einzigen Absatz vorkommt. Dadurch soll eine bessere Verständlichkeit des Inhalts erreicht werden. Seien Sie also vorsichtig, zugunsten eines besseren Stils mit vermeintlichen Synonymen eines Fachbegriffs zu arbeiten – dies geht auf Kosten der Präzision.

Weiterhin stellt sich die Frage: Wie beschreiben Sie eine Handlung? Dürfen Sie sich selbst als handelnde Person, als „ich", nennen? Und wie drücken Sie Ihre eigene Meinung aus? In manchen Fachdisziplinen ist die Verwendung von „wir" immer noch gängig, wie z. B. in der Mathematik. Prinzipiell stehen Ihnen folgende Möglichkeiten zur Verfügung:

- *Wir-Formulierung*: „Wir haben die Theorie aus diesen Annahmen hergeleitet." Das stimmt allerdings nur, wenn daran mehrere Personen, z. B. im Rahmen einer Arbeitsgruppe, beteiligt waren. Wenn Sie eine Studienarbeit allein verfassen, sollten Sie auf die Verwendung der Wir-Formulierung verzichten.

- *Ich-Formulierung*: „Ich habe die Theorie aus diesen Annahmen hergeleitet." Haben Sie es wirklich alleine gemacht? Dann dürfen Sie insbesondere in der Einleitung und im Schluss auch Ihren Anteil nennen.
- Formulierungen mit „man" sollten Sie meiden, da diese dazu dienen, im Gespräch über allgemeine Erfahrungen zugleich zwischenmenschlichen Kontakt zu schaffen. In wissenschaftlichen Arbeiten ist die damit verbundene Unschärfe oft fehl am Platz.
- *Dritte Person*: „Der Verfasser ist der Auffassung ..." Diese Art zu schreiben war früher in der deutschsprachigen Wissenschaft absolut üblich, heute ist sie strittig, da sie in vielen Ohren altmodisch klingt. Geht es wirklich um Ihre eigene Meinung, ist ein solcher Ausdruck jedoch klarer als eine Passivformulierung und nicht so verpönt wie die Nennung von „ich".
- *Passivformulierung*: „Eine Herleitung der Theorie ist aufgrund dieser Annahmen vorgenommen worden." Damit sagen Sie zwar nicht, wer es gemacht hat, allerdings ergibt sich das oft aus dem Kontext. Die Frage lautet aber bei jedem Satz: Liest sich das Passiv gut?
- *Unpersönliches Schreiben unter Verwendung aktiver Formen*: „Die Versuche ergaben, dass ..." bzw. „Der Rückblick auf ... lohnt sich" statt „In den Versuchen konnte gezeigt werden, dass ..." bzw. „Der Rückblick auf ... ist lohnenswert". Dieses Stilmittel lässt die Dinge dort für sich selbst sprechen, wo Sie als Handelnder gut im Hintergrund bleiben können. Gleichzeitig umschiffen Sie damit elegant die Klippen umständlicher Passiv- und Hilfsverbkonstruktionen.

Richten Sie sich bei der Auswahl der Formulierungen nach den Gepflogenheiten Ihrer Fachdisziplin, fragen Sie ggf. Ihren Betreuer danach. Aber merken Sie sich: Passive Formulierungen und Substantivierungen hemmen den Lesefluss und machen Ihren Text schwer verständlich. Auch mit Schachtelsätzen und doppelten Verneinungen machen Sie es Ihren Lesern unnötig schwer, Ihre Gedanken nachzuvollziehen. Ist ein Sachverhalt „nicht unwichtig" oder besser gleich „wichtig"? Eine Klarheit in der Darstellung muss sich in der Sprache und dem Stil der Studienarbeit widerspiegeln.

Wissenschaftliches Arbeiten bedeutet nicht nur, präzise, strukturiert und nachvollziehbar zu schreiben, sondern auch, *die deutsche Sprache korrekt anzuwenden*. Wenn Sie Fremdwörter griechischen oder lateinischen Ursprungs verwenden, stellen Sie sicher, dass Sie die richtigen Singular- oder Pluralformen benutzen. In der vorlesungsfreien Zeit machen Sie Praktika, keine „Praktikas"; unbekannte Begriffe schlagen Sie in Lexika, nicht in „Lexikas" oder gar „Lexikons" nach. Vermeiden Sie überflüssige Anglizismen. Wenn es ein treffendes deutsches Wort gibt und aus fachlicher Sicht kein englischer Begriff nötig ist, schreiben Sie in einer deutschsprachigen Studienarbeit deutsch. Zu vermeiden sind des Weiteren Füllwörter wie „bekanntlich", „natürlich", „selbstverständlich", „nun", „jetzt". Füllwörter haben in einem wissenschaftlichen Text nichts verloren. Sie schreiben hier fast überdeutlich nieder, was es zu dem Thema Wichtiges darzulegen gibt. Wenn der Leser die Inhalte bereits kennt, bleibt es ihm überlassen, die entsprechende Passage zu überspringen. Seien Sie sich dessen bewusst, dass Formulierungen wie „bekanntlich" oder „selbstverständlich" überheblich wirken können. Kann allerdings ein Sachverhalt als allgemein bekannt vorausgesetzt werden, dann verzichten Sie auf einen Hinweis.

Beim Korrigieren gilt: Verzichten Sie nicht auf die Rechtschreibprüfung Ihres Textverarbeitungsprogramms (vgl. Abschnitt IV 3.1)! In der Regel sollten Sie dessen Benutzerwörterbüchern das Fachvokabular hinzufügen. Diese Prüfung findet zwar nicht jeden Fehler, aber oft solche, die Sie selbst bei aller Rechtschreibsicherheit übersehen hätten. Gehäufte Tipp-, Rechtschreib- und Grammatikfehler verärgern Ihre Leser und erzeugen den Eindruck, Sie hätten Ihrer Studienarbeit nicht genügend Sorgfalt gewidmet. Genauso wichtig ist eine korrekte Zeichensetzung. Auf den vorderen Seiten des Dudens finden Sie die gängigen Kommaregeln. Da kaum ein Rechtschreibprogramm die Kommasetzung vollständig überprüft, müssen Sie selbst darauf achten. Vermeiden Sie überflüssige Apostrophe: Wenn die Werbung fälschlicherweise mit „Oma's guter Küche" wirbt, sollten Sie es ihr nicht gleichtun. Eine sichere Rechtschreibung, eine korrekte Zeichensetzung und ein klarer Satzbau lassen Sie schon auf den ersten Blick als kompetenten Autor erscheinen. Lesen Sie daher Ihren Text bei der Schlusskorrektur genau durch und lassen Sie Ihren Text zusätzlich durch Dritte überprüfen.

3.6   Zitate und Fußnoten

Zitate und Fußnoten stellen einen zentralen Punkt des wissenschaftlichen Arbeitens dar, der im Folgenden erläutert wird.

3.6.1   Grundregeln des Zitierens

Zitieren bedeutet, Textstellen, Aussagen oder Messergebnisse wortwörtlich (direktes Zitat) oder sinngemäß (indirektes Zitat) wiederzugeben. Zu den Grundprinzipien wissenschaftlichen Arbeitens gehört die Herkunftsangabe (Beleg) der verwendeten Quellen im Sinne von § 63 des Urheberrechtsgesetzes (UrhG), damit der Leser sie im Original einsehen und Ihre Aussagen überprüfen kann. Wissenschaftliches Arbeiten gebietet es, über die Herkunft aller Tatsachen und nicht selbstständig entwickelter Gedanken – sofern sie nicht wissenschaftliches Allgemeingut darstellen – sowie sonstiger Anregungen exakt Auskunft zu geben. Da jedes Fach eigene Konventionen zur Zitierweise hat, sollten Sie darüber unbedingt zu Beginn Ihrer Studienarbeit mit Ihrem Betreuer sprechen.

Zitate sind kein notwendiges Übel, sondern sie gehören, richtig dosiert, zu einer wissenschaftlichen Abhandlung. Sie ermöglichen dem Leser, Ihre Leistung sauber von der Leistung Ihrer Vorgänger zu trennen. Zitate stützen Ihre Argumentation und stellen Ihre Gedanken und Ergebnisse in den größeren Zusammenhang Ihrer Disziplin und ggf. auch benachbarter Disziplinen.

Entgegen der traditionellen Auffassung, dass die Fußnoten den Wert der wissenschaftlichen Studienarbeit ausdrücken, sollten Fußnoten nur dort stehen, wo sie sinnvoll sind; allseits bekannte Tatsachen wie das Ende des Zweiten Weltkrieges 1945 bedürfen keines Belegs. Ebenfalls sind Fußnoten keine Abladestelle für Texte, die Sie sonst nicht unterbringen konnten oder die ggf. parallele Gedankenstränge weiterentwickeln (Brandt 2006, 97 ff.).

Im Folgenden werden die gängigsten Zitierregeln vorgestellt. Literaturquellen können auf unterschiedliche Weise angegeben werden. Beim System *Zitat-Fußnote* oder *Fußnotenzitierung* verweist eine hochgestellte Zahl auf eine Fuß- oder Endnote. Dort steht dann die Literaturquellenangabe. In der Fußnote steht zuerst die Angabe, unter der die Literaturquelle im Literaturverzeichnis zu finden ist. In der kürzesten Variante, der Kurzzitierung, gehören der Nachname des Autors sowie die Jahres- und Seitenzahl hinein. Häufig wird auch der Vollbeleg, d. h. die Nennung aller Angaben, in der Fußnotenzitierung verwendet (Theisen 2006, 145).[2]

Bsp.:   Kurzzitierung: [1] Schwanitz 1996, 33.

Bsp.:   Vollbeleg: [1] Schwanitz, Dietrich: Der Campus. Frankfurt am Main 1996, 33.

Beim System *Autor-Jahr* oder *Textzitierung*, der sog. Harvard-Notation, wird die zitierte Literaturquelle mit Verfasserangabe, Jahresangabe und üblicherweise auch der Seitenzahl direkt in Klammern im Text genannt. Der Vorteil dieses Systems liegt darin, dass auf diese Weise die Anzahl der Fußnoten erheblich reduziert wird.

Bsp.:   wörtliches bzw. direktes Zitat
„Zitierfähig ist grundsätzlich nur das, was vom Leser **nachvollzogen** und **geprüft** werden kann …" (Lück 2003, 61).

Bsp.:   sinngemäßes bzw. indirektes Zitat
Für den Leser sollten Zitate nachvollziehbar und überprüfbar sein. Nur dann ist ein Zitat sinnvoll (vgl. Lück 2003, 61).

Manche Autoren geben dabei die Jahreszahl in runden Klammern an, z. B. „Lück (2003), 61". Auch wird der Seitenzahl häufig die Bezeichnung „S." vorangestellt. Generell ist zu beachten, dass die Angaben im Literaturverzeichnis eine Zuordnung des Zitates über Autor und Jahr ermöglichen.

Legen Sie zu Beginn des Schreibens die Form Ihrer Zitate und Literaturquellenangaben fest. Auch hier stellt sich wieder die Frage nach den Adressaten des Textes: Halten Sie die Fachkonventionen ein. Damit erleichtern Sie Ihren Lesern die Lektüre Ihrer Studienarbeit. Vergleichen Sie Stil und Form der Standardwerke aus Ihrer Fakultät, und verwenden Sie die am häufigsten gewählte Variante. Den einmal gewählten Stil müssen Sie im gesamten Text konsequent durchhalten.

> Es lohnt sich auf jeden Fall, die Zitierweise vor dem Schreiben mit Ihrem Betreuer abzusprechen.

---

[2] Bei dem vorliegenden Buch handelt es sich um ein Sachbuch und keinen wissenschaftlichen Text. Deshalb kann es Abweichungen zwischen der hier für Studienarbeiten vorgeschlagenen und der tatsächlich umgesetzten Zitierweise geben. Bspw. wird in „Erfolg bei Studienarbeiten, Referaten und Prüfungen" kein „vgl." vor indirekte Zitate gesetzt.

3.6.2   Regeln für wörtliche Zitate und sinngemäße Wiedergaben

Wörtliche Zitate stellen originalgetreu wiedergegebene Textstellen einer Literaturquelle dar, sie werden in Anführungszeichen gesetzt. Jegliche Abweichungen vom Original sind zu kennzeichnen! Es gibt verschiedene Formen der Abweichungen:

Auslassungen innerhalb eines Zitats werden durch drei fortlaufende Punkte „…" oder drei fortlaufende Punkte in runden „(...)" oder eckigen „[…]" Klammern gekennzeichnet – auch wenn ganze Sätze weggelassen werden. Beispiel: „Als Data Warehouse wird ... ein unternehmensweites Konzept der Datenhaltung verstanden, in dem logisch zentrale, semantisch vereinheitlichte und konsistente entscheidungsrelevante Informationen gespeichert und für analytische Aufgaben der Unternehmensführung bereitgehalten werden. ... Die besondere Herausforderung beim Aufbau von Management Support Systemen besteht in der zeitgerechten und fachspezifischen Extraktion relevanter Daten aus unternehmensinternen und unternehmensexternen Literaturquellen ..." (Müller 2008, 12).

Eigene Hinzufügungen innerhalb eines Zitats und zur Verständlichkeit ergänzte Verben oder andere Satzglieder werden in eckige Klammern gesetzt. Beispiel: „Die Mindmapping-Methode stützt sich auf die gedächtnis-psychologischen Erkenntnisse …, dass [Informationen] im Langzeitgedächtnis … in Form von Netzwerken …" gespeichert werden (Metzig / Schuster 2006a, 120).

Hinweise auf *Fehler im Original* werden durch den Zusatz „Sic!" = „So!" in eckigen Klammern in das Zitat eingefügt. Beispiel: „... Rohstoff-Recylcing [Sic!], was ...". Weiterhin werden Zitate in einem Zitat in einfache Anführungszeichen gesetzt. Beispiel: „... werden als ‚temporale Datenbanken' bezeichnet."

Werden *Sperrungen* oder *sonstige Hervorhebungen* weggelassen, hinzugefügt oder in veränderter Form dargestellt, so ist darauf hinzuweisen. Beispiel: „Bei der *Tupel-Zeitstemplung* wird jedes Tupel um Attribute erweitert ..." (Müller 2008, 12; ohne Hervorhebung im Original).

Soweit wie möglich wird nach dem Originaltext, der Primärquelle, zitiert. Nur wenn die Primärquelle nicht zugänglich ist, darf nach der Sekundärquelle zitiert werden. Als unzugänglich gilt der Literaturquellentext aber nur, wenn z. B. das Original zerstört wurde, der Öffentlichkeit überhaupt nicht oder nur unter erheblichem Aufwand zugänglich bzw. nur im Ausland erhältlich ist. Die bloße Tatsache, dass Ihnen die Literaturquelle nicht vorliegt oder in keiner Bibliothek Ihrer Hochschule erhältlich ist, zählt also nicht als Unzugänglichkeit, sondern bedeutet, dass Sie die Originalquelle – notfalls per Fernleihe – beschaffen müssen. Sollte die Primärquelle trotz Ihrer Bemühungen nicht zu beschaffen sein, wird bei Zitaten zunächst die Primärquelle angegeben; darauf folgt der Nachsatz „zitiert nach"; den Abschluss bildet die Sekundärquelle.

Bsp.:   Jang / Johnson 1992, 33 zitiert nach Lorentzos 1993, 35.

Es ist notwendig, im Literaturverzeichnis nach Möglichkeit die nicht vorliegende Originalarbeit sowie die Sekundärquelle anzuführen.

Zitate in englischer Sprache werden unverändert übernommen, wobei Sie eine sinngemäße Wiedergabe auf Deutsch anschließen und damit zeigen können, dass Sie den Sinn verstanden haben. *Zitate in anderen Fremdsprachen* werden in der Regel im fortlaufenden Text übersetzt. Das Original ist dann in einer Fußnote wiederzugeben. In einigen Fächern, besonders in den Philologien, kann es erwünscht sein, Zitate auch in anderen Fremdsprachen als Englisch beizubehalten.

Mischen Sie in einem Satz nicht unterschiedliche Sprachen. So darf z. B. nicht ein Teil eines Satzes in Deutsch, ein anderer in einer Fremdsprache formuliert sein. Zitieren Sie in diesen Fällen ganze fremdsprachliche Sätze. Wenn Sie fremdsprachliche Fachbegriffe in deutsche Sätze einfügen, heben Sie diese Begriffe durch Anführungszeichen oder Kursivdruck hervor.

Wörtliche Zitate sind grundsätzlich sparsam zu verwenden!

In erster Linie dienen wörtliche Zitate zur Wiedergabe von Definitionen. Darüber hinaus sollen sie nur für prägnante, wichtige Aussagen oder Sachverhalte benutzt werden. Ein Zitat soll im Allgemeinen nicht mehr als zwei bis drei Sätze umfassen. Reichen Zitate über drei Zeilen oder mehr, sollten Sie sie zur besseren Hervorhebung im Text links und rechts einrücken. Sollen längere Textpassagen wie Gesetzestexte u. Ä. original übernommen werden, stellen Sie diese in den Anhang.

Sinngemäße Wiedergaben sind ein gutes Stilmittel, um längere Passagen fremder Gedankengänge in den eigenen Text einzufügen. Selbstverständlich ist auch hier der Literaturquellennachweis erforderlich, schließlich handelt es sich um fremdes Gedankengut. Um den Unterschied zu einem Zitat deutlich zu machen, wird jedoch vor die Kurzform „vgl." = „vergleiche" gesetzt. Hierbei werden die entsprechenden Textstellen nicht in Anführungsstriche gesetzt (vgl. Abschnitt III 3.6.1).

3.6.3   Regeln der Kurzzitierweise

Für die Anfertigung von Studienarbeiten sollte die Kurzzitierweise angewendet werden. Hierbei werden die in der Studienarbeit verwendeten Veröffentlichungen in einer Kurzform zitiert. Die vollständigen Angaben (Langform) der Veröffentlichung finden sich dann unter dem „Stichwort" der Kurzform im Literaturverzeichnis der Studienarbeit.

Die Kurzform besteht aus dem Nachnamen des Autors bzw. den Nachnamen der Autoren und der vierstelligen Jahreszahl des Erscheinungsjahres. Zwei Autorennamen werden durch Schrägstrich oder Semikolon getrennt. Bei mehr als zwei bzw. drei Autoren wird der erste Verfasser mit dem Zusatz „et al." (lat. et alii; und andere) verwendet. Zur Unterscheidung mehrerer gleicher Kurzbezeichnungen, wenn bspw. in einem Jahr mehrere Texte eines Verfassers erschienen sind, kann ein Kleinbuchstabe angehängt werden (Bsp. „Müller 2004", „Müller 2008a", „Müller 2008b", „Müller / Meier 2008", „Müller et al. 2008").

Literaturquellenangaben sollen präzise sein und das Wiederauffinden erleichtern. Es sind daher die Seitenzahlen des zitierten Gedankens oder Faktums anzugeben!

Hat die Quelle keine Seitenzahl (unpaginiert), ist an ihrer Stelle „o. S." = „ohne Seite" einzufügen. Die Angabe „o. S." stellt allerdings eine Ausnahme dar. Sie ist möglichst zu vermeiden (Bsp. „Müller 2008, o. S."). Bei Literaturquellen aus dem Internet, bei denen mit Ausnahme von PDF-Dokumenten üblicherweise keine Seitenangaben vorhanden sind, kann auf die Angabe von „o. S." verzichtet werden.

Bezieht sich eine Literaturquellenangabe auf einen Sachverhalt innerhalb einer Seite, so ist diese Seite anzugeben (Bsp. „Müller 2008, 12"). Erstreckt sich der Literaturquellentext über zwei aufeinanderfolgende Seiten, so wird an die erste Seite ein „f." = „folgende (Seite)" angehängt (Bsp. „Müller 2008, 12 f."). Ein „ff." = „folgende (Seiten)" hängen Sie an, wenn Sie sich auf mehr als zwei aufeinanderfolgende Seiten beziehen (Bsp. „Müller 2008, 12 ff."). Bei auseinander liegenden Referenzen werden entsprechend der obigen Vorgehensweise die Seitenangaben durch Kommata oder durch „und" verbunden (Bsp. Müller 2008, 12, 58 ff. und 110 f.).

Falls derselbe Autor mehrfach nacheinander zitiert wird, kann „ebenda" bzw. „ebd." Verwendung finden. Bei der ersten Nennung eines Textes heißt es im Falle der Zitierung in der Kurzform noch „Vgl. Müller 2008, 19." Wird im nachfolgenden Text auf die gleichen Autoren verwiesen, nur auf eine andere Stelle im Text, lautet die entsprechende „Ebenda, 53." Es empfiehlt sich, die Ersetzung durch „ebenda" bzw. „ebd." erst im letzten Überarbeitungsschritt vorzunehmen. Sollten zwischendurch nämlich andere Literaturquellen zitiert werden, stimmt die verkürzte Zitierweise nicht mehr.

Wird ein Werk mehrfach, aber nicht in unmittelbarer Folge zitiert, wird in manchen Disziplinen bei der Langzitierweise mit der Abkürzung „a. a. O." (am angegebenen Ort) gearbeitet. Dieses Vorgehen birgt aber den Nachteil in sich, dass der Leser mitunter einige Seiten vorblättern muss, um sich die genaue Literaturquellenangabe zu erschließen. Besser ist es deshalb, die Autorennamen zusammen mit der Jahres- und Seitenzahl dann erneut zu nennen.

Werden mehrere Literaturquellen zitiert, so werden diese durch Semikola oder Bindewörter (z. B. „und", „sowie") getrennt. Die Reihenfolge der Literaturquellen ist abhängig von der Bedeutung der Literaturquelle für die entsprechende Zitatstelle (Bsp. „Müller 2008, 12; Maier 2006, 24 sowie Schulze 2007, 45"). In manchen Disziplinen ist aber auch die alphabetische Nennung der Literaturquellen üblich, unabhängig von ihrer Bedeutung für die Argumentation (Jele 2006, 49 f.).

3.6.4 Fußnoten

Fußnoten enthalten Zusatzinformationen zu einzelnen Begriffen, Aussagen, Sätzen oder Absätzen im Text. Eine Ausnahme bildet die in Abschnitt III 3.6.1 besprochene Fußnotenzitierung. Sollten Sie diese verwenden wollen, ist es sinnvoll, dies vorab mit Ihrem Betreuer zu besprechen.

Fußnoten werden im Text durch hochgestellte arabische Ziffern bezeichnet und für den gesamten Text fortlaufend nummeriert.

Aus der Stellung der Ziffer vor oder hinter einem Satzzeichen ist ersichtlich, ob sich die Fußnote nur auf ein Wort oder eine Wortgruppe, einen Satzteil, den ganzen Satz oder sogar auf einen ganzen Absatz bezieht. Bezieht sich die Fußnote auf ein Wort oder eine Wortgruppe, wird die hochgestellte Ziffer direkt dahinter gesetzt (Bsp. „... Analytische Informationssysteme[82] ...“), womit sie am Satzende, also *vor* dem Satzzeichen, steht („... Analytische Informationssysteme[83].“). Bezieht sich die Fußnote hingegen auf einen ganzen Satz oder einen Teil davon, setzen Sie die zugehörige Ziffer *hinter* das abschließende Satzzeichen („... Analytische Informationssysteme.[84]“ bzw. „... Analytische Informationssysteme,[85] die ...“).

Die Fußnote steht auf keinen Fall am Anfang eines Satzes.

Die Fußnotentexte sind vom Textkörper durch einen waagerechten, kurzen Strich deutlich abzugrenzen. Fußnotentexte sollten zwei Schriftgrößen kleiner als die Hauptschrift sowie in einzeiligem Abstand geschrieben werden, die zugehörige Ziffer wird vorangestellt. Erstrecken sich Fußnotentexte über mehr als eine Zeile, so sind die weiteren Zeilen einzurücken.

Orthografisch werden Fußnoten als eigenständige Sätze behandelt, d. h. sie werden in Großschreibung begonnen und mit einem Punkt, Ausrufe- oder Fragezeichen beendet. Endet eine Fußnote mit dem Zusatz „f.“ oder „ff.“, gilt der Punkt als Satzabschluss. Darüber hinaus ist die Stellung von Fußnoten bei Aufzählungen zu beachten. Hier wird die hochgestellte Ziffer entweder an den letzten Aufzählungspunkt gestellt oder nach dem Doppelpunkt wiedergegeben.

In Vorkommen und Funktion von Fußnoten unterscheiden sich übrigens die einzelnen Disziplinen sehr deutlich. Während in technischen Fächern in der Regel Fußnoten recht sparsam verwendet werden, finden sich anderswo umfangreiche Fußnotentexte. Im letzteren Fall wird auf zwei Ebenen des Textes gearbeitet: einmal im eigentlichen Text und auf einer zweiten Ebene in den ergänzenden Teilen innerhalb der Fußnoten. In manchen Disziplinen dienen die Fußnoten in erster Linie der Nennung der zitierten Literatur. Je nach Disziplin ist bei der ersten Nennung eines Textes die Langform der Literaturquelle nötig oder es reicht von vornherein die Kurzform.

3.7   Literaturverzeichnis

Das Literaturverzeichnis umfasst die gesamte von Ihnen zitierte Literatur. Es muss also nicht nur die wörtlich, sondern auch die sinngemäß zitierten Literaturquellen enthalten sowie die Literaturquellen, aus denen Sie Grafiken oder Tabellen entnommen haben. Zweck des Literaturverzeichnisses ist es, die Literaturquellen vollständig und alphabetisch nach Autorennamen aufzulisten. Die Angaben zu den Literaturquellen müssen korrekt und vollständig sein, um diese schnell und eindeutig wieder auffinden zu können.

Geben Sie jede zitierte Literaturquelle bereits während der Bearbeitung in ein Literaturverwaltungsprogramm ein (vgl. Abschnitt IV 2). Damit vermeiden Sie nicht nur zusätzlichen Aufwand am Ende der Schreibphase, sondern auch Fehler im Literaturverzeichnis. Falls Sie mit der Kurzzitierweise arbeiten wollen, ist es ratsam, das im Literaturverzeichnis verwendete Kürzel auch auf den vorhandenen Literaturquellen zu notieren.

Eine Literaturquellenangabe enthält mindestens die folgenden Elemente (Rossig / Prätsch 2005, 103):

> Name, Vorname: Titel der Literaturquelle. Untertitel. Erscheinungsort Erscheinungsjahr.

Diese Informationen gewährleisten die Überprüfbarkeit der Literaturquelle. Die Form kann variieren, in der Regel gilt jedoch Folgendes:

- Bei mehr als drei Autoren wird üblicherweise nur der erste Autor mit dem Zusatz „u. a." oder „et al." (et alii) angegeben. Einige Disziplinen gehen so bereits bei mehr als zwei Verfassern vor.
- Bei der Angabe des Autorennamens entfallen grundsätzlich Titel (z. B. Dr., Freiherr, Baron, Hofrat) und Dienstgrade (z. B. Professor, General).
- Bei Sammelwerken müssen Sie den oder die Herausgeber einheitlich mit dem Zusatz „(Hrsg.)", „(Hg.)" oder „hrsg. von" angeben.
- Titel und Untertitel werden entweder durch einen Punkt oder einen Doppelpunkt getrennt.
- Bei mehrbändigen Werken wird die Nummer des Bandes mit angegeben.
- Die Auflage wird erst ab der zweiten („2. Aufl.") angegeben, wobei Zusätze wie „erweitert" oder „verbessert" nicht aufgeführt werden.
- Fehlende Angaben vermerken Sie mittels der Abkürzungen „o. V." (ohne Verfasser), „o. O." (ohne Ort) oder „o. J." (ohne Jahr).
- Internetquellen unterliegen aufgrund ihrer Kurzlebigkeit nicht dem Kriterium der Nachprüfbarkeit. Zusätzlich zur genauen Adresse geben Sie das Datum des letzten Abrufs der Internetquelle sowie, soweit vorhanden, das Erstellungsdatum des Originals an. Dokumente im Internet oder Internetseiten sollten Sie sich herunterladen und archivieren. Diese können Sie im Problemfall als Nachweis für Ihr Zitat verwenden (vgl. Abschnitt III 3.6).

Neben den publizierten Texten müssen Sie auch unveröffentlichte Materialien anführen. Dazu schreiben Sie einen Hinweis, dass sich die Literaturquelle im Druck befindet oder unveröffentlicht ist.

> In das Literaturverzeichnis der Studienarbeit gehören grundsätzlich alle in der Studienarbeit angeführten Literaturquellen – und nur diese!

Literaturquellen, die Sie zwar gelesen und die Ihnen bei der Bearbeitung des Themas wesentlich geholfen haben, die Sie aber dennoch nicht zitiert haben, gehören explizit nicht in das Literaturverzeichnis. Das Einbringen solcher „Luftliteratur" kann als Täuschungsversuch gewertet werden. In der Studienarbeit muss die aktuelle Auflage zitiert werden, sofern nicht in einer alten Auflage Informationen stehen, die Sie dringend brauchen, aber in einer neueren Auflage nicht mehr enthalten sind.

Bei den Literaturquellen ist generell zwischen folgenden Arten zu unterscheiden:

- *Monografien* sind nichtperiodisch erscheinende, von einem einzelnen Verfasser oder gemeinschaftlich angefertigte Veröffentlichungen.

- *Sammelwerke* sind nichtperiodisch erscheinende, von einer Person oder in Verfassergemeinschaft herausgegebene Veröffentlichungen. Sie bestehen meist aus Aufsätzen verschiedener Verfasser zu einem bestimmten Thema. Wird ein Artikel aus einem Sammelwerk zitiert, ist somit auch das Sammelwerk als Ganzes ins Literaturverzeichnis aufzunehmen. Es gilt dann als zitiert, selbst wenn es nicht explizit an anderer Stelle erwähnt worden ist.
- *Zeitschriften* werden periodisch (wöchentlich, monatlich etc.) veröffentlicht und enthalten (Fach-)Aufsätze verschiedener Verfasser.
- *Zeitungen* sind wie Zeitschriften periodisch (täglich, wöchentlich etc.) erscheinende Veröffentlichungen. Der Unterschied liegt darin, dass Zeitungen vielfältige Themen eher global abdecken, während Zeitschriften fachspezifisch angelegt sind. Zeitungsartikel sollten in Studienarbeiten sehr sparsam verwendet werden, weil sie im engeren Sinne keine wissenschaftlichen Literaturquellen darstellen.
- *Internetquellen* sind Dokumente, die in elektronischer Form im Internet verfügbar sind.
- *Statistische Quellen* werden z. B. vom Statistischen Bundesamt (www.destatis.de), von der Statistik Austria (www.statistik.at), vom Bundesamt für Statistik (www.bfs.admin.ch) oder vom Europäischen Statistikamt (ec.europa.eu/eurostat) zur Verfügung gestellt. Hier wird die Quelle, sofern sie nicht in Jahrbüchern veröffentlicht wurde, anhand der jeweiligen Beschreibung der Datenquelle zitiert.
- *Sonderformen* stellen etwa Jahrbücher oder in manchen Disziplinen auch Gesetze dar. Hier sind analog zu den folgenden Ausführungen einheitliche, adäquate Quellenangaben zu nennen.

Bei der Gestaltung des Literaturverzeichnisses sollten Sie sich unbedingt Beispiele aus Ihrer Disziplin ansehen. In manchen Disziplinen bestehen alle Literaturquellenangaben aus einer Kurz- und einer Langform. Dabei wird die (hervorgehobene) Kurzform der (vollständigen) Langform vorangestellt, die eingerückt wird. Diese Form finden Sie bspw. im Literaturverzeichnis dieses Ratgebers (vgl. Anhang F) vor. Diese Vorgehensweise ermöglicht das schnelle Auffinden anhand der im Text, unter Abbildungen bzw. Tabellen sowie im Anhang in Kurzform zitierten Literaturquellenangaben. In manchen Disziplinen finden sich im Literaturverzeichnis nur die Langformen der Literaturquellenangaben, wobei die Jahreszahl entweder in Klammern nach dem Autorennamen oder am Ende steht. Richten Sie sich nach den Konventionen Ihres Fachs und verwenden Sie auf jeden Fall ein einheitliches Schema. Wechseln Sie nicht innerhalb einer Studienarbeit zwischen den Möglichkeiten.

> Jede Literaturquellenangabe wird durch einen Punkt abgeschlossen.

Die bibliografischen Angaben können auf verschiedene Art und Weise erfasst werden. Im Folgenden sehen Sie ein praktikables Verfahren. Aber auch hier gilt, dass Sie sich den Konventionen Ihres Faches anpassen sollten. Bei ausländischen Titeln werden Angaben wie „Hrsg." oder „S." trotzdem in der deutschen Form verwendet, mitunter finden Sie aber auch in der deutschsprachigen Literatur die internationale Zitation „ed." und „eds." bzw. „edd." (für Herausgeber in der Ein- und Mehrzahl) und p. bzw. pp. (für Seite bzw. Seiten).

Folgende Angaben der Langform sind erforderlich, wobei Satzzeichen in eckigen und optionale Elemente in geschweiften Klammern aufgeführt sind:

- **Autor(en):** Nachname1 [Komma] Vorname1 [Semikolon] Nachname2 [Komma] Vorname2 [Doppelpunkt].
  Die Vornamen sollen – soweit bekannt – ausgeschrieben werden. Hierbei genügt die Angabe des ersten Vornamens eines Autors.
  Bsp.:   Molitor, Eva; Stock, Steffen:
- **Überschrift:** Ungekürzter Titel der Literaturquelle [Punkt oder Doppelpunkt] Untertitel [Punkt].
  Bsp.:   Erfolgreich studieren. Vom Beginn bis zum Abschluss des Studiums.
- Bei **Büchern:** {Auflagennummer [Punkt] „Aufl."} Ort1 {[Komma] Ort2} [kein Komma] Jahreszahl [Punkt].
  Die Auflagennummer ist nur anzugeben, wenn mindestens eine zweite Auflage der Veröffentlichung existiert. Angaben zur Überarbeitung oder Erweiterung der Auflage werden nicht angegeben. Bei mehr als zwei Verlagsorten wird der Zusatz „et al." verwendet.
  Bsp.:   Greif, Siegfried; Holling, Heinz; Nicholson, Nigel: Arbeits- und Organisationspsychologie. Internationales Handbuch in Schlüsselbegriffen. 3. Aufl. München 1997.
  Bsp.:   Beyer, Jens: Leistungsabhängige Entgeltformen bei kooperativen Arbeitsstrukturen: Ein agencytheoretischer Analyseansatz. Wiesbaden 2004.
- **Herausgeber:** Wie Autoren, nur mit dem Zusatz *„(Hrsg.)"* vor dem Doppelpunkt.
  Bsp.:   Stock, Steffen; Schneider, Patricia; Peper, Elisabeth; Molitor, Eva (Hrsg.): Erfolgreich studieren. Vom Beginn bis zum Abschluss des Studiums. Berlin, Heidelberg 2009.
- **Bei mehreren Bänden von Büchern:** Nach den Angaben zum Titel folgt: „Bd." [Leerzeichen] Bandnummer [Doppelpunkt] spezieller Bandtitel, soweit er existiert [Punkt].
  Angaben wie „Tagungsband 2" o. Ä. sind analog zu obiger Vorgehensweise zu übernehmen.
  Bsp.:   Nohlen, Dieter; Schultze, Rainer-Olaf (Hrsg.): Lexikon der Politikwissenschaft. Theorien, Methoden, Begriffe. Bd. 2: N - Z, 3. Aufl. München 2005.
- Bei **Aufsätzen in Sammelwerken** ist zusätzlich zu den Autoren- und Titelangaben Folgendes zu nennen: „In" [Doppelpunkt] Kurzform des Sammelwerkes [Komma] {„S." [Leerzeichen]} Anfangsseitenzahl [Leerzeichen] „-" [Leerzeichen] Endseitenzahl [Punkt].
  Die Anfangsseitenzahl mit dem Zusatz „ff." reicht nicht.
  Bsp.:   Molitor, Eva; Schöneck, Nadine: Planung und Organisation. Zeitmanagement. In: Stock / Schneider / Peper / Molitor 2009, 86 - 92.

- Bei **Aufsätzen in Zeitschriften** ist zusätzlich zu den Autoren- und Titelangaben Folgendes aufzuführen: „In" [Doppelpunkt] Name der Zeitschrift [Leerzeichen] {Jahrgangsnummer [Leerzeichen]} [Klammer auf] Jahreszahl [Klammer zu] {[Leerzeichen] Heftnummer} [Komma] {„S." [Leerzeichen]} Anfangsseitenzahl [Leerzeichen] „-" [Leerzeichen] Endseitenzahl [Punkt].
  Ist der Jahrgang bzw. die Heftnummer nicht in Erfahrung zu bringen, sind diese Angaben ersatzlos zu streichen.
  Bsp.:   Dilger, Alexander: Was lehrt die Prinzipal-Agent-Theorie für die Anreizgestaltung in Hochschulen? In: Zeitschrift für Personalforschung (2001) 2, 132 - 148.

- Bei **Zeitungen** ist zusätzlich zu den Autoren- und Titelangaben Folgendes zu nennen: „In" [Doppelpunkt] Name der Zeitung [Komma] {Ausgabennummer [Komma]} Erscheinungsdatum [Komma] {„S." [Leerzeichen]} Anfangsseitenzahl {[Leerzeichen] „-" [Leerzeichen] Endseitenzahl} [Punkt].
  Bsp.:   Hartung, Manuel: Juniorprofessur. Jung, glücklich, zukunftslos. In: Die Zeit, Nr. 37, 02. September 2004, 33.

- Bei **Datenblättern** von statistischen Ämtern sind folgende Angaben notwendig: Name der Institution [Leerzeichen] „(Hrsg.)" [Doppelpunkt] Name des Datenblatts [Punkt] Name der Erhebung mit ggf. der Nummerierung [Punkt] Ort [Leerzeichen] Jahr.
  Hierbei bezieht sich der Ort grundsätzlich auf den Sitz der veröffentlichenden Institution und nicht auf den Ort der Erhebung.
  Bsp.:   Statistisches Bundesamt (Hrsg.): Bildung und Kultur. Prüfungen an Hochschulen 2007. Fachserie 11, Reihe 4.2. Wiesbaden 2008.

- Bei **Internetquellen** ist zusätzlich zu den Autoren- und Titelangaben Folgendes zu nennen: Internetadresse [Komma] Erscheinungsjahr [Komma] „Abruf am" [Leerzeichen] Abrufdatum [Punkt] {[Klammer auf] Besondere Hinweise [Punkt] [Klammer zu]}.
  Die Internetadresse muss vollständig inkl. der Angabe des Übertragungsprotokolls (meist „Http://") ohne einleitendes „URL:", „in:" oder „Adresse:" o. Ä. angegeben werden.
  Falls erforderlich oder bekannt, sollten dem Leser besondere Hinweise zum Abruf gegeben werden, z. B. „(Nur für geschlossene Benutzergruppe zugänglich.)", „(Server nicht mehr existent.)", „(Dokument auf dem Server nicht mehr verfügbar.)", „(Abruf kostenpflichtig.)" o. Ä.
  Internetadressen werden nicht in Silbentrennung und Blocksatz einbezogen. Insbesondere sollen keine Trennstriche verwendet werden, sofern diese nicht Bestandteil der Adresse sind. Falls erforderlich, kann ein Zeilenumbruch (ohne Trennstrich) hinter den Adressbestandteilen Punkt, Binde-, Unter- oder Schrägstrich erfolgen. Es muss die explizite Adresse angegeben werden, unter der das Dokument wiederzufinden ist, d. h. die Angabe der Einstiegsseite reicht nicht aus. Achten Sie darauf, nur solche Internetseiten zu zitieren, die von eindeutig identifizierbaren Urhebern stammen und mit hoher Wahrscheinlichkeit verlässlich sind (vgl. Abschnitt III 2.2).

- Bsp.:   Teichert, Astrid; Stöber, Thomas: Vergleich Literaturverwaltungsprogramme. Http://www.bibliothek.uni-augsburg.de/service/ literaturverwaltung/downloads/vergleich.pdf, 2008, Abruf am 17. September 2008.
- Bei **Dissertationen** erfolgt die Nennung nach dem Muster: Nachname [Komma] Vorname [Doppelpunkt] Titel der Dissertation [Punkt] „Diss." Ort [kein Komma] Jahreszahl [Punkt].
  Bsp.:   Stock, Steffen: Modellierung zeitbezogener Daten im Data Warehouse. Diss. Wiesbaden 2001.
- Bei **Telefonaten, Briefverkehr, E-Mail-Kommunikation, Interviews, Befragungen, Expertengesprächen** o. Ä.: Nach der Angabe des Interviewpartners folgt: Inhalt der Kommunikation [Punkt] Hinweis auf die Form der Kommunikation [Punkt] für die Auswahl des Kommunikationspartners entscheidende Funktion [Punkt] Ort der Kommunikation [Komma] Datum bzw. Zeitraum der Kommunikation [Punkt].
  Bsp.:   Wunderlich, Peter: Experteninterview Professorenbesoldungsreform. Telefoninterview. Kanzler Beispieluniversität. Beispielort, 1. September 2008, 14:00 - 16:00 Uhr.
- Bei **unternehmensinternen Unterlagen** (Prospekte, Präsentationen etc.): Autorennamen oder Herausgebernamen [Doppelpunkt] Titel der Unterlage {[runde Klammer auf] Art des Materials [runde Klammer zu]} [Punkt] Ort [kein Komma] Jahr {[Punkt] Zusatzinformationen} [Punkt].
  Bsp.:   Wunderlich, Peter: Die Umsetzung der W-Besoldung an der Universität Duisburg (Whitepaper). Beispielort 2008.
- Bei **Radio- oder Fernsehbeiträgen:** Urheber der Aussage [Doppelpunkt] Titel der Sendung [Punkt] Sender [Komma] Ausstrahlungsdatum [Punkt].
  Bsp.:   Wunderlich, Peter: Arme Professoren. Radio Schleswig Holstein, 1. September 2008.
- Bei **CD-ROMs, Video- oder Audio-Kassetten**: Urheber [Doppelpunkt] Titel der Quelle [Punkt] {Untertitel [Punkt]} {„Vers." Version [Punkt]} {Art des Mediums [Punkt]} {Angabe des Mediums [Punkt]} [Punkt] Filmgesellschaft [kein Komma] Jahr [Punkt].
  Bsp.:   Wagenhofer, Erwin: We feed the World. Essen global. Dokumentation. DVD, UFA 2005.

Allen Satzzeichen folgt stets ein Leerzeichen!

Keine Satzzeichen sind (öffnende und schließende) Klammern, deshalb wird im Deutschen nach öffnenden und vor schließenden Klammern kein Leerzeichen gesetzt.

Die im Literaturverzeichnis aufgeführten Literaturquellen sind nach folgenden Kriterien zu ordnen, wobei sich die nachstehenden Ausführungen auf die Kurzform (vgl. Abschnitt III 3.6.3) beziehen:

- Es wird alphabetisch nach den Verfassern sortiert.
- Bei mehr als einer Veröffentlichung eines Verfassers wird nach folgenden Kategorien in folgender Reihenfolge geordnet:
  - Verfasser (allein);
  - Verfasser1 / Verfasser2;
  - Verfasser et al.
- Hierbei werden alle o. g. Veröffentlichungsformen wie Monografien, Aufsätze etc. gleich behandelt.
- Innerhalb jeder der drei Kategorien wird chronologisch nach dem Erscheinungsjahr der Veröffentlichung sortiert.
- Bei demselben Erscheinungsjahr innerhalb einer Kategorie wird alphabetisch in Bezug auf den Titel sortiert. Dabei werden die Buchstaben a, b, c ... an das Jahr der Veröffentlichung angehängt und entsprechend geordnet.

3.8   Tabellen und Abbildungen

Tabellen und Abbildungen sollen neben dem Text weitere Inhalte, Daten und Zusammenhänge vermitteln. Für den schnellen Überblick wird eine grafische Darstellung vorgezogen, während eine sehr detaillierte Vermittlung von Informationen besser über Tabellen zu realisieren ist (Krämer 1999, 136).

Tabellen enthalten in strukturierter Form eine Sammlung von Daten. Hier sind nur die für die Argumentation erforderlichen Inhalte aufzuführen. Verzichten Sie auf überflüssiges Datenmaterial zugunsten der Nachvollziehbarkeit.

Jede Tabelle erhält eine eigene, fortlaufende Nummer und einen Tabellentitel. Alle Tabellen werden zusätzlich im Tabellenverzeichnis aufgeführt. Im Text sollte auf die Tabelle hingewiesen werden, z. B.: „Tabelle 1 zeigt …". Sollten Sie „Tabelle" in den Über- bzw. Unterschriften durch „Tab." abkürzen, vergessen Sie nicht, diese Abkürzung in Ihr Abkürzungsverzeichnis aufzunehmen, da sie nicht im Duden steht.

Tabellen sollten, sofern Sie keine anderen Vorgaben von Ihren Betreuern erhalten, so schlicht wie möglich gehalten werden. Neben dem weitgehenden Verzicht auf Schattierungen, Farbe, unterschiedliche Schriftarten etc. bedeutet das auch, eine Tabelle einschließlich des Tabellentitels möglichst auf maximal eine Seite zu beschränken (vgl. Abschnitt IV 4).

Abbildungen illustrieren einen Zusammenhang. Eine grafische Darstellung oder ein Bild wird bereits im Text zuvor angesprochen bzw. angekündigt (Bsp.: „vgl. Abb. 3") und greift den dort erläuterten Zusammenhang auf. Gemäß dem Sprichwort „Ein Bild sagt mehr als tausend Worte" lassen sich komplexe Zusammenhänge oft in bildhafter Form deutlich besser und eindeutiger darstellen. Allerdings ist es nicht leicht, eine aussagekräftige Grafik zu erstellen. Hier wird es Ihnen oft genauso ergehen wie bei der Erstellung des Textes: Ausgehend von einem

Grundentwurf ist die Abbildung immer weiter zu verfeinern. Viele Zusammenhänge wie bspw. mathematische Funktionen sind oft ohne eine Grafik kaum zu verstehen. Für die Auswertung umfangreicher Daten und das Erkennen von Strukturen und Zusammenhängen in der Fülle dieser Daten ist eine Grafik ebenfalls unerlässlich (Krämer 1999, 120).

Eine gute Darstellung haben Sie gefunden, wenn der zu illustrierende Zusammenhang klar und deutlich dargestellt und die Abbildung nicht überladen ist. Bei der Erstellung von Diagrammen sollten Sie darauf achten, nicht zu viel Information in einer Abbildung unterzubringen.

Bilder sollten eine so hohe Auflösung haben, dass sie in guter Qualität ausgedruckt werden können, aber nicht höher aufgelöst sein als notwendig, um Speicherplatz zu sparen.

Alle Abbildungen sind durchgehend zu nummerieren und erhalten eine aussagekräftige Bildunter- oder -überschrift. Handelt es sich um Abbildungen, die Sie aus einer anderen Literaturquelle entnommen haben, gelten hier die gleichen Regeln wie beim Zitieren von Texten. Da die in den Bildunter- oder -überschriften verwendete Kurzform „Abb." im Duden steht, braucht diese Abkürzung nicht in das Abkürzungsverzeichnis aufgenommen zu werden.

Beispiele für Tabellen- bzw. Abbildungsbeschriftungen finden Sie in diesem Ratgeber. Lernen Sie einfach am Modell!

3.9   Weitere Bestandteile einer Studienarbeit

Der Vorspann der Studienarbeit besteht aus Titelseite, ggf. Abstract, Inhaltsverzeichnis, Abbildungsverzeichnis, Tabellenverzeichnis und Abkürzungsverzeichnis, wobei diese Reihenfolge in den meisten Disziplinen einzuhalten ist.

Auf der *Titelseite* sind alle Informationen anzugeben, die zur eindeutigen Zuordnung der Studienarbeit nötig sind.

> Für die Gestaltung der Titelseiten von Studienarbeiten gibt es in jeder Fakultät explizite Anforderungen. Erkundigen Sie sich frühzeitig in Ihrer Fakultät nach den dort festgelegten Formalia.

Das *Abstract* ist eine maximal eine Seite umfassende Kurzform der Studienarbeit, sozusagen ein Destillat. Das Abstract gibt das Ziel und die Methodik der Studienarbeit sowie ihre grundlegenden Ergebnisse wieder. Es enthält weder Zitate noch Abbildungen oder Tabellen.

Ein Abstract wird in der Regel nicht bei Seminararbeiten verlangt, sondern nur bei Abschlussarbeiten. Es darf nicht mit der *Zusammenfassung* verwechselt werden, die in der Regel am Ende der Studienarbeit gegeben wird und zumeist eine kritische Bewertung mit einem Ausblick beinhaltet.

Das *Inhaltsverzeichnis* folgt Ihrer Gliederung und enthält die Überschriften der einzelnen Haupt- und Unterpunkte. Alle Haupt- und Unterpunkte, die im Inhaltsverzeichnis auf einer Ebene stehen, müssen inhaltlich und logisch etwa den gleichen Rang einnehmen. Die Haupt- und Unterpunkte sollten zwar konkret, aber nicht zu detailliert gegliedert sein. Aus dem Inhaltsverzeichnis muss hervorgehen, wie Sie das Thema verstanden, bearbeitet und umgesetzt haben. Als Gliederungsverfahren wird entweder die dekadische (z. B. 1.1) oder die alphanumerische Klassifikation (z. B. A 1.1) angewendet. Die hierarchische Ordnung wird durch Einrückung der Abschnitte entsprechend ihrer Gliederungsebene deutlich gemacht.

> Hinter der jeweils letzten Ziffer eines Gliederungspunktes folgt kein Punkt.

Vorhandene Verzeichnisse sowie ein möglicher Anhang werden als eigenständige Hauptpunkte behandelt und ohne einen Gliederungspunkt in das Inhaltsverzeichnis aufgenommen. Für die Erstellung des Inhalts-, Abbildungs- und Tabellenverzeichnisses können Sie die entsprechende Funktion Ihrer Textverarbeitung verwenden (vgl. Abschnitt IV 3).

> Weiterhin ist zu beachten, dass alle Angaben im Inhaltsverzeichnis mit den entsprechenden Überschriften im Vorspann, Textteil und Nachspann völlig übereinstimmen. *Völlige Übereinstimmung* bedeutet Buchstabe für Buchstabe.

Ein *Abbildungsverzeichnis* muss bereits dann angelegt werden, wenn Ihre Studienarbeit eine einzige Abbildung enthält. In manchen Disziplinen ist dies erst ab zwei Abbildungen notwendig. Das Abbildungsverzeichnis bekommt stets eine eigene Seite sowie eine eigene Überschrift im Inhaltsverzeichnis. Es hat den Zweck, den Leser über die Anzahl und die Titel der vorhandenen Abbildungen zu informieren sowie das Auffinden durch die Angabe der Seitenzahl zu erleichtern. Die Überschriften der Abbildungen müssen mit denen im Abbildungsverzeichnis völlig übereinstimmen. Für ein *Tabellenverzeichnis* gelten analog die Ausführungen zum Abbildungsverzeichnis.

Im *Abkürzungsverzeichnis* führen Sie alle verwendeten Abkürzungen auf, sofern diese nicht zum allgemeinen Sprachgebrauch zählen. Zum allgemeinen Sprachgebrauch zählen diejenigen Abkürzungen, die im Duden aufgeführt sind. Das Abkürzungsverzeichnis ist im Inhaltsverzeichnis aufzuführen und schließt die Abkürzungen Ihres eigenen Literaturverzeichnisses und Ihres Anhangs ein. Zitieren Sie Zeitschriften im Literaturverzeichnis in abgekürzter Form, müssen Sie deren Kürzel im Abkürzungsverzeichnis aufführen und auflösen. Bei Abkürzungen von Institutionen, Verbänden, Vereinen etc., die ebenfalls im Abkürzungsverzeichnis aufzunehmen sind, ist zusätzlich der Sitz mit anzugeben (Bsp. „VDI: Verein Deutscher Ingenieure e. V., Düsseldorf"). Die verzeichneten Abkürzungen sind alphabetisch zu ordnen. Weiterhin werden in einem *Symbolverzeichnis* die verwendeten Symbole aufgeführt. Gegebenenfalls kommt ein *Verzeichnis der Interviewpartner* hinzu.

Der *Anhang* bildet den Abschluss der Studienarbeit und heißt so, weil er an die Studienarbeit angehängt wird. In den Anhang werden zusätzliche Abbildungen, Beispiele verschiedener Art oder Gesetzestexte gestellt. Auch ausgedruckte Computerquellcodes, Rohdaten oder statistische Auswertungen gehören hier hinein.

Bei Abschlussarbeiten kann auch ein *akademischer Lebenslauf* verlangt werden, der über Ihre Studienkarriere und die üblichen Personaldaten auf maximal einer Seite Auskunft gibt.

3.10 Fragen zur Selbstkontrolle

Bevor Sie mit der Erstellung Ihrer Studienarbeit beginnen, stellen und beantworten Sie sich die folgenden Fragen. Diese helfen Ihnen, sich über den zu erwartenden Zeit- und Energieaufwand Klarheit zu verschaffen:

- Was erwarte ich grundsätzlich von einer Studienarbeit – und was erwarten andere von meiner Studienarbeit?
- Welchen Anspruch habe ich an meine Studienarbeit? Welche Vorkenntnisse habe ich über das Thema?
- Liegt mir die gesamte benötigte Literatur vor oder ist weitere Literaturrecherche bzw. -beschaffung nötig?
- Wer wird die Studienarbeit außer mir und dem Betreuer lesen? Welche Vorkenntnisse haben die Leser?
- Wie viel Zeit steht mir für die Studienarbeit zur Verfügung? Wann muss das Ergebnis vorliegen?
- Welche einzelnen Aufgaben und Fragestellungen gehören zu meinem Thema?
- Von welchen Personen ist für welche Arbeitsschritte mit Unterstützung zu rechnen?
- Gibt meine Gliederung die wesentliche Struktur und geplante Argumentation wieder?
- Benötige ich für meine Studienarbeit Abbildungen oder Tabellen, um Zusammenhänge oder Ergebnisse anschaulicher darstellen zu können?
- Was erwarte ich von den Ausführungen? Ist es bspw. zweckmäßig, Literaturquellen und Zusatzinformationen zu Randproblemen des eigentlichen Themas zu geben – und wenn ja, an welcher Stelle der Studienarbeit?

Tipps zum Weiterlesen (für Abschnitt III 3)

Bünting et al. 2006, 50 ff.; Haefner 2000, 108 ff.; Krämer 1999, 117 ff.; Rossig / Prätsch 2005, 81 ff.; Standop / Meyer 2008, 10 ff.; Theisen 2006, 128 ff.

4   Textüberarbeitung

Bei den vielen Überarbeitungen, die Sie auf dem Weg von der Rohfassung zur fertigen Arbeit vornehmen, kommt es inhaltlich und formal auf Vollständigkeit und Fehlerfreiheit an. Ebenso müssen die Gewichtung der einzelnen Abschnitte stimmen und die Argumentation schlüssig werden. Formulieren Sie noch unfertige Abschnitte aus und schreiben Sie die Übergänge zu den einzelnen Abschnitten.

Bevor Sie mit der Überarbeitung der Rohfassung beginnen, sollten Sie ausprobieren, ob Sie besser am Bildschirm oder auf Papier korrigieren können. Wahrscheinlich bekommen Sie mit einem Ausdruck eine bessere Übersicht über Ihren Text.

Sobald Sie eine erste Fassung haben, sollten Sie diese von anderen lesen lassen, auch von Personen, die sich in Ihrem Thema nicht auskennen. Fachfremde erkennen logische Brüche oft leichter als diejenigen, die mit dem Sachverhalt vertraut sind. Das Gegenlesen kann auch kapitelweise erfolgen. Häufig hilft es, den Text sich selbst oder anderen laut vorzulesen. Um den Zeitaufwand für Ihre Korrekturleser möglichst gering zu halten, können Sie das Korrigieren des Aufbaus, des Stils, der Grammatik, der Abbildungen etc. auf verschiedene Leser verteilen. Bitten Sie um offenes und ehrliches Feedback. Damit Sie die Korrekturen schnell einarbeiten können, sollten Sie einheitliche Korrekturzeichen vereinbaren. Am besten verwenden Sie die Korrekturvorschriften, die im Duden verzeichnet sind.

Vor der Schlussredaktion des Textes kann es vor allem bei größeren Arbeiten sinnvoll sein, einige Tage Abstand zu gewinnen. Planen Sie das ein! Wenn Sie sich lange mit einem Text befassen, kennen Sie ihn fast auswendig und übersehen leicht kleine Fehler. Oft kann Ihnen zunächst die Rechtschreibprüfung Ihres Textprogramms weiterhelfen. Sie findet zwar nicht alle Fehler, aber häufig solche, die Sie selbst übersehen hätten.

Viele Leser Ihrer Studienarbeit werden vermutlich nicht mehr als die Titelseite, das Abstract, die Einleitung und das Fazit lesen sowie die Abbildungen betrachten. Deshalb sollten gerade hier keine Fehler vorkommen! Am besten lesen Sie zunächst die Titelseite Buchstabe für Buchstabe und dann die ganze Studienarbeit mehrmals Satz für Satz durch. Verpflichten Sie auch Ihre Korrekturleser dazu. Der erste und der letzte Satz der Studienarbeit sind die wichtigsten Sätze. Formulieren Sie sie besonders sorgfältig. Auch wenn Sie und Ihre Korrekturleser die Studienarbeit mehrfach kontrolliert haben, sollten Sie unbedingt die fertig gedruckte Studienarbeit noch einmal gründlich durchgehen. Rechtschreibfehler o. Ä. lassen sich dabei durch einen Neuausdruck der jeweiligen Seite leicht korrigieren.

Bei größeren Arbeiten in Buchform wird ein Neudruck nach Drucklegung hingegen schwierig, teuer und terminlich knapp. In manchen Disziplinen ist es deshalb üblich, jetzt noch entdeckte Fehler auf einem extra Zettel zu korrigieren, das in jedes Exemplar hineingelegt wird. Die Überschrift lautet bei einem Fehler „Erratum", ab zwei Fehlern „Errata", bei einer notwendigen Ergänzung „Addendum" (Singular) bzw. „Addenda" (Plural). Allerdings kann ein Erratum auch so aufgefasst werden, dass vor der Drucklegung nicht ordentlich gearbeitet worden ist. Erkundigen Sie sich, wie das in Ihrer Fakultät gehandhabt wird und verzichten Sie ggf. auf eine solche Korrektur.

Daher finden Sie hier eine kurze Zusammenstellung der wichtigsten Aspekte für das Verfassen wissenschaftlicher Texte:

- *Einhaltung der erwarteten Gliederung*: Einleitung bzw. Fragestellung, Methode, Ergebnisse bzw. Herleitungen, Diskussion, ggf. Ausblick, Schlussteil bzw. Zusammenfassung.
- *Verständlichkeit*: Nachvollziehbarer, verständlicher Aufbau und verständliche Schreibweise; die Studienarbeit muss flüssig zu lesen sein. Angemessener Umgang mit Fachvokabular: korrektes Einführen und Definieren, richtige Anwendung und richtiges Maß an Fachbegriffen.
- *Präzise Ausdrucksweise*: So kurz wie möglich, so genau wie nötig. Verwenden Sie Fachbegriffe konsequent und nicht aus stilistischen Gründen Synonyme. Schreiben Sie keine Schachtelsätze oder umständlichen Schilderungen.
- *Korrekter Umgang mit Zitaten*: Zitate werden stets eindeutig als solche gekennzeichnet. Auch Ideen und Ansätze anderer müssen Sie mit der Angabe der entsprechenden Literaturquelle benennen.
- *Korrekter Umgang mit Tabellen und Grafiken*: Nur aussagekräftige Grafiken können die Argumentation wirklich unterstützen. Jede Tabelle und jede Abbildung muss im Text angesprochen und erklärt werden.

Im Folgenden finden Sie Checklisten für die Textüberarbeitung in den verschiedenen Schreib- bzw. Korrekturphasen (vgl. Tabellen 10 bis 14)[3].

Tabelle 10. Checkliste: Textkorrekturen ☝

❑ Rechtschreibung
❑ Grammatik
❑ Zeichensetzung
❑ Sind die Zeiten und die Zeitenfolge korrekt?
❑ Stimmen verwendete Metaphern?
❑ Stimmt die Satzlogik? Beziehen sich die Pronomina der Relativsätze auf die richtigen Glieder ihres jeweiligen Hauptsatzes?
❑ Liest sich der Text flüssig und gut?
❑ Sind die Sätze kurz und präzise?
❑ Haben jedes Kapitel und jeder Abschnitt gut formulierte Anfangs- und Schlusssätze?
❑ Streichen Sie Füllwörter (z. B. also, irgendwie, auch)!
❑ Verwenden Sie aktive Verben anstatt Substantivierungen!

---

[3] Die mit ☝ gekennzeichneten Tabellen stehen Ihnen unter www.studierendenratgeber.de kostenlos zum Herunterladen zur Verfügung.

Tabelle 11. Checkliste: Textaufbau ☝

- ❏ Gibt es einen erkennbaren „roten Faden"?
- ❏ Ist Ihre Argumentation logisch und vollständig?
- ❏ Sind die einzelnen Schritte für den Leser verständlich und nachzuvollziehen?
- ❏ Sind die Abschnitte sauber gegliedert?
- ❏ Sind die Kapitel- und Abschnittsübergänge logisch? Innerhalb eines Gedankenganges sollte kein neuer Abschnitt beginnen!
- ❏ Sind Einleitungen und Überleitungen bei Abschnitts- und Kapitelwechseln stimmig?
- ❏ Nennt der Text überflüssige Informationen? Dann streichen Sie diese.

Tabelle 12. Checkliste: Layout ☝

- ❏ Halten Sie die formalen Vorgaben Ihres Betreuers, Ihrer Fakultät bzw. der Prüfungsordnung ein? Stimmt die Formatierung?
- ❏ Stimmen die Kopf- und die Fußzeilen für gerade und ungerade Seiten? Auf der ersten Seite eines Kapitels ist meist keine Kopfzeile.
- ❏ Ist das Literaturverzeichnis vollständig und korrekt?
- ❏ Werden alle Referenzen im Literaturverzeichnis im Text genannt und umgekehrt?
- ❏ Stimmen die Zitate?
- ❏ Stimmt das Abkürzungsverzeichnis?
- ❏ Werden alle Abbildungen und Tabellen im Text genannt?
- ❏ Stehen die Abbildungen an der richtigen Stelle?
- ❏ Ist die Nummerierung der Abbildungen und Tabellen korrekt?
- ❏ Sind die Abbildungs- und Tabellenbeschriftungen korrekt?
- ❏ Sind die Formeln nummeriert und die Formelzeichen im Symbolverzeichnis aufgelistet?
- ❏ Sind die Grafiken richtig beschriftet (Maßstab, Achsenbeschriftung)?
- ❏ Sind die Tabellen einheitlich (formatiert)?
- ❏ Haben Sie für gleiche Textteile (z. B. Fließtext, Überschriften gleicher Ebene, Fußnoten, Tabellen) jeweils einheitliche Schriftarten und Schriftgrößen verwendet?

Tabelle 13. Checkliste: Vor dem (letzten) Ausdruck ☝

- ❏ Stimmt die Silbentrennung?
- ❏ Sind die Seitenumbrüche korrekt?
- ❏ Sind die Fußnoten korrekt und auf der richtigen Seite?
- ❏ Lassen sich Seitenumbrüche innerhalb von Fußnoten vermeiden?
- ❏ Stimmen die römischen und arabischen Seitenzahlen?
- ❏ Stellen Sie sicher, dass die Titelseite keine Seitenzahl trägt.
- ❏ Stimmen die Verweise (auch bei Abbildungen und Tabellen)?
- ❏ Vermeiden Sie einzelne Zeilen eines Kapitels oder Abschnitts oben bzw. unten auf einer Seite („Hurenkind" bzw. „Schusterjunge").

Tabelle 14. Checkliste: Sind alle Teile vorhanden? ✍

> ❑ Titelseite
> ❑ ggf. Abstract
> ❑ Inhaltsverzeichnis
> ❑ Einleitung
> ❑ Hauptteil
> ❑ Schluss bzw. Zusammenfassung
> ❑ Literaturverzeichnis
> ❑ Abbildungs-, Tabellen-, Abkürzungs- und Formelverzeichnis (auch zwischen Inhaltsverzeichnis und Einleitung möglich)
> ❑ Anhang
>
> *Bei Abschlussarbeiten können je nach Fakultät folgende Teile hinzukommen:*
> ❑ Lebenslauf
> ❑ Eidesstattliche Erklärung mit Datum und Unterschrift
> ❑ Danksagung (an Eltern, akademische Lehrer, Statistiker u. a.)
> ❑ Widmung (nach persönlichem Geschmack, aber nicht ausufernd)
> ❑ Liste eigener Publikationen zum Thema

Tipps zum Weiterlesen (für Abschnitt VII 4)

Bünting et al. 2006, 141 ff.; Haefner 2000, 111 ff.; 125 ff.; Schneider 2001.

5 Schreibhemmungen und -blockaden

Das Schreiben von Texten, Klausuren, Handouts und Studienarbeiten ist ein grundlegender Bestandteil fast aller Studiengänge – unabhängig vom Hochschultyp. Es empfiehlt sich daher, sich frühzeitig mit dem Thema „Schreiben" auseinanderzusetzen. Häufig treten beim Verfassen wissenschaftlicher Texte Hemmungen und Blockaden auf und es entsteht das Gefühl, das vorhandene Wissen nicht strukturieren zu können. Zum Umgang mit Schreibhemmungen und -blockaden gibt es allerdings eine Vielzahl an Möglichkeiten und Maßnahmen.

Überlegen Sie zunächst, wann Ihnen das Schreiben am meisten gefallen hat und Ihnen „leicht von der Hand" ging. Erinnern Sie sich daran und notieren Sie, mit welchen positiven Gefühlen dies verbunden war. Heben Sie diese Stichworte als bleibende Erinnerung auf. Haben Sie auch schlechte Erfahrungen mit dem Schreiben gemacht? Dann sind Sie nicht allein. Ängste, Vorurteile, ungünstige Angewohnheiten und äußere Bedingungen können Sie kurzfristig oder dauerhaft vom Schreiben abhalten. Zum Prozess des Schreibens gehört nicht nur die Wiedergabe Ihres fachlichen Wissens, sondern auch die wiederholte Auseinandersetzung mit Ihren Zielen und Wertvorstellungen sowie die Konzentration auf den jeweils nächsten kleinen Schritt.

Dieser Abschnitt soll Ihnen helfen, Ihre persönliche Liste von Tipps und Tricks anzufertigen, damit Sie trotz Schreibhemmungen weiterarbeiten können bzw. Schreibblockaden gar nicht erst entstehen.

Es gibt mehrere typische Schreibprobleme in verschiedenen Phasen des Schreibprojekts (vgl. Tabelle 15).

Tabelle 15. Schreibstörungen in verschiedenen Schreibphasen

Schreibphase	*Schreibstörungen*
1. Schreibstart	Ich weiß nicht, was ich schreiben soll. Wie verliere ich die Angst vor dem weißen Blatt?
2. Schreibgliederung	Meine Ideen sind wirr und ungeordnet. Wie kann ich gliedern?
3. Schreibprozess	Ich weiß, was ich sagen will, kann es aber nicht schreiben. Wie organisiere ich den Schreibprozess?
4. Textrevision	Ich mag den Text nicht, kann die Ursache aber nicht finden. Wie kann ich den Text am Schluss überarbeiten?

In Kruse 2007, 27 ff. werden folgende typische Probleme spezifiziert:

- *„Das klingt blöd“*: Sie unterziehen sich und Ihr Geschriebenes einer Selbstkritik, die sich aus diffusen Idealen ableitet. Sie können Ihre Anforderungen nicht ohne Weiteres erfüllen, und Ihre Texte klingen in Ihren Ohren „blöd“.
- *„Das leere Blatt macht mir Angst“*: Das leere Blatt fordert Sie dazu auf, es zu füllen, Sie bekommen aber kaum ein Wort zu Papier. Oder Sie kennen alle Details Ihres Bildschirmschoners, aber haben die Tastatur noch nicht berührt. Sie wollen zu viel auf einmal.
- *„Ich bin faul, undiszipliniert und vermeide Anstrengungen“*: Sie machen sich selber Vorwürfe, sich vor der Studienarbeit zu drücken. Sie schreiben nicht, sondern Sie putzen – durchaus eifrig – Ihre ganze Wohnung.
- *„Was ich schreibe oder sage, ist bestimmt falsch“*: In der Schule wurde Ihnen beigebracht, dass es einen Unterschied gibt zwischen richtig (Ihr Lehrer) und falsch (Sie). Aber jetzt schreiben Sie einen wissenschaftlichen Text und sind auf dem Weg, ein Experte in Ihrem Fach zu werden.

Nach Kruse 2004, 58 ist „Schreiben … nicht nur eine Sache des Verstandes. Schreiben ist vielfach mit starken Gefühlen verbunden. … Ohne emotionale Beteiligung lässt sich kein Text verfassen. Es wäre irrig anzunehmen, Gefühle seien allein Sache des poetischen Schreibens oder gehörten in Liebesbriefe." Gefühle beflügeln Sie beim Schreiben oder stehen Ihnen im Weg. Beim Schreiben sind verschiedene Gefühle beteiligt. Haben Sie sich das Folgende schon einmal überlegt?

- *Welche Erfahrungen haben Sie bislang beim Schreiben gemacht?* Schätzen Sie sich selbst als produktiv und kreativ ein? Oder kommen Sie beim Schreiben nur schwer voran?
- *Welche stilistischen Ansprüche stellen Sie an Ihre Texte?* Macht Sie ein sprachlich und stilistisch gelungener Satz stolz? Welche Ideale beziehen Sie aus belletristischer und aus wissenschaftlicher Literatur?

- *Wie sieht es mit Ihren Arbeitsbedingungen beim Schreiben aus?* Ist Ihr Arbeitsplatz hell und leise? Ist Ihnen warm oder pfeift der kalte Wind durch alle Ritzen? Haben Sie Hunger? Stört Sie der Papierberg auf Ihrem Schreibtisch?
- *Was hat Ihr Thema mit Ihnen zu tun?* Können Sie sich mit dem Thema anfreunden? Würden Sie es gerne in der Abschlussarbeit vertiefen? Kommen Ihnen manche Themen, die Sie in den Lehrveranstaltungen behandeln, mitunter emotional zu nahe?
- *Für wen schreiben Sie Ihre Texte?* Für den Betreuer? Für die Erfüllung der Studien- und Prüfungsordnung? Wer wird die Studienarbeit außer Ihnen und dem Betreuer lesen? Befürchten Sie vernichtende Kritik oder unqualifizierte Kommentare?
- *Welche Gefühle verbinden Sie mit einzelnen Begriffen oder Ideen, die Ihnen in den Lehrveranstaltungen begegnen?* Finden Sie manche wissenschaftlichen Ideen langweilig, obwohl sie für Ihre Studienarbeit relevant sind?

Nehmen Sie sich immer wieder eine dieser Fragen vor. Beantworten Sie die Frage schriftlich in wenigen Sätzen. Wenn Ihnen sehr viel einfällt, ordnen Sie Ihre Gedanken zuerst in einer Mindmap (vgl. Abschnitt II 3.2). Vielleicht finden Sie auch neue Fragen, über die Sie weiter nachdenken wollen.

Grundsätzlich ist bei Schreibblockaden hilfreich, einen spielerischen Zugang zum Schreiben zu finden. Beschreiben Sie doch einmal das Vorhaben Ihrer Studienarbeit einem Freund per E-Mail oder formulieren Sie es als journalistische Notiz! Sie werden sehen, dass Sie ohne den Anspruch an wissenschaftliche Höchstleistungen Ihren Text lockerer und viel leichter formulieren und sogar einige Teile Ihrer Ausführungen verwenden können.

Eine andere Methode ist das *Schreiben nach Bildern*. Betrachten Sie ein Bild Ihrer Wahl und lassen Sie es drei Minuten auf sich wirken. Notieren Sie dabei Wörter, die Ihnen spontan in den Sinn kommen. Schreiben Sie nun mithilfe der Wörter einen kurzen Mehrzeiler – keine Reime. Wichtig: Sehen Sie von einer bloßen Bildbeschreibung ab – lassen Sie Ihre Fantasie spielen! Ebenso hilfreich kann es sein, regelmäßig ein persönliches Journal zu führen (vgl. Abschnitt IV 1). Schreiben Sie auf, was Sie vom Schreiben abhält oder worüber Sie besonders gerne schreiben würden. Kümmern Sie sich dabei nicht um Grammatik oder Stil. Durch das Beschreiben Ihrer Schreibhemmungen bauen Sie Stress ab. Möglicherweise finden Sie dabei auch Lösungen für anstehende Probleme. Auch wenn Sie viel zu tun haben, können Sie sich jeden Tag eine Viertelstunde Zeit nehmen, um sich den Eintrag vom Vortag anzusehen und Ihre aktuellen Notizen zu machen. Kehren Sie nach der Viertelstunde wieder zu Ihrer Studienarbeit zurück.

Vielleicht fällt Ihnen bei der täglichen „Sorgennotiz" auf, dass Sie nicht wissen, wie Sie die Zeit nach Ihrem Studium oder Ihren weiteren Lebensweg gestalten möchten. Hierbei kann eine Übung in Form einer Rede vor dem eigenen Spiegelbild behilflich sein: Stellen Sie sich vor, Ihr Arbeitsleben ist vorbei, die Rente steht an, und Ihr bester Freund oder Ihr langjähriger und geschätzter Kollege hält eine Rede auf Sie. Welches Lob bekommen Sie? Welche Eigenschaften hebt der Redner hervor? Die Rede können Sie auch aufnehmen oder zu Papier bringen, um die wichtigsten Gedanken festzuhalten und sich zu vergegenwärtigen, was Sie mit Ihrem Studium in Ihrem Leben erreichen wollen.

Neben aktuellen Schreibschwierigkeiten gibt es auch längerfristige Schreibblockaden. Neben Perfektionismus, Furcht und Größenfantasie (von Werder 1995, 73) zählen zu den häufigsten Ursachen die Gewöhnung an uneffektives und unkreatives Schreiben sowie symptomatische Schreibblockaden als Symptom für ein ungelöstes, tiefer liegendes und häufig unbewusstes Problem. Auch Enttäuschungen aus der Schulzeit beim Schreibenlernen oder beim Aufsatzschreiben können alte Erfahrungen reaktivieren und so zu Ängsten führen wie z. B. zur Angst zu scheitern, abgelehnt zu werden, dem eigenen Anspruch nicht zu genügen. Hier lohnt es sich, die eigenen Ängste genauer zu betrachten und sich selbst die folgenden Fragen ehrlich und kritisch zu beantworten (Bohlinger et al. 2009b):

- *Neigen Sie dazu, sich selbst mit Aufgaben, Zielen, Terminen etc. zu überfordern?* Dann betrachten Sie Ihren Lebenswandel und -rhythmus genauer. Nutzen Sie die Methode des Zeitmanagement (Molitor / Schöneck 2009).
- *Haben Sie gerade keine Lust zu arbeiten?* Dann belohnen Sie sich selbst nach jedem geschriebenen Abschnitt oder Kapitel. Gönnen Sie sich eine kurze Pause, eine Entspannungsübung oder etwas Musik.
- *Fürchten Sie sich vor dem nächsten Satz?* Dann planen Sie kleine Schreibabschnitte und probieren Sie aus, wie viel Sie in einem überschaubaren Zeitrahmen schreiben können. Nehmen Sie sich für die kommende Stunde einen kurzen Abschnitt vor, und hören Sie unbedingt auf, sobald Sie den kleinen Plan erfüllt haben oder wenn die Stunde vorbei ist. Machen Sie dann eine kurze Pause und nehmen Sie sich danach den nächsten Abschnitt vor.
- *Kennen Sie die Adressaten Ihres Textes?* Klären Sie vorab, an wen Sie Ihre Texte richten und welche Erwartungen Ihre Leser an Ihren Text haben.
- *Haben Sie das Gefühl, dass keine der vielen Tipps und Tricks helfen oder dass Ihnen die Studienarbeit mehr abverlangt, als Sie zu geben fähig und bereit sind?* Reden Sie darüber mit Kommilitonen und Freunden. Auch spezielle Berater, Coaches oder Selbsthilfegruppen können Ihnen langfristig Unterstützung geben. Auch wenn Selbstständigkeit eine grundlegende Voraussetzung für ein Studium ist, müssen Sie keineswegs alle Probleme alleine lösen, sondern Sie können Hilfe einholen, wenn Sie sie brauchen.

Verschiedene Methoden wie kreative Schreibtechniken (vgl. Abschnitt III 1) helfen Ihnen über Schreibhemmungen hinweg. In Knigge-Illner 2002a, 145 ff. werden weitere Übungen angeführt, die Ihnen bei der Überwindung von Schreibhemmungen helfen können:

- *Schreibbarrieren überlisten*: Das, was Sie gerade geschrieben haben, gefällt Ihnen nicht. Schreiben Sie jetzt gezielt eine *noch* schlechtere Fassung.
- *Verschiedene Textversionen schreiben*: Haben Sie Probleme, den richtigen Sprachstil zu finden? Schreiben Sie zu einem einfachen Thema z. B. einen übertrieben wissenschaftlich klingenden Text und einen humoristischen Text.
- *Aus unterschiedlichen Gefühlslagen schreiben*: Schreiben Sie leidenschaftlich engagiert, zu Tode gelangweilt oder humorvoll karikierend. Dadurch decken Sie implizite Bewertungen auf und finden klarere Argumente.

- *Ergebnisse kreativ vorwegnehmen*: Welchen Titel soll Ihr Text haben? Sind Sie mit dem vom Betreuer vorgegebenen Titel einverstanden oder würden Sie ihn lieber ändern? Schreiben Sie eine Zusammenfassung, die den Leser fesselt. Fassen Sie auch einmal einen lästigen, noch unfertigen Abschnitt so zusammen, als ob er schon fertig wäre.

Schreiben kostet viel Zeit und Geduld. Das Wichtigste ist: Bleiben Sie dran! Längere Schreibpausen erhöhen die Hemmschwelle, sich wieder an den Text zu begeben. In Phasen von Blockaden: Feilen Sie ein wenig an der Formatierung oder bereiten Sie das Literaturverzeichnis auf. Diese Tätigkeiten gehören auch zum Schreibprozess und verhindern, dass Sie den Faden zu Ihrem Schreibprojekt verlieren. Probieren Sie ebenso aus, wie, wann und wo Sie am liebsten schreiben und am produktivsten sind. Die folgenden Tipps zum Abwechseln und Ausprobieren können Ihnen dabei helfen (von Werder 1995, 68 ff.; Knigge-Illner 2002a, 153 ff.).

Markieren Sie den Anfang und das Ende Ihrer Studienarbeit, indem Sie Ihre Schreibphase mit einem Ritual beginnen wie z. B. mit einer Tasse Tee, einem bestimmten Musikstück, dem Spitzen der Bleistifte oder einer Yoga-Übung. Gleiches gilt für das Ende einer Schreibphase. Mit einem Ritual schließen Sie Ihr Tageswerk ab und haben den Kopf wieder frei für den Feierabend.

Beim Schreiben selbst gilt, jeden Tag wenigstens eine Zeile zu schreiben, auch wenn sie „nur" unfertige Ideen umfasst. Dabei beginnen Sie mit den leichtesten Teilen und formulieren den Text zuerst in Ihrer normalen inneren Sprache und bringen anschließend fachsprachliche Merkmale und Konventionen ein. Am Ende eines Kapitels oder eines Abschnitts können Sie bereits Stichwörter zum nächsten Kapitel oder Abschnitt sammeln.

Bleiben Sie am Ball und vergegenwärtigen Sie sich Ihren Perfektionismus, Ihre (Versagens-)Angst und Ihre Größenfantasie. Werden Sie sich dieser Hemmnisse bewusst und sagen Sie sich: „Um die tieferen Ursachen kümmere ich mich nach meinem Schreibprojekt, jetzt widme ich mich der nächsten Zeile". Des Weiteren ist es nützlich, jederzeit einen kleinen Notizblock bei sich zu tragen. Darin können Sie Ihre Einfälle sofort notieren und schriftlich festhalten, was Sie über Ihr Thema im Gespräch mit anderen sagen. Ein lebendiges Gegenüber kann Sie auf neue Ideen und Formulierungen bringen.

Zudem kann es hilfreich sein, die Schreibzeit auf 75 % Ihrer für das Schreiben geplanten Zeit zu verkürzen. Rein rechnerisch kommen Sie dann zwar langsamer voran, durch die gewonnene Freizeit können Sie aber entspannter ans Schreiben gehen und arbeiten dadurch produktiver.

Bringen Sie Abwechslung hinein! Das erleichtert Ihnen das Arbeiten und hilft Ihnen, Hürden zu überwinden:

- Verwenden Sie wieder einmal Papier, anstatt am Computer zu arbeiten. Wählen Sie eine andere Papierfarbe oder einen anderen Hintergrund für den Text am Bildschirm. Schreiben Sie mit Füller oder Bleistift statt mit Kugelschreiber.
- Diktieren Sie Ihren Text auf Tonband. Reden fällt meist leichter als Schreiben.

- Durchbrechen Sie Ihre Angewohnheiten: Verlegen Sie Ihre gewohnte Schreibzeit z. B. von nachmittags auf morgens. Gewohnheiten können manchmal auch
  störend wirken.
- Verlassen Sie Ihren Schreibtisch. Schreiben Sie in einem Café, in der Straßen-
  bahn oder wo immer Sie sich wohl fühlen.
- Malen Sie einen Gedanken zwischendurch auf, z. B. in Form einer Mindmap
  (vgl. Abschnitt II 3.2).
- Zwingen Sie sich nicht zum Schreiben, wenn es einmal absolut nicht klappt.
- Verschaffen Sie sich etwas Bewegung, um Ihr Gehirn wieder anzukurbeln.

Probieren Sie die verschiedenen Methoden aus und stellen Sie eine persönliche
Liste von Maßnahmen und Übungen gegen Schreibhemmungen auf. So sind Sie
vorbereitet, können Hemmungen überwinden und einer Schreibblockade zuvor-
kommen.

Erkundigen Sie sich an Ihrer Hochschule, ob dort eine Schreibwerkstatt angeboten wird. Dort können Sie regelmäßig mittels bestimmter Techniken Texte verfassen, sie einem ersten Publikum zugänglich machen und eine Rückmeldung dazu erhalten. Es lohnt sich! Denn Schreiben kann durchaus auch lustvoll und schön
sein: „Ich selbst ... erlebe in den besten Zeiten Schreiben ... als eine aus dem Zeit-
ablauf herausgelöste Form höchster Konzentration, in der ich zu einem Punkt ex-
tremer Energie werde und außerhalb meiner auch nichts mehr wahrnehme. Allerdings ist es paradoxerweise alles andere als unwichtig, wo ich mich dann gerade
befinde: am liebsten im Freien, in einer Landschaft, die mir gefällt, also ‚an der
Biegung des Flusses', oder aber in einer anregenden Kneipe ..., den Lärm um mich
herum nehme ich nicht wahr. Wenn ich dann aus der Konzentration auftauche,
entdecke ich augentastend erstaunt die Natur um mich herum, oder ich trinke ge-
nussvoll ein Glas Wein. Glück des Schreibens!" (Stitzel 2000, 147).

Tipps zum Weiterlesen (für Abschnitt III 5)

Kruse 2007, 239 ff.; Pyerin 2007; von Werder 1995, 67 ff.

IV   Schreiben im Studium: Die technische Seite

Um eine Studienarbeit zu schreiben, müssen auch einige technische Hürden genommen werden. Deshalb finden Sie im Folgenden Tipps zur Literaturrecherche und dem Umgang mit Textverarbeitungsprogrammen, zu Layout und Seitengestaltung, Datensicherung und Anbietern von Dienstleistungen.

1   Literaturrecherche

Früher oder später müssen Sie sich in allen Studiengängen systematisch auf die Suche nach Literatur begeben. Aus diesem Grund sollten Sie sich schon am Anfang des Studiums möglichst effektive und effiziente Suchstrategien aneignen. In vielen Studiengängen werden inzwischen Einführungsveranstaltungen angeboten, die – fachbezogen – über die wichtigsten Recherchemöglichkeiten informieren. Oft werden in Seminaren auch Literaturlisten ausgeteilt oder in der Bibliothek die Bücher mit der wichtigsten Literatur zum Seminarthema zusammengestellt.

Die Literaturrecherche kann zum einen eine einzelne Fragestellung betreffen, die Sie innerhalb eines bestimmten Zeitraums selbstständig bearbeiten müssen. Dabei müssen Sie vorhandene Literatur kritisch reflektieren und hinterfragen. Ihre Ergebnisse präsentieren Sie in der Regel in einer Studienarbeit oder einem Referat. Zum anderen kann Ihnen die gezielte Literaturrecherche helfen, einen ganzen Themenkomplex fokussiert aufzuarbeiten und zu strukturieren, um ihn in einer Klausur oder einer mündlichen Prüfung reproduzieren zu können. Bei diesen beiden Möglichkeiten kommt es darauf an, sich ein gutes Tiefen- oder Überblickswissen zu erarbeiten.

Der Literaturrecherche folgen die Schritte Literaturauswahl und Literaturbeschaffung. Reihenfolge und Relevanz dieser drei Schritte hängen von der jeweiligen Situation ab. Bspw. müssen Sie für eine Seminararbeit häufig nur die vorgegebene Literatur beschaffen, wohingegen eine Abschlussarbeit oder eine bevorstehende Prüfung alle drei Schritte erforderlich machen kann (Sesink 2007, 52 ff.).

Für eine erfolgreiche Literaturrecherche sind gute Einstiegspunkte wesentlich (Ebster / Stalzer 2008, 42 ff.). Daher sollten Sie zu Beginn einer Recherche Ihre Themenstellung bzw. Forschungsfrage konkret und zielgerichtet formulieren (vgl. Abschnitt III 2.1 sowie Karmasin / Ribing 2007, 21 ff.). Einen ersten Überblick über Ihr Thema und zugleich den Einstieg in die Recherche finden Sie bspw., indem Sie in einem allgemeinen oder fachspezifischen Lexikon nachschlagen. Auch das Internet eignet sich in vielen Fällen, um einen Überblick zu bekommen. Hier

können Sie allgemeine Informationen wie z. B. den historischen Hintergrund in
Erfahrung bringen. Dabei sollten Sie jeweils mehrere Suchbegriffe zusammenstellen. Gerade eine fokussierte Recherche führt zu einer guten Übersicht. Überlegen
Sie sich vorab mehrere Stichwörter und verwandte Begriffe Ihres Themas, nach
denen Sie dann in unterschiedlichen Kombinationen suchen (www.google.de,
www.metager.de, www.metacrawler.com). Wenn Sie Ihre Treffer auf wissenschaftliche Internetseiten einengen wollen, bietet sich die Suche über die Suchmaschine Scirus (www.scirus.com) an.

Bei der eigentlichen Literaturrecherche können Sie auf Quellen unterschiedlicher Art zurückgreifen. In Stickel-Wolf / Wolf 2006, 135 ff. wird hierzu zwischen
Lehrbüchern für den Einstieg, wissenschaftlichen Monografien wie Dissertationen, Aufsätzen in Fachzeitschriften, Sammelbänden, Lexika oder Handwörter-
buchbeiträgen, Forschungsberichten und Informationen nichtwissenschaftlicher
Wissensträger differenziert.

Für Ihre Literaturrecherche sollten Sie mit der Suche nach *Büchern* beginnen,
da diese im Gegensatz zu Aufsätzen in Fachzeitschriften ein Thema oft umfassend, aber auch einführend behandeln. Im Literaturverzeichnis dieser Bücher finden Sie schnell weitere Titel zum Thema, wenn auch nicht die neueste Literatur.
Um diese zu finden, sollten Sie in der Bibliothek Ihrer Hochschule den sog.
OPAC (Online Public Access Catalogue) durchsuchen, weil Sie auf die dort vorhandene Literatur am schnellsten zugreifen können.

Neben dem OPAC gibt es noch die älteren Microfiche- und Zettelkataloge. In
den *Microfiche-Katalogen* sind die Karteikarten des Zettelkatalogs abgelichtet.
Um sie lesen zu können, müssen Sie spezielle Lesegeräte in der Bibliothek nutzen.
Manchmal müssen Sie zu einem Thema, vor allem wenn Sie ältere Literatur benötigen, vorhandene *Bibliografien* durcharbeiten. In diesen werden alle Veröffentlichungen zu einem Thema, einem Autor o. Ä. systematisch erfasst und oft mit einem kurzen, meist wertenden Kommentar (*annotierte Bibliografie*) beschrieben.
Daraus können Sie in der Regel folgern, ob Ihnen diese Veröffentlichung bei Ihrer
Fragestellung weiterhelfen kann oder nicht. Die Suche in Bibliografien ist zwar
zeitaufwendig, da manchmal auch Nachbargebiete durchforstet werden müssen.
Der große Vorteil besteht aber darin, dass Sie nicht Bibliotheksbestände durchsuchen, sondern die zum Thema existierende Literatur. Dann erst sehen Sie nach,
wie und wo Sie die für Ihr Thema infrage kommenden Titel erhalten können.

Neben der Bibliothek Ihrer Hochschule können Sie auch auf die Kataloge der
deutschen Bibliotheksverbünde online zugreifen. Bei diesen Verbünden greifen
Sie immer auf mehrere Bibliotheksbestände gleichzeitig zu (vgl. Tabelle 16).

Tabelle 16. Deutsche Bibliotheksverbünde (Burgard et al. 2009, 109)

	Name	*Internetadresse*
BVB	Bibliotheksverbund Bayern	gateway-bayern.bib-bvb.de
GBV	Gemeinsamer Bibliotheksverbund der Bundesländer Bremen, Hamburg, Mecklenburg-Vorpommern, Niedersachsen, Sachsen-Anhalt, Schleswig-Holstein, Thüringen und der Stiftung Preußischer Kulturbesitz	gso.gbv.de
HBZ	Verbundkatalog der Hochschulbibliotheken Nordrhein-Westfalen und Rheinland-Pfalz	okeanos-www.hbz-nrw.de
HEBIS	Hessisches Bibliotheksinformationssystem	www.hebis.de
KOBV	Kooperativer Bibliotheksverbund Berlin-Brandenburg	search.kobv.de
SWB	Südwestdeutscher Bibliotheksverbund der Bundesländer Baden-Württemberg, Sachsen und Saarland	swb.bsz-bw.de

Die gesamte deutschsprachige Literatur seit 1913 können Sie in der Deutschen Nationalbibliothek (DNB) in Frankfurt am Main, Leipzig und Berlin oder aber über den Karlsruher Virtuellen Katalog (KVK) abfragen. Letzterer stellt einen weltweiten Meta-Katalog der einzelnen Bibliotheks- und Buchhandelskataloge dar und weist somit mehr als 500 Millionen Bücher und Zeitschriften nach. Mit dem Karlsruher Virtuellen Katalog können Sie auch nach internationalen Bibliotheksbeständen oder Online-Antiquariaten suchen.

Lohnenswert ist bei der Suche nach Literatur auch die Recherche in den Katalogen der Bibliotheken, die dem Sondersammelgebietsplan der Deutschen Forschungsgemeinschaft (DFG) angehören. Diese bieten in den Sondersammelgebieten, die sie vertreten, eine nahezu vollständige Sammlung der wissenschaftlichen Literatur an. Wenn Sie Ihr Fach als Sondersammelgebiet nicht vor Ort vertreten haben, lohnt es sich, von Zeit zu Zeit die Neuerwerbungslisten der betreffenden Bibliothek durchzusehen. Im Web-Bibliotheks-Informations-System webis besteht die Möglichkeit, in den virtuellen Fachbibliotheken, die von den deutschen Sondersammelgebietsbibliotheken betrieben werden, fachspezifische Linklisten einzusehen und so Literatur zu finden.

Über das Verzeichnis Lieferbarer Bücher (VLB) können Sie herausbekommen, ob ein bestimmtes Buch noch im Handel erhältlich ist. Ist dies nicht der Fall, haben Sie vielleicht über das Zentrale Verzeichnis antiquarischer Bücher (ZVAB) eine Chance, in einem (Online-)Antiquariat fündig zu werden.

Zeitschriftenaufsätze behandeln meist einen speziellen Aspekt eines Themas. Die Bedeutung der Zeitschriftenliteratur variiert je nach Disziplin und ist in den Naturwissenschaften besonders hoch. Sie können Aufsätze nicht in Bibliothekskatalogen suchen, weil diese bis auf wenige Ausnahmen nur die sog. „selbstständigen Publikationen", also Bücher, verzeichnen. Stattdessen müssen Sie auf Fachdatenbanken zurückgreifen, die oft kosten- bzw. lizenzpflichtig sind. Aus diesem Grund sind die von den Bibliotheken lizenzierten Datenbanken auch meist nur aus den Netzen der Hochschulen zugänglich. Auch hier sollten Sie sich möglichst frühzeitig mit den wichtigsten Datenbanken Ihrer Disziplin vertraut machen, da Sie ansonsten kaum Aufsätze finden, die für Sie relevant sind. Ältere Aufsätze finden Sie auch in gedruckten Fachbibliografien. Haben Sie einen Zeitschriftenartikel gefunden, können Sie über die Zitate weitere Artikel finden und einen Eindruck von deren Relevanz bekommen (vgl. Tabelle 17).

Tabelle 17. Auswahl allgemeiner Recherchemöglichkeiten (Burgard et al. 2009, 109)

Name	*Internetadresse*
Deutsche Nationalbibliothek (DNB), Leipzig, Frankfurt am Main, Berlin	www.d-nb.de
Elektronische Zeitschriftenbibliothek der Universitätsbibliothek Regensburg	rzblx1.uni-regensburg.de/ezeit
Google-Suchmaschine für wissenschaftliche Artikel	scholar.google.de
Informationsdienst Wissenschaft (IDW)	idw-online.de
ISI Web of Knowledge	www.isiknowledge.com
Karlsruher Virtueller Katalog (KVK)	kvk.uni-karlsruhe.de
subito	www.subito-doc.de
Verzeichnis Lieferbarer Bücher (VLB)	www.buchhandel.de
Web-Bibliotheks-Informationssystem (webis)	webis.sub.uni-hamburg.de
Zeitschriftendatenbank (ZDB)	www.zdb-opac.de

Kennen Sie den Titel der gesuchten Zeitschrift, können Sie über die Zeitschriftendatenbank (ZDB) herausfinden, wo die Zeitschrift vorhanden ist und ob es davon eine elektronische Version gibt. Da viele elektronische Zeitschriften ebenso wie Datenbanken lizenzpflichtig sind, empfiehlt sich auch hier der Zugriff aus dem Hochschulnetz. Bestandsnachweise liefert auch die Elektronische Zeitschriftenbibliothek (EZB).

Eine Suchmöglichkeit sowohl nach Büchern als auch nach Zeitschriftenartikeln bietet Google Scholar. Sie sollten sich allerdings nicht darauf verlassen, dass kommerzielle Suchmaschinen wirklich vollständig alles durchsuchen. Die Literaturnachweise in Bibliothekskatalogen und Fachdatenbanken dagegen sind systematisch aufgebaut und damit erheblich vollständiger als das, was Suchmaschinen bieten.

Bücher oder Zeitschriftenartikel, die Sie weder in der Bibliothek Ihrer Hochschule noch elektronisch finden, können Sie kostenpflichtig per Fernleihe bestellen. Dabei fragt die Bibliothek Ihrer Hochschule bei einer anderen Bibliothek, die das gesuchte Werk in ihrem Bestand hat, an. Diese Bibliothek schickt dann das Buch selbst oder eine Kopie des gewünschten Zeitschriftenartikels an die Bibliothek Ihrer Hochschule, wo Sie das Buch oder den Artikel im Lesesaal lesen oder sogar ausleihen können bzw. den Artikel ausgehändigt bekommen. Je nach Verfügbarkeit der gewünschten Literatur müssen Sie bei der Fernleihe u. U. Wartezeiten von mehreren Wochen in Kauf nehmen. Ist das gesuchte Werk in einer für Sie leicht erreichbaren Bibliothek vorhanden, kann es sich also lohnen, stattdessen selbst dorthin zu fahren. Eine Alternative zur Fernleihe ist der Dokumentlieferdienst subito, der zwar kürzere Lieferzeiten bietet, dafür aber auch erheblich teurer ist.

Tipps zum Weiterlesen (für Abschnitt IV 1)

Charbel 2007, 241 ff.; Cramme / Ritzi 2008; Theisen 2006, 37 ff.

2 Literaturverwaltung

In allen Wissenschaften macht der Umgang mit Literatur einen Großteil der täglichen Arbeit aus. Nicht jeder Studiengang fordert von Ihnen, selbst wissenschaftliche Texte zu verfassen – jedenfalls nicht zu Beginn. Spätestens für die Abschlussarbeit brauchen Sie aber Techniken des Bibliografierens (um Literatur zu finden) und solche des Exzerpierens (das auszugsweise Wiedergeben eines Textes), mit denen Sie Informationen strukturiert aufnehmen, bewerten und so ablegen können, dass Sie Ihre Notizen in einer möglichst zitierbaren Form wiederfinden. Dazu dient eine gute Literaturverwaltung.

Seit es Schrift gibt, sind Zettelsammlungen und Karteikarten die Träger der Belege aus Literaturquellen und Sekundärliteratur. Der Leser schlägt das Buch auf, liest und schreibt sich das ab, was er brauchen kann: das meiste sinngemäß, nur zentrale Stellen wörtlich. Aussagen wie auch Zitate notiert der Leser als klar abgegrenzte inhaltliche Einheiten mit zugehörigen Seitenzahlen, um die Belege später in den eigenen Text einfügen und diesen ohne Vorlage der Sekundärliteratur verfassen zu können (vgl. Abschnitte I 3 und III 3.6).

Im Zeitalter der Computerisierung und Vernetzung tritt der traditionelle Weg der Literaturverwaltung immer mehr in den Hintergrund, ohne jedoch das zugrunde liegende Prinzip überflüssig zu machen. Wird die Karteikarte durch ein Datenbankprogramm ersetzt, so gibt dieses Programm durch seine Struktur bereits vor, in welcher Weise und wie detailliert Informationen zu erfassen sind – dies können Sie als Mehrarbeit oder als Erleichterung ansehen. Leichter wird jedenfalls das technische Komponieren einer Arbeit am Bildschirm. Andererseits gehen die Möglichkeiten mancher Literaturverwaltungsprogramme inzwischen deutlich über die Strukturierung der Literatur hinaus, so dass sie nicht nur für das Verfassen von Arbeiten interessant sind, sondern auch der Ideenfindung dienen können.

Für den eigenen Computer, an den Sie zunächst denken mögen, gibt es sowohl frei erhältliche als auch kommerzielle Literaturverwaltungssoftware. Der Begriff der netzbasierten Literaturverwaltung bezeichnet meist die Literaturrecherche über das Internet: Hierfür gibt es unterschiedliche Anwendungen. Es fängt an bei einfacher individueller Literaturrecherche im Internet und reicht von halboffenen Systemen wie RefWorks (vgl. Tabelle 18), die es erlauben, eigene Daten anderen im Netz zur Verfügung zu stellen, bis hin zum kollaborativen Datenaustausch über Netzwerke als Form gemeinschaftlichen Bibliografierens (Haber 2007). Es existiert eine Vielzahl an Programmen. Kriterien der Unterscheidung sind Bedarf und Vorliebe, Preis und Zugänglichkeit, Kompatibilität mit anderen Programmen (in Bezug auf Exportier- und Importiermöglichkeiten), Handhabung (bspw. intuitiv erfassbare Bedienoberfläche), Komplexität der Strukturierungsmöglichkeiten, Zusatzoptionen wie Recherchetools oder einfach die Lauffähigkeit in den jeweiligen Betriebssystemen. Die meisten Programme gibt es zudem in einer vereinfachten, preiswerteren Test- oder Basisversion, die Ihren Anfangsbedarf mit hoher Wahrscheinlichkeit zu decken vermag (vgl. Tabelle 18).

Tabelle 18. Ausgewählte Literaturverwaltungsprogramme

Programm[4]	Internetquelle	Betriebssystem
Bibliographix 7 (*)	www.bibliographix.de	Windows
Biblist 4.73	cogweb.iig.uni-freiburg.de/biblist	Windows
BibORB	biborb.glymn.net/doku.php	Windows
Bookends 10.1.4	www.sonnysoftware.com	Macintosh, Windows
Books 3.0.1	books.aetherial.net/de	Macintosh, Windows
CardBox for Windows 3.0	www.cardbox.com	Windows
Citavi 2.4 (*)	www.citavi.com	Windows
EndNote X2 (*)	www.endnote.com	Macintosh, Windows
JabRef (*)	jabref.sourceforge.net	Linux, Macintosh, Windows
Librixx 3.00 (*)	www.librixx.de	Windows
LIDOS 6	www.land-software.de	Windows
Liman2.0	www.liman.de	Windows
LiteRat 1.06 (*)	www.literat.net	Windows
Litlink 2.6	www.litlink.ch	Windows
ProCite 5	www.procite.com	Macintosh, Windows
RefDB	refdb.sourceforge.net	Windows
Reference Manager 11 (*)	www.refman.com	Windows
RefWorks 4.2	www.refworks.com	Linux, Macintosh, Windows
Scholar's Aid 4 AE	www.scholarsaid.com	Windows
Sente 5	www.thirdstreetsoftware.com	Macintosh, Windows
Synapsen 2.5	www.verzetteln.de/synapsen	Linux, Windows
Tellico	periapsis.org/tellico	Linux, Windows
Visual Composer.NET 2 (*)	www.visualcomposer.de	Windows
Zettelkasten 2.82	zettelkasten.danielluedecke.de	Windows
zotero	www.zotero.org	Linux, Windows

Im Folgenden werden einige dieser Literaturverwaltungsprogramme vorgestellt. Die Auswahl der vorgestellten Programme erfolgt beispielhaft nach ihrer Verbreitung.

Sollten Sie eine Studienarbeit ausschließlich mit Microsoft Office Word (vgl. Abschnitt IV 3.1.1) schreiben, können Sie für die Verwaltung Ihrer Literatur **Librixx** verwenden. Librixx ist ein Literaturverwaltungsprogramm, das automatisch Fußnoten und Literaturverzeichnisse erzeugen kann, jedoch nur mit Microsoft Office Word zusammenarbeitet. Die Dateneingabe erfolgt mithilfe übersichtlicher Eingabeformulare. Dadurch erhalten Sie eine einheitliche Aufnahme Ihrer Literaturdaten. Darüber hinaus können Sie zu jedem Datensatz zusätzliche Notizen speichern, externe Textdateien einbinden und Letztere einzelnen Datensätzen zuordnen. Während der Eingabe stehen Ihnen die bereits gespeicherten Informationen zur Verfügung, so dass z. B. die mehrmalige Eingabe eines Autorennamens

---

[4] Die mit (*) gekennzeichneten Programme werden im Folgenden detailliert besprochen.

entfällt, was Tippfehler vermeiden hilft. Beim Eingeben der Schlagwörter werden die bereits vorhandenen Schlagwörter angezeigt und können einfach selektiert werden. Dadurch vermeiden Sie eine Vergabe unterschiedlicher Schlagwörter für denselben Begriff. Neben der Suche nach Schlagwörtern bietet Librixx auch eine Volltextsuche an.

Eine Hauptfunktion von Librixx ist die automatische Fußnotenerstellung. Dafür müssen Sie zuerst sog. Generierungsregeln erstellen, die das Aussehen und die Zusammensetzung Ihrer Fußnoten definieren. Dieser Schritt erfolgt relativ unkompliziert mittels eines übersichtlichen Eingabeformulars. Danach können Sie für Ihre Datensätze die Fußnoten automatisch generieren und abspeichern lassen. Während der Arbeit an Ihrem Dokument können Sie die Librixx-Toolbox in Microsoft Office Word öffnen, die u. a. alle Fußnoten auflistet, und per Doppelklick die gewünschte Fußnote einfach in Ihr Dokument einfügt. Dadurch wird unterstützt, dass alle Ihre Fußnoten dem gleichen Schema entsprechen und mit den Daten Ihrer Literaturdatenbank übereinstimmen.

Wünschen Sie einen Überblick über den Zitierungsstand in Ihrem Dokument, erzeugt Librixx einen ausdruckbaren Bericht. Dieser Bericht führt an, welches Literaturmedium auf welcher Seite zitiert wurde. Hierbei wird zwischen Fußnote und Zitat im Fließtext unterschieden. Pro Titel erfolgt außerdem eine Angabe, wie oft der Titel insgesamt im Text zitiert wurde. Zusätzlich markiert Librixx dabei die zitierten Medien in der Datenbank als „zitiert", so dass Sie sich die Datensätze danach gefiltert anzeigen lassen können. Basierend auf dieser Auswertung des Zitierungsstandes kann Librixx ein Literaturverzeichnis automatisch erstellen und in Ihr Word-Dokument einfügen.

Fazit: Librixx ist ein akzeptables Literaturverwaltungsprogramm, das sich durch übersichtliche Eingabeformulare und einfache Bedienbarkeit auszeichnet. Mit einem Anschaffungspreis von ca. 30 € ist es zudem recht günstig. Es bietet keine Unterstützung bei der Literaturrecherche. Leider enthält das Programm keine Exportfunktion in andere Datenformate. Dadurch ist ein späterer Umstieg auf ein anderes Literaturverwaltungsprogramm nicht möglich, ohne die Daten neu eingeben zu müssen. Sollten Sie sich also sicher sein, auch in Zukunft Ihre Dokumente mit Microsoft Office Word zu schreiben, und vor allem ein einfaches, schnell zu erlernendes Literaturprogramm benötigen, kann Librixx für Sie interessant sein.

Die Literaturdatenbank **LiteRat** stellt eine preislich unschlagbare Alternative zu vielen anderen Programmen dar, denn es handelt es dabei um Freeware. LiteRat lässt sich sehr gut intuitiv bedienen. Grundlage für das Ordnungssystem bildet die Idee eines elektronischen Karteikastens. Einzelne Titel verfügen dabei über mehrere Registerkarten, die neben den üblichen Titelangaben das Hinzufügen von Zitaten, den Vermerk von Standorten in verschiedenen Bibliotheken sowie persönliche Notizen gestatten. Der Schwerpunkt von LiteRat liegt auf der einfachen Bedienung, die ohne Handbuchstudium schnell zu erlernen ist.

LiteRat unterscheidet zwischen einem Schreib- und einem Lesemodus. Dadurch wird gewährleistet, dass keine Daten versehentlich überschrieben oder gelöscht werden. Beim Exzerpieren erscheinen außerhalb des Schreibfensters kleine Hilfstexte, welche die Eingaben in das Datenblatt durch Beispiele, Vorschläge und

Hinweise erleichtern. Ebenso bietet LiteRat weitere Optionen wie das Erstellen von Zitatsammlungen oder Schlagwortzuordnungen. Durch diese Zuordnung von Schlagwörtern zu einzelnen Titeln können Sie Daten zu Themenbereichen gruppieren. Literaturverzeichnisse lassen sich nach individuellen Kriterien erstellen. Der Datenaustausch mit anderen Programmen ist kein Problem, da die Datensätze auf Microsoft Access 2.0 basieren.

Als LiteRat-Nachfolger ist 2006 **Citavi** erschienen. LiteRat bleibt jedoch weiterhin als Freeware erhältlich. Genauso wie beim Vorgänger liegt der Schwerpunkt von Citavi auf den bereits bekannten Funktionen in Kombination mit der einfachen, intuitiven Bedienbarkeit. Angeboten wird Citavi in zwei Versionen. Bei der Basisversion Citavi Free stehen dem Anwender alle Funktionalitäten uneingeschränkt mit einer einzigen Ausnahme zur Verfügung: Er darf im Gegensatz zur Premiumversion Citavi Pro nicht mehr als 100 Buchtitel pro Projekt, also pro Citavi-Datei, speichern.

Neben den bewährten Funktionalitäten liegt der Fokus auf Neuerungen wie der Online-Recherche- und Importfunktion für Bibliotheks- und Fachdatenbanken (z. B. GBV; vgl. Abschnitt IV 1). Nach Eingabe der ISBN werden in der Regel sämtliche Titeldaten, auf Wunsch mit Coverabbildung, automatisch importiert. Darüber hinaus können Sie mit dem Citavi-Picker per Klick aktuelle Dokumente aus Firefox oder dem Internet Explorer sowie auch aus Word- und PDF-Dokumenten als neue Titel in Ihr Projekt importieren. Ebenso funktioniert der Picker mit Zitaten, Schlagwörtern, Grafiken und anderen wichtigen Informationen aus einer Literaturquelle.

Citavi deckt den Prozess der Literaturarbeit von der Recherche über Aufgabenplanung und Exzerpieren bis hin zum Festhalten eigener Gedanken ab. Besonders die inhaltliche Arbeit an und mit Texten wird unterstützt. Es stehen derzeit 35 Dokumententypen von Agenturmeldung über Gesetzeskommentar, Monografie, Musiktitel und Sammelwerk bis Software, Zeitschriften- und Zeitungsartikel zur Verfügung. Der Im- und Export ist in alle bekannten bibliografischen Formate möglich. Bei der Erstellung einer Endversion Ihrer Studienarbeit (ähnlich EndNotes Cite-while-you-write-Funktion) mittels automatisch eingefügter Literaturverweise, Fußnoten und der Erstellung des Literaturverzeichnisses unterstützt Citavi neben Microsoft Office Word auch Openoffice.org sowie mehrere LaTeX-Editoren (vgl. Abschnitt IV 3). Eine Besonderheit von Citavi stellt die Installationsmöglichkeit auf einem USB-Stick dar, sodass das Programm stets auf allen Computern, die die Systemanforderungen erfüllen, ausgeführt werden kann.

Hervorzuheben ist schließlich die außergewöhnlich kompetente, schnelle und freundliche Unterstützung, die der deutschsprachige Kundendienst über HelpDesk und E-Mail leistet, sowohl bez. der Funktionen von Citavi als auch bei technischen Problemen. Die Entwickler sind stets offen für besondere Nutzerwünsche, die sie häufig aufgreifen und in den regelmäßig erscheinenden Updates ermöglichen.

Fazit: Citavi besticht durch seine zahlreichen Funktionen und seine einfache Bedienbarkeit, auch ohne Vorkenntnisse in Literaturarbeit. Das Programm ist zur Verarbeitung sehr umfangreicher Datensätze geeignet. Zur Anfertigung einer Studienarbeit dürfte die kostenlose Basis-Version noch ausreichen. Auf die Pro-Version können Sie bei Bedarf während der Arbeit problemlos mittels Erwerb eines Lizenzschlüssels für ca. 90 € umsteigen. Einige Hochschulen haben auch eine Campus-Lizenz erworben, über welche Studierende, Promovierende und Dozenten die Pro-Version kostenfrei nutzen können.

Die Literaturverwaltung **EndNote** bietet alle in Librixx und Citavi enthaltenen Funktionen der Datenspeicherung und der automatischen Erstellung von Fußnoten und Literaturverzeichnissen. Darüber hinaus ist im Netzwerk ein gleichzeitiger Zugriff aller Nutzer auf nur eine schreibgeschützte Datenbank möglich.

Für die reine Dateneingabe und das systematische Wiederauffinden von Literaturquellen ist EndNote intuitiv und sehr leicht zu bedienen. Für die meisten speziellen Bedürfnisse der Disziplinen sind Standards bereits festgelegt. So können Sie aus über 30 Eintragsvarianten wählen: Zeitschriftenartikel, Konferenzpapier, elektronische Literaturquelle, Gesetz, mathematische Formel etc. Auch eigene Varianten sind definierbar. Über die bibliografischen Merkmale hinaus lassen sich Notizen, Zusammenfassungen und Informationen wie Signatur, Ausleihfrist oder Standort speichern. Stichwort- und Sortierfunktionen sind so leistungsfähig, dass Sie selbst bei zahlreichen Literaturquellen den Überblick behalten. Zahlreiche Exportformate (u. a. XML) gewährleisten aufgrund ihrer standardisierten Struktur die softwareunabhängige Speicherung der Daten und erleichtern damit deren zukünftige Verwendung. Ab der Version EndNote X ist es möglich, PDF-Dateien direkt einzufügen. Somit ist ein Volltextzugriff möglich. Die gesamte Datenbank kann inkl. aller PDF-Dateien als eine einzige komprimierte Datei gesichert werden. Ab der Version EndNote X2 besteht noch zusätzlich die Möglichkeit, die Referenzen in verschiedene, selbst erstellte Gruppen einzuteilen. Durch die Möglichkeit, Artikel auch mehreren Gruppen zuzuordnen, wird das Arbeiten mit der erstellten Datenbank enorm vereinfacht.

Aber Sie wollen ja nicht nur Literatur sammeln und verwalten, sondern sie vor allem beim Schreiben nutzen. Dies erleichtert EndNotes Cite-while-you-write-Funktion. Beim Formulieren fügen Sie mit einem Klick Literaturquellen aus der Datenbank in das Textverarbeitungsprogramm ein, sei es im Fließtext oder als Fußnote. Im Text fügt EndNote die Kurzzitierweise gemäß gewählter Formatierung ein. Gleichzeitig und fortwährend erstellt EndNote das Literaturverzeichnis mit allen Literaturquellen am festgelegten Platz im Dokument, im Regelfall am Ende. Die Kurzzitate im Text können mittels einer einfachen Editiermaske angepasst werden, z. B. um konkrete Seitenzahlen oder Hinweise zur Literaturquelle anzugeben oder um eine Autorennennung ohne Jahreszahl anzeigen zu lassen. So werden generell nur die zitierten Literaturquellen erfasst. Zitate, die unterschiedliche Literaturquellen nutzen, aber dieselben Autoren desselben Jahres haben, werden von EndNote automatisch erkannt und entsprechend gekennzeichnet, z. B. Habermas 1998a und Habermas 1998b (vgl. Abschnitt III 3.7). Fortgeschrittene EndNote-Nutzer können von EndNote auch Grafiken verwalten und im Text an geeigneten Stellen automatisch einfügen lassen. Die Cite-while-you-write-Funktion ist jedoch nicht in Openoffice.org Writer oder LaTeX verfügbar. Eine Verwendung von EndNote in Kombination mit diesen Programmen ist zwar grundsätzlich möglich, aber etwas komplizierter und nicht sehr komfortabel.

Unabhängig davon, welche Art von Studienarbeit Sie schreiben, können Zitierweise und Literaturverzeichnis jedes Mal anders aussehen, da jeder Betreuer häufig eigene Vorstellungen hat. Es gibt unzählige Varianten, ein und dieselbe Literaturquelle zu zitieren: mit Komma, Semikolon oder Punkt zwischen den einzelnen Elementen, der Seitenangabe des Artikels vor oder hinter dem entsprechenden Sammelband, dem Namen der Zeitschrift in Kursivschrift, mit Autorenvornamen oder Initialen etc. EndNote formatiert die von Ihnen verwendeten Literaturquellen im Dokument gemäß international anerkannten Standards mit sog. Output Styles. Welcher Standard verwendet wird, ist von Ihnen selbst anzugeben. Sie wählen hierzu aus über 1.000 von EndNote bereitgestellten gängigen Standards zur Angabe von Literaturquellen aus oder erstellen selbst, am besten anhand eines bestehenden Styles, einen individuellen Eingabestil. Vorteilhaft ist, dass einmal erstellte Output Styles mit anderen EndNote-Benutzern ausgetauscht werden können.

Fazit: Der Vorteil von EndNote ist die äußerst bequeme Nutzung, da es alle Einträge automatisch erzeugt und steuert. Wenn in Ihrer Disziplin sehr umfangreiche Literaturverzeichnisse gängig sind und Sie auch nach Abschluss des Studiums wissenschaftlich arbeiten wollen, lohnt sich die Anschaffung trotz des Preises von ca. 200 bis 240 € für die Einzelplatzlizenz. Jedoch wird Studierenden ein Rabatt von ca. 50 % gewährt (www.endnote.bilaney.de). Möglicherweise ist auch durch Ihre Hochschule eine weitaus günstigere oder kostenfreie Lizenz zu erwerben.

Bibliographix ist Ideenmanagement, Literaturrecherche und Literaturverwaltung in einer Anwendung. Sie können Ihre Daten über entsprechende Eingabeformulare einfach eingeben und verwalten. Dazu gehört die Eingabe sowohl bibliografischer Daten und zugehöriger Exzerpte als auch einer Vielzahl von Anmerkungen, die Vergabe von Schlagwörtern und deren Verknüpfung mit jeweiligen Ideen. Ideen können Sie mithilfe des Ideenmanagers strukturieren, etwa indem Sie sie gruppieren, verschlagworten und mit Querverweisen zu relevanter Literatur versehen. Neben diesen vielfältigen Möglichkeiten der Literaturverwaltung und des Ideenmanagements ist Bibliographix ein Recherchetool, mit dem Sie online in Bibliothekskatalogen und anderen Literaturdatenbanken suchen können. Bibliographix 7 besitzt eine Datenbankaustauschfunktion für kollaboratives, in der Regel netzwerkbezogenes Bibliografieren. In der aktuellen Version 7 hat sich im Vergleich zur Vorgängerversion einiges verändert: So erscheint Bibliographix nicht nur in einer neuen Oberflächengestaltung (etwa durch den Einsatz von Registerkarten), sondern es können auch vielfältige Zusatzinformationen vermerkt werden, wie etwa eine Bibliothekssignatur oder die Internetadresse des zitierten Werkes. Das verbessert die Strukturierungsmöglichkeiten (fach-)spezifischen Wissens deutlich.

Zitate sind in Bibliographix voll formatierbare Texte, die in den eigenen Text übernommen werden können, wenn auch die Einbindung in Microsoft Office Word etwas umständlich ist. Die Einbindung in LaTeX ist ebenfalls möglich. Für die Literaturrecherche lässt sich frei auswählen, in welchen Bibliothekskatalogen recherchiert wird. Am Ende der Studienarbeit wird das meist als lästig empfundene Verfassen eines vollständigen und durchgehend korrekt formatierten Literaturverzeichnisses von Bibliographix automatisiert übernommen. Ein integriertes Handbuch sowie ein technischer Support sind sogar für die kostenlose Basic-

Version vorhanden. Die Basic-Version hat jedoch eingeschränkte Funktionalitäten. Die Pro-Version ist proprietäre Software, die zu vergleichsweise günstigen Konditionen erworben werden kann. Es gibt verschiedene Lizenzen, so z. B. eine Hochschullizenz für ca. 50 € statt ca. 100 €. Weiterhin sind Campus-Lizenzen verfügbar.

Fazit: Für Studierende sind neben dem vergleichsweise niedrigen Preis der voll ausgestatteten Pro-Version sowohl die Datenaustauschfunktion als auch die Kombination von Ideenmanagement, Literaturrecherche und Literaturverwaltung attraktiv, da hier studienbegleitend bspw. auch Konzepte für Studienarbeiten, ggf. sogar Ideensammlungen hinsichtlich eines späteren Studienschwerpunktes angefertigt und zu entsprechenden Literaturquellen in Beziehung gesetzt werden können. Für Studierende, die nicht unbedingt mit kostenlosen Open-Source- oder Freeware-Programmen oder Web-2.0-Programmen arbeiten wollen, ist Bibliographix eine Alternative zu den sonstigen Literaturverwaltungsprogrammen.

Reference Manager ist ebenfalls ein gängiges Programm zur Verwaltung von Literatur. Die Software bietet Ihnen zwei Funktionsebenen an, erstens die Literaturrecherche im Internet oder auf CD-ROM verfügbaren wissenschaftlichen Informationsdatenbanken und zweitens die individuelle Verwaltung und Nutzung eigener Referenzen. Diesbezüglich unterscheidet es sich nicht von anderen Literaturverwaltungsprogrammen. Da der Reference Manager in Deutschland vom selben Anbieter wie EndNote vertrieben wird, bietet er nahezu identische Funktionalitäten. Der Preis pro Lizenz liegt ca. bei 175 € bis 240 €.

Fazit: Im Vergleich zu EndNote sind die Web-Publishing- und Netzwerkfähigkeiten des Reference Managers hervorzuheben. So können Sie und andere mithilfe des Reference Managers Web-Publisher-Referenzen über den Browser eingeben oder bearbeiten. Mit dem einfach zu bedienenden Web Publisher und Webserver können in Sekundenschnelle bis zu 15 Reference-Manager-Datenbanken veröffentlicht werden. Reference Manager ist als Einzelplatz- und auch als voll funktionsfähige Netzwerkversion erhältlich, mehrere Benutzer können gleichzeitig lesend oder schreibend auf Datensätze in derselben Datenbank zugreifen.

Visual Composer.NET ist ein Programm mit vielen Funktionalitäten, das Sie nicht nur bei der Verwaltung Ihrer Literatur, sondern auch bei der Literaturrecherche, der Verwaltung der Suchergebnisse und dem Verfassen Ihrer eigenen Texte unterstützt. Visual Composer.NET ist also nicht allein dafür gedacht, die Daten Ihrer zitierten Literaturquellen zu verwalten. Beispielhaft werden hier die wichtigsten Funktionen vorgestellt.

Mithilfe des integrierten Webservice Visual Library.NET können Sie eine Literaturrecherche im Internet in bibliografischen und anderen Online-Datenbanken durchführen. Der Katalog des GBV (vgl. Abschnitt IV 1) wird als Standarddatenbank verwendet. Sie können aber auch auf andere Bibliothekskataloge oder Datenbanken zugreifen. Suchdialog und Ergebnisse werden einheitlich, unabhängig von der durchsuchten Datenbank, dargestellt. Die Ergebnisse liefern Ihnen neben den Titeln zusätzliche Informationen, z. B. Preis, Lieferzeit, bibliografische Details oder Abstract. Die Daten der gefundenen Medien können Sie einfach per Mausklick in Ihre Bibliothek übernehmen, ändern und ergänzen. Darüber hinaus können Sie den Titel in Online-Buchhandlungen bestellen, Fernleihbestellungen beim GBV (vgl. Abschnitt IV 1) abgeben und sogar die Suchmaschine Google nach weiteren Informationen zu Titel und Autor des Literaturmediums suchen lassen.

Zur Unterstützung bei der Inhaltserschließung Ihrer gesammelten Literaturquellen können Sie Daten mit den Einträgen in Ihrer Bibliothek verknüpfen. Sie können auch Texte direkt eingeben. Das Programm versieht diese Inhalte mit Metainformationen und kategorisiert sie nach Sprache, Stichwörtern oder Wertungen. Sämtliche gespeicherten Daten zeigt Visual Composer.NET in einem Explorer nach Autoren geordnet an. Dieser Explorer erlaubt es, die eigenen Materialien beliebig zu strukturieren. Dokumente, Literaturtitel und Inhalte können Sie miteinander verknüpfen. Durch das Zuweisen von Stichwörtern oder Wertungen wird das Wiederfinden der Dokumente unterstützt. Die Daten können z. B. als Materialsammlung in das XML- oder HTML-Format exportiert werden. Das Textverarbeitungsprogramm, mit dem Sie arbeiten, ist dabei beliebig. Für das Zitieren können Sie Richtlinien einstellen, um einen einheitlichen Stil zu erhalten. Das Literaturverzeichnis erstellt Visual Composer.NET ebenfalls automatisch. Jedem Dokument können Sie beliebig viele Aufgaben zuweisen, diese mit Terminen versehen und sogar verschiedenen Personen zuordnen. Vor allem dies kann Ihnen bei der Organisation Ihrer Arbeit sehr helfen.

Fazit: Visual Composer.NET bietet eine sehr umfangreiche Unterstützung bei der Literaturverwaltung, von der Recherche bis hin zum Verfassen Ihrer eigenen Texte. So viel Funktionalität bedeutet aber auch mehr Einarbeitungszeit. Ein weiterer Nachteil ist der noch relativ kleine Benutzerkreis, was sich z. B. in schwierig zu findender Unterstützung bei auftretenden Problemen auswirkt. Das Programm kostet für Wissenschaftler ca. 80 €, für Schüler und Studierende die Hälfte. Es ist nur unter den gängigen Microsoft-Windows-Betriebssystemen funktionsfähig.

Beliebte **offene Literaturverwaltungsprogramme** sind bspw. JabRef, RefDB oder BibORB. JabRef ist ein Open-Source-Programm, das das BibTeX-Format einsetzt und wegen seiner einfachen Benutzeroberfläche, seiner Exportmöglichkeiten sehr geschätzt wird. RefDB kann über Netzwerke kollaborativ genutzt werden. BibORB schließlich verarbeitet BibTeX-Dateien, funktioniert als Webanwendung und ist dadurch für die gemeinsame Nutzung interessant (Bunke 2005). Im Openoffice.org-Paket finden Sie darüber hinaus eine Literaturverwaltung (www.ooowiki.de/LiteraturVerwaltung).

JabRef ist ein Open-Source-Literaturverwaltungsprogramm. Es verwaltet und sucht in BibTeX-Datenbanken und importiert Daten aus wissenschaftlichen Online-Datenbanken. BibTeX ist als textbasiertes Format, das in jedem Editor verarbeitet, geschrieben und geändert werden kann, ein Standardformat für LaTeX-Literaturdatenbanken. BibTeX hat sich in Deutschland vor allem im naturwissenschaftlichen Umfeld als Standardformat für Literaturangaben etabliert. Zudem erleichtert es die Exportmöglichkeiten, bspw. in XML, erheblich (Bunke 2005). JabRef bietet eine benutzerfreundliche Oberfläche. Neben den Standardfeldern für die Literaturverwaltung analog englischsprachiger Bibliografier-Methoden können eigene Felder entworfen werden. In JabRef gibt es verschiedene Importfunktionen und Exportmöglichkeiten. Zusätzlich können eigene Export- und Importfilter erstellt werden. JabRef gibt es als General Public License (GNU). Dies ist eine Lizenz für freie Software, die sicherstellen soll, dass auch veränderte Fassungen für alle frei verfügbar bleiben.

Fazit: JabRef ist nicht nur ein quelloffenes Programm zur Literaturverwaltung, das mit entsprechenden Programmierkenntnissen besser als geschlossene Programme den eigenen Bedürfnissen angepasst werden kann, sondern es ist darüber hinaus für Linux-, Macintosh- und Windows-Betriebssysteme verfügbar. Interessant ist JabRef weiterhin nicht nur wegen seiner Benutzerfreundlichkeit, sondern auch wegen seiner zahlreichen Import- und Exportmöglichkeiten. Nicht zuletzt ist das Programm kostenfrei.

Ausblick: Nachdem die Literaturverwaltung durch Computerprogramme und das Internet als Recherchemöglichkeit nicht nur vereinfacht, sondern im Hinblick auf Ideenmanagement, Austauschfunktion und Import- wie Exportmöglichkeiten erweitert wurde, läutet das semantische Netz (das sog. Web 2.0) als maschinengestützte Strukturierung von Informationen eine neue Ära der Literaturverwaltung ein. Auf der Cebit 2008 in Hannover stellte die Leibniz-Universität Hannover eine neue Web-2.0-Anwendung „Group me!" vor (groupme.org). Es wird angenommen, dass sich die wissenschaftliche Praxis durch neue Möglichkeiten des Web 2.0 grundlegend verändert: „Web 2.0 macht deutlich, dass eine soziale Vernetzung sich sehr gut mit dem Austausch fachbezogener oder gar wissenschaftlicher Informationen verbinden lässt ..." (Haber / Hodel 2007, 78). Diese Form kollaborativen Bibliografierens und Exzerpierens nutzt das Web 2.0 nicht nur für Literaturrecherche, sondern für gemeinsame Literatur- und Inhaltsverwaltung (Videos, Bilder etc.). Solche Formen des gemeinsamen Indexierens bzw. der freien Verschlagwortung verschiedener Gedanken oder Inhalte („social tagging", „collaborative tagging" bzw. „social bookmarking"), werden durch sog. Soziale Software unterstützt (z. B. BibSonomy, www.bibsonomy.org). Hier entstehen durch die von verschiedenen Nutzern vergebenen Schlagwörter sog. Folksonomien (soziale Indizes). Vorteile sind die schnelle und einfache Handhabung bspw. von Literatur- und Ideenverwaltung. Durch das gemeinschaftliche Bibliografieren (und Exzerpieren) eröffnen sich dem Anwender einer solchen kollaborativen Web-2.0-Variante des Bibliografierens andere Perspektiven auf Literaturquellen und Gegenstandsbereiche, bzw. er wird überhaupt erst auf interessante Literatur zu einem Thema durch die Schlagwortzuweisung seitens anderer Nutzer aufmerksam. Schnell wird auch klar, welche Informationen in welchem Zusammenhang für viele andere am Thema Interessierte relevant sind. Schließlich gibt es mittlerweile aufgrund der Nachfrage von Web-2.0-Bibliografierern Strukturierungsmöglichkeiten hinsichtlich der Schlagworte (tags) und damit der verschlagworteten Inhalte.

Tipps zum Weiterlesen (für Abschnitt IV 2)

Eberhardt 2006; Krajewski 2008; Teichert / Stöber 2008, von Brandt 2007.

3   Textverarbeitung

Zur Textverarbeitung im Studium bieten sich je nach Umfang und Art der Studienarbeit zwei verschiedene Arten von Computerprogrammen an: sog. Textverarbeitungsprogramme (vgl. Abschnitt IV 3.1) und Textsatzprogramme (vgl. Abschnitt IV 3.2). Zu den Textverarbeitungsprogrammen gehören z. B. Microsoft Office Word, Openoffice.org Writer, iWork Pages, bei den Textsatzprogrammen ist LaTeX das am weitesten verbreitete Programm.

Textverarbeitungsprogramme folgen im Unterschied zu LaTeX dem What-You-See-Is-What-You-Get-Prinzip (WYSIWYG): Der Benutzer sieht während des Schreibens das Ergebnis der von ihm ausgeführten Aktion und das Layout, das später gedruckt bzw. weiterverarbeitet wird. Der Einstieg in die Arbeit mit diesen Programmen fällt recht leicht, denn Funktionen können durch Ausprobieren intuitiv erlernt werden. Textsatzprogramme benötigen eine längere Einarbeitungszeit, dafür funktioniert die Arbeit an großen Dokumenten hiermit zuverlässiger. Um einen Überblick zu gewinnen, welches Programm sich für Sie am besten eignet, informieren Sie sich am besten in Abschnitt IV 3.3 über die Vor- und Nachteile der jeweiligen Programme.

3.1   Textverarbeitungsprogramme

Sie können sich die Arbeit mit Textverarbeitungsprogrammen sehr erleichtern, indem sie zwischen Textinhalt und Textformat differenzieren. Allerdings verleitet die WYSIWYG-Funktionalität dazu, bereits während der Texterstellung die Formatierung des Textes zu ändern. Daher bietet es sich an, Textdokumente in zwei getrennten Schritten zu erstellen, um nach der Texterstellung nicht an einer nicht zu bewältigenden Menge an Formatierungsarbeiten zu scheitern.

Legen Sie im ersten Schritt die Formatierungen für das Dokument *vor* dem Schreiben fest. Die Einzelheiten erläutert Ihnen der jeweilige Programmabschnitt unter „Besonderheiten der Bedienung". Verfassen Sie dann im zweiten Schritt Ihren Text.

Wenn während des Schreibens noch Formatierungen durchzuführen sind, die das gesamte Dokument betreffen, dann sollten diese immer über Formatvorlagen vorgenommen werden. Vermeiden Sie das manuelle Formatieren einzelner Textpassagen.

Beim Setzen von Texten müssen Sie nicht unbedingt die Standardvorlage Ihres Schreibprogramms verwenden, sondern können eigene *Dokument-* und *Formatvorlagen* definieren. Dokumentvorlagen legen Standards für das gesamte Dokument wie etwa das Papierformat fest, Formatvorlagen dagegen die Formatierung einzelner Textabschnitte. Für manche Disziplinen existieren bereits Formatvorlagen, die zur Erstellung von Texten verwendet werden können.

Der Einfachheit halber sollten Sie von diesen existierenden Vorlagen ausgehen und sie Ihren Bedürfnissen anpassen. Dabei beginnen Sie bei den Einstellungen für die *Dokumentvorlage*: Definieren Sie das Papierformat (meistens DIN A4) und legen Sie Seitenränder fest (vgl. Abschnitt IV 4), wobei der bedruckbare Rand des Druckertyps zu beachten ist. Gestalten Sie weiterhin Kopf- und Fußzeile nach Ihren Bedürfnissen. Dann sollten Sie einzelne *Formatvorlagen* definieren. Diese können bspw. Vorgaben für den verwendeten Schrifttyp und weitere Einstellungen für Überschriften, Fließtext, Zitate, Aufzählungen enthalten. Textverarbeitungsprogramme unterscheiden zwischen Formatvorlagen für *einzelne Zeichen* und *ganze Absätze*. Nach Möglichkeit sollten Sie Formatvorlagen für ganze Absätze verwenden, um den Überblick zu behalten.

Bei der Erstellung Ihrer Dokument- und Formatvorlagen sollten Sie Vorgaben Ihres Betreuers direkt zu Beginn integrieren und sich dadurch am Ende zeitintensives Nachformatieren ersparen. Dies hat auch den Vorteil, dass Sie schon während der Arbeit an Ihrem Text jederzeit überblicken können, ob die jeweils geforderte Textlänge eingehalten wird.

Insbesondere bei langen, komplex formatierten Texten treten Probleme mit Textverarbeitungsprogrammen auf. Um Probleme mit großen Dateien zu vermeiden, sollten Objekte und Grafiken nicht direkt eingebettet werden, sondern mit dem Dokument verknüpft werden. Diese mit dem Ausgangsdokument verknüpften Objekte sollten dann sinnvollerweise mit dem Dokument in einem Ordner abgespeichert werden. Dies hat den Vorteil, dass Änderungen an den Objekten automatisch übernommen werden.

Mit Zentral- und Filialdokumenten (Microsoft Office Word) bzw. Global- und Teildokumenten (Openoffice.org Writer) können Sie ebenfalls die Dateigröße gering halten (vgl. Abschnitte IV 3.1.2 und IV 3.1.3). Sie sollten jedoch keine einzelnen Dateien zu jedem Kapitel anlegen, da Sie dann die Seitennummerierung und die Verzeichnisse manuell erstellen müssen.

Am Ende einer Studienarbeit kann es hilfreich – und zuweilen sogar nötig – sein, ein PDF-Dokument aus Ihrem Text zu erzeugen. Eine Besonderheit von Openoffice.org sowie von iWork ist dabei, dass diese Programme direktes Erstellen von PDF-Dateien unterstützen. Bei Microsoft Office Word ist dies nur über die Installation zusätzlicher (kostenloser) Software von Drittanbietern möglich.

Eine für wissenschaftliche Texte nützliche Ergänzung für Microsoft Office und Openoffice.org ist der Duden-Korrektor (www.duden.de), der für ca. 20 € erhältlich ist. Gerade für Studienarbeiten bietet diese Rechtschreib- und Grammatikkorrektur die Möglichkeit, Fehler bei der Rechtschreibung und der Grammatik sehr schnell zu entdecken und diese zuverlässig zu korrigieren. Für Studierende der Rechtswissenschaften ist eine spezifische Version, der sog. Duden Korrektor Jura, erhältlich, die die Arbeit mit rechtswissenschaftlichen Dokumenten unterstützt.

Bei der Arbeit mit Textverarbeitungsprogrammen können leicht Fehler entstehen. Wenn Fehler passieren, helfen bei den im Folgenden besprochenen Programmen die Funktionen „Rückgängig" und „Wiederherstellen".

3.1.1 Microsoft Office Word

Microsoft Office Word ist ein Textverarbeitungsprogramm, das von vielen Benutzern der Betriebssysteme Microsoft Windows und Mac OS verwendet wird. Das Office-Paket kann je nach enthaltenen Programmteilen zu unterschiedlichen Preisen erworben werden, mindestens enthalten sind Word (Textverarbeitung), Excel (Tabellenkalkulation), Outlook (E-Mail) und Powerpoint (Präsentationen). Beim Kauf eines Computers mit Microsoft Windows sind diese Programme häufig im Lieferumfang enthalten. Eine Besonderheit ergibt sich bei Microsoft Office Word durch die neu konzipierte Menüführung in den Versionen 2007/2008 (d. h. Version 2007 unter Windows und Version 2008 unter Mac OS). Die Funktionen werden nun nicht mehr über Pull-Down-Menüs und Symbolleisten bedient, sondern nur noch über eine überarbeitete Symbolleiste, der sog. Fluent-Oberfläche. Dadurch sind verschiedene Funktionen anders angeordnet worden. Die Menüführung ist insgesamt dynamischer, so dass sich beim Anklicken einer Funktion wie bspw. der Kopfzeile eine eigene Symbolleiste für diesen Funktionsbereich öffnet. Bezüglich der Bedienung ist darauf hinzuweisen, dass diese unter Mac OS leicht differiert, da sie dem Betriebssystem angepasst ist.

Zur Arbeit mit Zentral- und Filialdokumenten sind folgende Schritte notwendig: Sie müssen zunächst eine Gliederung in der Gliederungsansicht anlegen. Danach können Sie die Überschriften in der Gliederung als Filialdokumente anlegen. Wichtig dabei ist, dass Sie Ihre Studienarbeit ausschließlich über das Zentraldokument öffnen und schließen.

Microsoft Office Word verwendet je nach Version unterschiedliche Dateiformate, die jeweils ausschließlich von Microsoft genutzt werden. Von Nachteil ist, dass Word keine Import-Export-Funktion für andere Dateiformate anbietet. Allerdings sind die Microsoft-Formate so weit verbreitet, dass auch Nutzer anderer Programme meist problemlos mit ihnen arbeiten können.

Als Nutzer der Word-Versionen 2007/2008 sollten Sie bei der Verwendung von Microsoft Office Word Folgendes beachten: Wollen Sie sicherstellen, dass möglichst viele Ihrer Kommilitonen beim Dokumentenaustausch Ihre Dateien problemlos öffnen können, müssen Sie diese im Kompatibilitätsmodus speichern (im DOC-Format anstatt des neuen DOCX-Formates) oder sicher sein, dass der jeweilige Kommilitone über die kompatible Microsoft-Office-Word-Version verfügt.

Der Export in das PDF-Format kann über die Installation zusätzlicher Software von Drittanbietern erreicht werden. Kostenlose Möglichkeiten zur Umwandlung ins PDF-Format finden Sie z. B. unter freepdfxp.de, www.cutepdf.com und pdfforge.org/products/pdfcreator.

Ein Nachteil von Microsoft Office ist, dass die Rechtschreibprüfung nicht kostenlos für alle evtl. benötigten Sprachen inbegriffen ist. Sollten Sie regelmäßig mit fremdsprachlichen Texten arbeiten, empfiehlt sich u. U. der Rückgriff auf Openoffice.org, da dort fremdsprachliche Korrekturen kostenlos installiert werden können. Außerdem ist zu beachten, dass das Programm für das Betriebssystem Mac OS nicht gänzlich identisch ist zur Windows-Version. An einigen Stellen kommt es zu Problemen, vor allem bei größeren Dokumenten.

Tipps zum Weiterlesen (für Abschnitt IV 3.1.1)

Nicol / Albrecht 2007; Seimert 2007.

3.1.2   Openoffice.org Writer

Eine immer beliebtere Alternative zu Microsoft Office ist das kostenfreie OpenOffice.org (de.openoffice.org). Das Paket enthält die Programme Calc (Tabellenkalkulation), Impress (Präsentationen), Draw (Grafiken), Math (Formeleditor), Base (Datenbankanwendung) und den hier vorgestellten Openoffice.org Writer, das Schreibprogramm. Das Programmpaket ist für alle gängigen Betriebssysteme erhältlich: So werden Versionen für Microsoft Windows, Linux, Solaris und Mac OS angeboten. Benutzer von Mac OS können alternativ zur Openoffice.org Standardversion auch Neooffice (www.neooffice.org/neojava/de) nutzen, eine speziell für Mac OS angepasste Version von Openoffice.org. Die Bedienung von Openoffice.org Writer erfolgt zum großen Teil über Standard-Menüleisten, die sich so auch in vergleichbaren Programmen wiederfinden lassen. Dennoch gibt es auch Unterschiede: Neben den aus anderen Textverarbeitungsprogrammen bekannten Format- und Steuerungsleisten ist innerhalb von Openoffice.org der sog. Navigator wesentliches Steuerelement. Er kann über das Kompass-Symbol in der Standardsymbolleiste eingeblendet werden. Der Navigator ist gerade in langen bzw. komplexen Dokumentstrukturen hilfreich, da er eine Übersicht über alle Dokumentelemente und Symbole zur schnellen Navigation im Dokument bietet.

Früher bestehende Unterschiede zu der unter Microsoft Office Word als Kommentarfunktion bekannten Möglichkeit, an bestimmten Stellen eines bearbeiteten Textes Bearbeiterkommentare zu hinterlegen, sind mittlerweile nicht mehr problematisch. Die Funktion heißt unter Openoffice.org Notizfunktion, bietet aber eine ähnliche (und teilweise weitergehende) Funktionalität.

Wie in allen Textverarbeitungsprogrammen üblich, lassen sich auch unter Openoffice.org-Formatvorlagen festlegen.

Für das Arbeiten mit Global- und Teildokumenten gehen Sie wie folgt vor: Zuerst erstellen Sie das Globaldokument. Danach legen Sie sich in diesem Globaldokument Ihre Formatvorlagen an und erst im Anschluss fügen Sie die Teildokumente ein.

Openoffice.org nutzt in der Standardkonfiguration das ISO-standardisierte Opendocument XML-Format (*.odt). Dies hat den Vorteil, dass Anwender nicht auf ein Format eines Anbieters festgelegt sind. Zudem kann in den Microsoft-Formaten gespeichert werden. Auch wenn dabei (selten) Konvertierungsprobleme auftreten, ist die Funktion in der Regel praxistauglich.

Sie können Openoffice.org-Dokumente direkt im PDF-Format ausgeben. In der neuen Version ist sogar ein Import zur Bearbeitung von PDF-Dokumenten integriert. Für umfangreiche Dokumente ist die verbesserungsbedürftige Rechtschreibkorrektur ein Nachteil. Von Vorteil ist, dass über www.openoffice.org kostenlos fremdsprachliche Rechtschreibkorrekturen eingebunden werden können. Der Nachteil kann auf zwei Wegen umgangen werden. Einerseits durch den be-

reits beschriebenen Duden Korrektor, andererseits durch Nutzung der kosten-
pflichtigen Alternative Star Office: Diese basiert auf Openoffice.org, ist aber um
verschiedene Module ergänzt – so u. a. eine verbesserte Rechtschreibkorrektur.
Für Hochschulen und deren Angehörige sind kostenlose Versionen erhältlich
(de.sun.com/servicessolutions/industries/edu/so/index.jsp).

Tipps zum Weiterlesen (für Abschnitt IV 3.1.2)

Borutta 2007; Fränkl 2006; Hümmler 2004; Krumbein 2008.

3.1.3   iWork Pages

Das Programm iWork Pages aus dem Hause Apple ist ein Konkurrenzprodukt zu
Microsoft Office Word und nur für Apples Mac OS erhältlich. Zwar ist iWork
nicht wie Openoffice.org kostenlos erhältlich, doch ist es günstiger als Microsoft
Office. Für Benutzer von Mac OS ist iWork vor allem interessant, da es in Gänze
in das Betriebssystem integriert ist und so Arbeitsschritte, die auf andere Programme zurückgreifen, gut funktionieren.

Wie andere Mac-OS-Programme ist iWork Pages auf eine leichte Bedienbarkeit
hin optimiert und bietet daher das Apple-typische Aussehen. Verschiedene Funktionen wie Dokumenteigenschaften, Layout- und Umbrucheinstellungen, aber
auch Text und Grafikformate sowie Tabellen und Diagramme sind über das Symbol Informationen in der Symbolleiste zugänglich. Für Formatvorlagen, die bei
iWork Pages Stile genannt werden, müssen Sie das Fach „Stile" aufrufen. Dort
werden Absatzstile, Zeichenstile und Listenstile angezeigt, die angewandt oder
auch verändert werden können.

Im Unterschied zu Microsoft Office Word kann iWork Pages auch andere Dokumente als das eigene Dateiformat öffnen. Für Apple-Works-Nutzer ist vor allem
die Kompatibilität mit dessen Dateiformat vorteilhaft und auch die aktuellen
Microsoft-Formate können geöffnet werden, die Breite an Dateiformaten hält sich
aber in Grenzen – so wird bspw. der OpenDocument-Standard nicht unterstützt.
Eine höhere Kompatibilität weist daher Openoffice.org bzw. Neooffice auf. Sollten Sie regelmäßig mit Nutzern von Microsoft Office Word 2007/2008 zusammenarbeiten, ist eine Schwierigkeit, dass mit iWork Pages nicht in dem DOCX-
Format gespeichert werden kann. Möglich ist aber das Speichern im DOC-Format.

Wie Openoffice.org unterstützt iWork die Umwandlung in PDF-Dateien. Verglichen mit den Programmen der Konkurrenz ist der Nachteil der einfach ge-
stalteten Bedienbarkeit von iWork Pages an verschiedenen Stellen, dass bestimmte
Funktionen nicht oder nur in begrenztem Umfang vorgesehen sind. So sind gerade
für längere und komplexere wissenschaftliche Texte die Funktionen von iWork im
Vergleich zu Openoffice.org und Microsoft Office eingeschränkt, z. B. was die
Zusammenarbeit mit dem jeweiligen Programm zur Tabellenkalkulation angeht.

Außerdem bietet iWork Pages weniger Auswahl bei der Rechtschreibkorrektur,
da die Duden-Korrektor-Software nicht für iWork Pages bereitstellt wird und daher die zugehörige Rechtschreibkorrektur benutzt werden muss. Zusätzlich schnei-

det die Rechtschreib- und Grammatikkorrektur von iWork Pages im Vergleich zu derjenigen von Microsoft Office Word schlecht ab.

Tipp zum Weiterlesen (für Abschnitt IV 3.1.3)

Brede / Radke 2008.

3.2   Textsatzprogramm LaTeX

Bei Studienarbeiten müssen Sie u. U. mit sehr umfangreichen Texten oder mathematischen Formeln arbeiten. Dieser Abschnitt behandelt das für solche wissenschaftlichen Anwendungen entwickelte und kostenlos erhältliche Textsatzsystem LaTeX (sprich: Latech). Gegenüber den Standard-Textverarbeitungsprogrammen Microsoft Office Word, Openoffice.org Writer und iWork Pages bietet LaTeX insbesondere beim Erstellen umfangreicher Dokumente Vorteile.

Im Unterschied zu den genannten WYSIWYG-Programmen, bei denen Sie Ihren Text am Bildschirm direkt formatieren, versehen Sie bei LaTeX Ihren Text mit Befehlen. Diese Befehle werden in einem zweiten Schritt von LaTeX verwendet, um den Text zu formatieren und in ein Layout zu setzen. Diese zunächst ungewohnte Funktionsweise hat im Wesentlichen zwei Vorteile. Erstens können Sie Dokumente unabhängig vom verwendeten Betriebssystem bearbeiten und mit anderen Bearbeitern austauschen und zweitens können Sie sich zunächst auf den Inhalt Ihres Dokumentes konzentrieren.

Dennoch erscheint LaTeX zu Beginn als kompliziert, da sehr viele verschiedene Befehle für Texterstellung und -formatierung existieren. Nach einer Einarbeitung in das Satzsystem sprechen jedoch die erstellten professionellen Dokumente und die Flexibilität von LaTeX für sich.

Zwar kann jeder Texteditor benutzt werden, um einen unformatierten Ausgangstext inkl. der nötigen Befehle für LaTeX zu schreiben. Hilfreich ist hingegen die Verwendung eines Editors, der die Erstellung dieses Ausgangstextes mit Hilfsmitteln unterstützt. Dazu gehört z. B. die farbliche Hervorhebung von LaTeX-Befehlen, das Einfügen von LaTeX-Befehlen auf Knopfdruck oder die Möglichkeit, das mit einem Layout versehene Dokument aus dem Editor heraus aufzurufen. Abhängig vom Betriebssystem können verschiedene Editoren genutzt werden. Je nach Ihren Vorlieben und den Anforderungen an die von Ihnen zu erstellenden Arbeiten bieten sich unterschiedliche Editoren an. Die meisten davon sind, wie auch LaTeX selber, OpenSource-Programme und daher kostenlos erhältlich (www.matthiaspospiech.de/latex/programme/#toc-editoren sowie Kopka 2002).

Eine nützliche Eigenschaft von LaTeX ist seine Unterstützung im wissenschaftlichen Umgang mit Literaturquellen. Die Funktion, das Literaturverzeichnis automatisch erstellen zu lassen, ermöglicht, dass exakt diejenigen Literaturquellen im Literaturverzeichnis genannt werden, die zuvor im Text zitiert worden sind (Kopka 2002).

Für Geisteswissenschaftler werden in Tibi 2007 beispielhaft Anwendungsmöglichkeiten von LaTeX dargestellt. Studierende in den Bereichen Naturwissenschaften und Mathematik werden die Einarbeitung in LaTeX nur schwer vermeiden können. Grund sind die herausragenden Möglichkeiten des Textsatzsystems zur Erstellung von mathematischen Ausdrücken. Der Mathematikmodus ermöglicht ein professionelles Erscheinungsbild nahezu aller bekannten mathematischen Sonderzeichen und Ausdrücke. Neben der Möglichkeit, auch komplexere Darstellungen wie Matrizen, mehrzeilige Formeln und Gleichungssysteme zu erzeugen, kann auf die abgesetzten und nummerierten Formeln problemlos im Text Bezug genommen werden (Voß 2006).

Zusammenfassend bietet LaTeX viele Möglichkeiten, um größere professionelle Dokumente zu erstellen. Wenngleich es kostenlos zur Verfügung steht, ist der „Preis" der Flexibilität eine erhebliche Einarbeitungszeit. Beim Übersetzen des Quelltextes in das fertige Dokument treten besonders bei LaTeX-Anfängern häufig Fehlermeldungen auf, und die auslösenden Probleme sind nicht immer sofort leicht zu lösen.

Tipps zum Weiterlesen (für Abschnitt IV 3.2)

Jürgens 2000; Kopka 2002; Niedermair / Niedermair 2006; Porto 1995; Stein 2007.

3.3   Vergleich der Programme

Tabelle 19 zeigt die einzelnen Textverarbeitungen im Vergleich (Kriterien analog zu Preißner / Engel 2001, 194 ff.). Mithilfe dieses Vergleiches können Sie feststellen, welche Textverarbeitung für Ihre Anforderung am besten geeignet ist. Sie haben die Möglichkeit, anhand der Übersicht über die vorgestellten Programme hinaus auch weitere hinsichtlich deren Einsetzbarkeit für Ihr Studium zu bewerten.

Tabelle 19.   Auswahl der Textverarbeitung[5]

Kriterium	*Word*	*Writer*	*Pages*	*LaTeX*
Sonderzeichen	0	0	0	++
Darstellung von Formeln	-	0	-	++
automatische Inhaltsverzeichniserstellung	0	0	0	0
automatische Indexerstellung	++	++	+	--
automatische Nummerierung	0	0	0	0
Gliederungsfunktion	0	0	0	0
Grafikintegration	+	+	0	-
Rechtschreibprüfung	++	+	+	0
Grammatikprüfung	++	+	+	--
Silbentrennung	0	0	0	0
Synonyme	++	++	+	--
Druckformate	+	+	+	-
Satz	0	0	0	++
automatische Querverweise	0	0	0	++
automatische Seitennummerierung	0	0	0	0
unterschiedliche Kopf- und Fußzeilen	0	0	0	0
Tabellenfunktionen	++	++	+	-
geschützte Leerzeichen	0	0	0	0
Zurücknehmen von Änderungen	0	0	0	++
Kommentare	0	0	0	+
Buchformat	0	0	-	+
Anschaffungskosten	--	++	-	++
Einarbeitung	++	++	++	--
naturwissenschaftliche Dokumente	0	0	0	+
geisteswissenschaftliche Dokumente	0	0	0	-
große Dokumente	0	0	-	++

---

[5] Die Bewertung der einzelnen Programme wurde wie folgt vorgenommen: „großer Vorteil" (++), „geringer Vorteil" (+), „kein Vorteil" (0), „geringer Nachteil" (-), „großer Nachteil" (--). Wenn bezogen auf ein Kriterium kein relevanter Unterschied zwischen den einzelnen Programmen besteht, wurden alle mit „kein Vorteil" (0) bewertet.

4   Layout und Seitengestaltung

Neben dem Inhalt einer Studienarbeit ist auch das Layout von Bedeutung, da dieses dem Leser einen ersten formalen Eindruck vermittelt. Im Vergleich zu früheren Zeiten, in denen es keine maschinellen Bearbeitungsmöglichkeiten gab, bieten Textverarbeitungsprogramme (vgl. Abschnitt IV 3) vielfältige Möglichkeiten. Mit diesen Möglichkeiten steigen allerdings auch die Anforderungen an den Studierenden, Arbeiten in einem annähernd professionellen Design abzugeben.

Grundsätzlich sollte ein wissenschaftlicher Text gut lesbar sein und einen schnellen Überblick über das Themengebiet ermöglichen. Um diesen Überblick zu erreichen, spielen Layout und Seitengestaltung eine wichtige Rolle. Zu diesen zählen alle formalen Aspekte, die das Gesamterscheinungsbild jeder einzelnen Seite ausmachen – vom Satzspiegel bis zum Platzieren von Abbildungen und Tabellen oder der durchaus nicht so banalen Frage, wo eigentlich die Seitenzahl stehen sollte (Kremer 2006, 153). Je nach Disziplin und Betreuer müssen Sie individuelle Vorgaben beim Layout und der Seitengestaltung Ihrer Studienarbeit beachten. Falls Ihnen solche Vorgaben nicht bekannt sind, sollten Sie vor der Erstellung Ihrer Studienarbeit mit Ihrem Betreuer darüber sprechen. Manche Betreuer stellen auch vorherige bei ihnen durchgeführte Arbeiten zur Verfügung. Im Folgenden finden Sie einige allgemeine Hinweise, die Sie auf jeden Fall mit individuellen Richtlinien abgleichen müssen, bevor Sie diese übernehmen.

Außer in den USA hat sich weltweit das DIN-A4-Format als Standardformat zur Erstellung wissenschaftlicher Arbeiten durchgesetzt. Generell empfiehlt sich die Verwendung von weißem 80-Gramm-Papier, das für Schreibmaschinen, Tintenstrahl- oder Laserdrucker geeignet ist (Kremer 2006, 155).

Unter dem *Satzspiegel* wird die vom gewöhnlichen Text und (meist auch) von den Abbildungen bzw. Tabellen eingenommene Fläche einer bedruckten Seite verstanden. Sonstige Angaben und Textzusätze wie etwa eine Kopf- oder Fußzeile und die Seitenzahlen (Pagina) gehören nicht zum Satzspiegel und laufen außerhalb dieses Raumes (Kremer 2006, 156). Für Studienarbeiten, bei denen in der Regel nur eine Seite bedruckt wird, bieten sich folgende Mindestmaße an, sofern Ihr Betreuer keine eigenen Vorgaben macht: Der linke Rand sollte 5 cm, der rechte Seitenrand 2 cm, der obere Rand 2 cm und der untere Rand 2,5 cm breit gewählt werden.

Die Nummerierung wird üblicherweise in einer einzeiligen Kopfzeile vorgenommen. Titel- bzw. Deckblatt werden bei der Seitennummerierung nicht mitgezählt und folglich auch nicht paginiert. Allerdings wird diese Regel an manchen Fakultäten nicht beachtet. Häufig beginnt der alphanumerisch gegliederte Text mit der Einleitung (Seite 1); bei Bedarf wird für die zuvor und im Anschluss vorhandenen Verzeichnisse eine römische Nummerierung verwendet. Auch hier sollten Sie Ihren Betreuer fragen oder andere Studienarbeiten Ihrer Disziplin unter diesem Aspekt ansehen.

Im Satzspiegel sollten Sie grundsätzlich auf zu viele wechselnde *Schriftarten* und Stilmittel wie Fettdruck, Unterstreichung oder Kapitälchen verzichten. Als Grundschriftart werden heute in der Regel Times New Roman oder Arial eingesetzt. Zwecks besserer Lesbarkeit ist eine Schriftart mit Serifen (häkchenartige Enden an den Buchstaben) wie Times New Roman zu bevorzugen. Arial ist gut geeignet für Überschriften. Als *Schriftgröße* wird meistens 12 Punkt bei Times New Roman und 11 Punkt bei Arial gewählt. Für die Titelseite werden auch andere Schriftgrade eingesetzt.

In Studienarbeiten wird heute standardmäßig ein *Zeilenabstand* von 1,5 Zeilen verwendet. Der Standardtext wird im Blocksatz ausgerichtet. Selten wird die linksbündige Ausrichtung mit „flatternden" Rändern eingesetzt. Vor Überschriften empfiehlt sich ein Abstand, der eineinhalb bis zweimal so groß ist wie der Abstand von der Überschrift zum darauf folgenden Text. Mathematische Formeln und Reaktionsgleichungen werden üblicherweise zentriert oder linksbündig eingerückt und nummeriert (Kremer 2006, 170).

Abbildungen und Tabellen können manche Aussage viel besser darstellen als Text. Aber bei deren Layout sind einige Dinge zu beachten. Sie sollten zentriert angeordnet werden und nicht breiter als der Textbereich sein. Die Legenden sollten aussagekräftig sein, so dass der Leser die Abbildung oder Tabelle auch ohne den Text versteht. Bei Tabellen sollten nicht alle Zellen mit Linien umgeben werden. Eine solche Vielzahl an Linien verwirrt eher, als dass sie der Übersichtlichkeit dient. In manchen Disziplinen werden senkrechte Linien vermieden (vgl. Abschnitt III 3.8 sowie Ebel / Bliefert 2003, 135).

Jedes Kapitel sollte auf einer neuen Seite beginnen. Bei Seitenumbrüchen ist des Weiteren zu beachten, dass keine einzelnen Zeilen eines Absatzes auf der folgenden oder der vorangehenden Seite entstehen. Die vereinsamte erste Zeile eines Absatzes auf dem unteren Ende der Seite wird im Fachjargon *Schusterjunge* genannt; *Hurenkind* wird die letzte Zeile eines Absatzes auf der folgenden Seite genannt.

Heutige Textverarbeitungsprogramme bieten zahlreiche Möglichkeiten der Seitengestaltung. Viele Elemente, wie z. B. das Inhaltsverzeichnis, können bei Verwendung von Formatvorlagen automatisch erstellt werden. Auch für die Gestaltung der Deckblätter, Verzeichnisse und des Satzspiegels existieren zahlreiche Richtlinien (vgl. Abschnitt III 3).

Die Gestaltung Ihrer Studienarbeit kann ein Beurteilungskriterium sein (vgl. Abschnitt II 2). Ein gutes Layout macht den Inhalt zugänglicher.

> Erfahrungsgemäß dauert das Layouten viel länger als zunächst angenommen. Deshalb sollten Sie Layout und Seitengestaltung frühzeitig, also am besten vor Beginn der Schreibphase, definieren. So ersparen Sie sich vor dem Abgabetermin unnötigen Stress.

Tipps zum Weiterlesen (für Abschnitt IV 4)

Ebel / Bliefert 2003, 109 ff.; Karmasin / Ribing 2007, 48 ff.; Kremer 2006, 153 ff.; Theisen 2006, 253 ff.

5   Datensicherung

Ein Studium ohne den Einsatz eines Computers ist heute nicht mehr denkbar. Stellen Sie sich vor, Sie wollen Ihren Computer einschalten und „nichts" geht mehr. Eine regelmäßige Datensicherung kann ein solches Szenario entschärfen. Gerade bei der Arbeit mit Literaturverwaltungsprogrammen (vgl. Abschnitt IV 2) und Textverarbeitungsprogrammen (vgl. Abschnitt IV 3) für die Erstellung von Mitschriften, Protokollen und Studienarbeiten ist es wichtig, dass die Daten in regelmäßigen Abständen gesichert werden. Nichts ist ärgerlicher, als wenn die erfassten Literaturquellen oder Ihr mühsam geschriebener Text aufgrund eines Absturzes, eines Defektes oder Virenbefalls Ihres Computers unwiederbringlich verloren gehen. Entsprechend dieser Relevanz sind bei der Datensicherung unterschiedliche Aspekte zu berücksichtigen.

Die zu sichernden Daten hängen maßgeblich von Ihren Nutzungsgewohnheiten ab. Manche Daten ändern sich täglich, z. B. ein Textdokument während der Schreibphase; andere ändern sich mehr oder weniger nie, wie z. B. Rohdaten oder Fotos. So müssen Sie sicherlich nicht täglich das gesamte System sichern. Generell sollten Sie jedoch diejenigen Daten sichern, die sich seit der letzten Sicherung geändert haben. Dazu gehören auch evtl. ein Adressbuch des E-Mail-Programms oder vielleicht ein in speziellen Programmen entwickeltes Style zur Ausgabe. Wenn Sie mit Literaturverwaltungsprogrammen arbeiten, sollten Sie auch die zugehörigen Dateien sichern. Evtl. verknüpfte Dateien sollten Sie ebenfalls nicht vergessen.

Hinsichtlich Art und Umfang der Datensicherung gibt es verschiedene Strategien, die aber vor allem im professionellen Bereich eingesetzt werden. Es werden die vollständige, differentielle und inkrementelle Datensicherung (BSI o. J. c) unterschieden. Die inkrementelle Datensicherung, bei der nur die Daten gesichert werden, die sich seit der letzten vollständigen Datensicherung geändert haben, und die vollständige Datensicherung sind für Sie am wichtigsten. Insbesondere die inkrementelle Datensicherung lässt sich durch die Nutzung kommerzieller Backup-Software erleichtern, weil diese die seit der letzten Sicherung erfolgten Änderungen automatisch erkennt.

Zur Sicherung Ihrer Studienarbeit bietet sich z. B. die folgende Sicherungsstrategie an. Hierzu benötigen Sie CD- oder DVD-Rohlinge und sechs wiederbeschreibbare Speichermedien, die Sie üblicherweise mit 1 (Montag) bis 6 (Samstag) durchnummerieren. Sie führen zunächst z. B. an einem Sonntag eine vollständige Datensicherung auf einer CD bzw. DVD durch. Weiterhin führen Sie am Ende eines jeden Tages eine inkrementelle Datensicherung auf dem mit dem entsprechenden Wochentag beschrifteten wiederbeschreibbaren Speichermedium durch. Am nachfolgenden Sonntag wird eine vollständige Datensicherung auf einer neuen CD bzw. DVD vorgenommen. So fahren Sie entsprechend fort.

Die Daten der inkrementellen Datensicherung können Sie nach der nächsten vollständigen Datensicherung löschen. Die Daten der vollständigen Datensicherung sollten Sie hingegen erst löschen, wenn Sie sicher sein können, dass Sie nicht mehr darauf zurückgreifen müssen, in der Regel nach der Fertigstellung Ihrer Studienarbeit.

Gerade in der Schlussphase Ihrer Studienarbeiten sollten Sie die Zeit für die Datensicherung nicht einsparen. Denn gerade für die – ohne Sicherung oftmals fehlschlagenden – Datenwiederherstellungsversuche haben Sie insbesondere dann keine Zeit. Daher sollten Sie also unbedingt auf Nummer sicher gehen!

In Tabelle 20 finden Sie eine Liste der zurzeit verbreitetsten Speichermedien. Trotz der jeweiligen Vor- und Nachteile genügt es jedoch nicht, Kopien auf einer Festplatte anzulegen. Diese und auch Ihr Computer könnten schließlich beschädigt werden. Daher sollten Sie die Daten auf unterschiedlichen und mehreren Speichermedien parallel speichern, da auch diese ausfallen könnten.

Tabelle 20. Vor- und Nachteile der verschiedenen Speichermedien

Speicher-medium	Kapazität	Vorteile	Nachteile
CD-ROM / CD-RW	700 MB	• sehr günstige Rohlinge	• empfindlich gegenüber mechanischen Schäden • relativ geringe Speicherkapazität
DVD-ROM / DVD-RW	8,5 GB	• sehr günstige Rohlinge	• empfindlich gegenüber mechanischen Schäden
Externe Festplatte	bis 2 TB	• sehr große Speicherkapazität	• geringere Mobilität • empfindlich gegenüber Magnetismus und Erschütterungen
USB-Stick	bis 32 GB	• hohe Speicherkapazität • unempfindlich gegenüber mechanischen Einwirkungen	• kann aufgrund der geringen Größe leicht verloren gehen

Neben den Aspekten der technischen Sicherungsdurchführung ist es wichtig, dass Sie die verschiedenen Kopien an unterschiedlichen Orten aufbewahren. Es klingt zwar übertrieben, aber es ist auch hin und wieder passiert, dass aufgrund eines Brandes oder eines Einbruchs die Daten im Arbeitszimmer unbrauchbar bzw. unzugänglich werden.

Darüber hinaus empfiehlt es sich, auf die entsprechende Lagerung der Speichermedien zu achten: So sind viele Speichermedien gegenüber Kälte, Hitze und teilweise gegenüber Magnetismus empfindlich. Grundsätzlich sollten Speichermedien trocken und sauber in einer Hülle im Schrank bei Zimmertemperatur aufbewahrt werden und keinem direkten Sonnenlicht ausgesetzt werden (BSI o. J. c).

> Deponieren Sie monatliche Kopien Ihrer vollständigen Datensicherung bei Verwandten, Freunden oder Bekannten.

Neben der Datensicherung auf eigenen Datenträgern kann auch die Infrastruktur der Hochschule verwendet werden. Sofern dies von Ihrer Hochschule angeboten wird, ist es wohl am sichersten, die Ordner zu benutzen, die Sie auf einer Netz-werkfestplatte des Hochschulrechenzentrums zugewiesen bekommen können, da diese wiederum regelmäßig gesichert wird. Sicherungsangebote von Drittanbie-tern, bei denen die Möglichkeit besteht, die Daten per Internet zwischenzuspei-chern, sollten kritisch hinterfragt werden, da hier weder sichergestellt werden kann, dass ausschließlich autorisierte Personen auf die Daten zugreifen können, noch, dass die Daten langfristig verfügbar sind.

> Vergessen Sie nicht, nach einer Sicherung auch zu überprüfen, ob die Da-ten vom jeweiligen Datenträger gelesen und wiederhergestellt werden kön-nen.

Es empfiehlt sich, in regelmäßigen Abständen auch eine Komplettsicherung des ganzen Computersystems auf einer externen Festplatte vorzunehmen, wobei diese wegen der großen Datenmenge über einen Firewire- oder USB-2.0-Anschluss ver-fügen sollte. Diese Komplettsicherung ermöglicht, dass Sie bspw. bei einem Fest-plattencrash binnen weniger Stunden Ihr komplettes bisheriges System inkl. der Programme und Daten auf einer neuen Festplatte wieder herstellen können, ohne erst aufwendige Programm-Neuinstallationen vornehmen zu müssen. Diese wür-den bei einem umfangreichen Computersystem einschließlich der notwendigen Konfigurationen mehrere Tage in Anspruch nehmen.

Abschließend wird noch auf die Namensgebung und die Datenstruktur sowie auf Antivirenprogramme und Firewalls eingegangen.

Damit Sie einzelne Versionen Ihrer Dateien nachvollziehbar zuordnen können, sollten Sie sich im Vorhinein Gedanken über die *Namensgebung* Ihrer Dateien machen. Es bietet sich an, z. B. jedem Dokumentennamen das aktuelle Datum hinzuzufügen. Somit können Sie auch auf alte Versionen zugreifen, wenn Sie z. B. bereits verworfene Textbausteine verwenden möchten. Auch sollten Sie sich rechtzeitig über die Datenstruktur Gedanken machen. Es erweist sich als sinnvoll, Auswertungen von Experimenten oder Befragungen oder auch Abbildungen in separaten Verzeichnissen abzulegen.

Sollte der Computer, auf dem Sie Ihre Studienarbeit erstellen, mit dem Internet verbunden sein, so empfiehlt es sich, diesen durch entsprechende Software gegen Angriffe aus dem Internet zu schützen. Dafür eignen sich ein *Antivirenprogramm* oder auch eine Personal Firewall. Antivirenprogramme können ihnen bekannte Computerviren, Computerwürmer und Trojanische Pferde erkennen, blockieren und ggf. entfernen (BSI o. J. b). Die gängigsten Antivirenprogramme (BSI o. J. d) bieten eine automatische Aktualisierung dieser Virendefinitionen an. Eine Personal Firewall hingegen verhindert nicht nur das Ausspähen Ihrer Daten, sondern primär das Unbrauchbarmachen Ihres gesamten Computersystems durch Hacker. Es handelt sich um ein Programm, das den Datenverkehr zwischen Ihrem Computer und dem Netzwerk kontrolliert und nur den gewünschten Datenverkehr zulässt (BSI o. J. a).

Tipps zum Weiterlesen (für Abschnitt IV 5)

BSI o. J. b; BSI o. J. c.

6   Anbieter von Dienstleistungen

Im Wissenschaftsbetrieb reichen die Dienstleistungen von Nachhilfe, klassischen Lektoratsdiensten über Hilfen bei der Textverarbeitung und EDV (z. B. Statistik) bis zu Repetitorien (v. a. in den Rechtswissenschaften und der Medizin). Zudem werden Studien- und Karriereplanung angeboten.

Durch Ihr Studium sollen Sie auch die Methoden und die Vorgehensweise des wissenschaftlichen Arbeitens erlernen. Sich Dienstleistungen für den Studienverlauf einzukaufen stellt nicht nur eine gewisse finanzielle Belastung dar; oft ist auch fraglich, ob und in welchem Umfang überhaupt Dienste anderer in Anspruch genommen werden dürfen.

Um nicht in den Verdacht der Inanspruchnahme unzulässiger Hilfe zu geraten, dürfen Sie nur „technische", untergeordnete Unterstützungen entgegennehmen. So ist bereits die „bloße" Hilfe bei der Literaturrecherche unzulässig, da diese Arbeit auch dazu dient, einen Überblick über Literatur- und Forschungsstand zu erhalten, und die Auswahl der verwendeten Literatur den Gang der wissenschaftlichen Untersuchung erheblich beeinflusst. Während die Hilfe bei der Ausarbeitung eines

Arbeitsplanes oft sinnvoll ist, wird die Unterstützung überschritten, wenn hierbei eine Gliederung der Studienarbeit gefertigt wird, da hierin eine fundamentale Leistung einer Studienarbeit besteht. Hingegen kann ein Lektor zulässige und wertvolle Dienste leisten, wenn ein wissenschaftlicher Text auf Logik, Stringenz der Argumentation und Verständlichkeit geprüft wird und der Dienstleister durch konkrete Fragen Schwächen der Studienarbeit aufdeckt. Insoweit ersetzt oder ergänzt er Aufgaben des Betreuers, einer Lerngruppe oder von Kommilitonen. Eine Mitwirkung bei der inhaltlichen Ausgestaltung der Studienarbeit ist jedoch nicht erlaubt, da dies eine Koautorschaft bedeuten würde. Bei Abschlussarbeiten muss grundsätzlich versichert werden, dass diese nur mit den angegebenen Mitteln angefertigt wurden – auch ohne eine solche Versicherung gilt dies bereits für jede Studienarbeit.

Während die Annahme von Hilfestellungen bisweilen sinnvoll ist, muss Ihnen klar sein, wie schnell die Grenze zur unerlaubten Hilfe überschritten ist. Angesichts dieser Problematik haben sich zahlreiche Wissenschaftsberatungen im Rahmen einer Selbstverpflichtung Ethikmaßstäbe gegeben. Bei der Auswahl eines Beraters sollten Sie auf Seriosität achten; von Leistungen, die über das skizzierte Maß hinausgehen, sollten Sie Abstand nehmen.

Ebenso unstatthaft wie die Inanspruchnahme der Dienste von Ghostwritern ist die Täuschung über die Autorschaft einer Studienarbeit durch Anfertigung eines Plagiats. Es versteht sich von selbst, dass Texte, die von Dritten stammen, nicht als eigene Studien- oder Prüfungsleistungen anerkannt werden können. Existieren entsprechende Rechtsgrundlagen in Gesetzen und universitären Satzungen, können die Sanktionen bis zum Verlust des Prüfungsanspruchs und zur Zwangsexmatrikulation reichen. Sicherlich ist hier eine differenzierte Betrachtung des Einzelfalles erforderlich: So zeugt eine falsche oder fehlende Zitierweise nur von fehlendem wissenschaftlichen Handwerkszeug, während hinter einem Vollplagiat erhebliche kriminelle Energie steckt. In den vergangenen Jahren haben sich die Hochschulen verstärkt der Fälschungsproblematik angenommen, was Täuschungsversuche bereits erheblich erschwert hat. Auch die meisten Betreuer kennen sich im Internet aus oder verfügen eine spezielle Software zur Erkennung von Plagiaten und können somit beurteilen, ob es sich bei dem eingereichten Text um eine eigene gedankliche Leistung oder um eine Kompilation (lat. compilare; plündern, berauben, ausbeuten) bereits existierender Studienarbeiten handelt. Ehrlichkeit hinsichtlich der Autorschaft, Hilfsmittel, Literaturquellen und Methoden ist eine elementare Voraussetzung für Studium und Wissenschaft.

> Grundsätzlich können Sie eine Studienarbeit auch ohne die Zuhilfenahme eines Dienstleisters erstellen. Fertigen Sie Ihre Studienarbeiten selbst an!

Tipp zum Weiterlesen (für Abschnitt IV 6)

Weber 2006.

V   Erfahrungsberichte von Betreuern aus den Disziplinen

Einen Schwerpunkt dieses Ratgebers stellen die persönlichen Erfahrungsberichte dar. Darin schildern Dozenten, die seit Jahren Lehrveranstaltungen bzw. Prüfungen durchführen, ihre ganz persönliche Sichtweise. Diese sind nach den Fächergruppen gemäß der Systematik der amtlichen Statistik unterteilt und sortiert (Statistisches Bundesamt 2008, 307 ff.).

Im Jahr 2007 gab es in Deutschland insgesamt 286.391 Studienabschlüsse. Die Aufteilung auf die einzelnen Fächergruppen ist in Abb. 3 dargestellt.

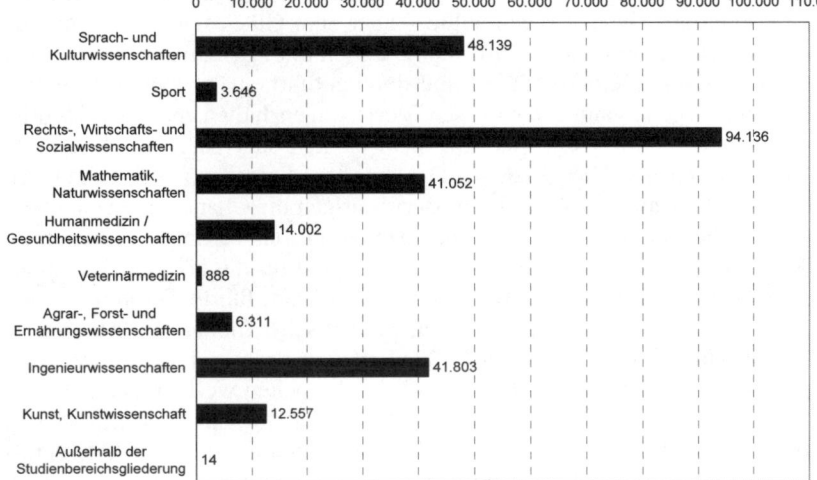

Abb. 3. Bestandene Studienabschlüsse nach Fächergruppen im Jahr 2007 (Statistisches Bundesamt 2008, 19 f.)

In diesem Kapitel ist ein Querschnitt von Erfahrungsberichten für die einzelnen Studienbereiche dieser Fächergruppen wiedergegeben ohne besondere Berücksichtigung der häufig studierten Fächer. Da fast in allen Erfahrungsberichten Informationen und Hinweise gegeben werden, die auch für ein Studium in anderen Fächern gelten, lohnt es sich durchaus, auch Erfahrungsberichte zu lesen, die keinerlei Bezug zum eigenen Fach oder Studienort aufweisen. Weiterhin befinden sich im Anhang H mehrere Indizes, mithilfe derer auf die Erfahrungsberichte nach den Kriterien Hochschule, Fakultät und Fach zugegriffen werden kann.

1 Sprach- und Kulturwissenschaften

1.1 Philosophie

Ich lehre seit 15 Jahren an der Universität Philosophie, Logik, Geschlechterstudien und Hochschuldidaktik. Obwohl ich große Hoffnungen in die Studienreform setzte, muss ich feststellen, dass sie das Philosophieren erschwert. Bachelor-Studiengänge kenne ich von den geistes- oder sozialwissenschaftlichen Fakultäten der Universitäten Münster, Fribourg und Lausanne. Studierende der Geisteswissenschaften stehen gegenwärtig vor besonderen Herausforderungen und ich will erklären, worin ich diese sehe.

Von Beginn meines Studiums an wunderte ich mich über die Gestaltung der Lehrveranstaltungen, über völlig abgehobene Vorlesungen und über Seminare, in denen ich langweilige oder schlechte Referate und esoterische Diskussionen eines engen Professorenfanzirkels ertragen sollte – aber zum Glück noch nicht musste. Meine Lehrkarriere begann wie in Philosophie üblich mit Proseminaren, die ersten mit Doktorvater, dann allein konzipiert und durchgeführt, später kamen Hauptseminare dazu und irgendwann „durfte" ich Vorlesungen halten. Natürlich wollte ich es jeweils anders und besser machen: nicht pauken oder langweilen, sondern mit den Teilnehmern ins Abenteuer des Denkens und Forschens aufbrechen. Ich legte meine Seminare auf den Abend, um Berufstätigen die Chance der Teilnahme zu geben, hielt die Seminare zweiwöchig vierstündig, um vertieftes Arbeiten zu ermöglichen. Ich reservierte Zeit zum Nachdenken und für die nötigen Diskussionen. Ich organisierte interdisziplinäre Seminare im Team, führte Tutoren ein, wo das ging, und bestand auf Vorbesprechungen studentischer Inputs. Als Alternative zur Hausarbeit erfand ich die Heimklausur als Leistungsnachweis für die, die nicht ein Thema vertiefen, sondern den Gesamtstoff durcharbeiten wollten. Dabei ist am Semesterende zu Hause über einige Tage ein Fragenkatalog zu – und mit – allen gelesenen Texten zu bearbeiten. Wenn ich mich hier und da doch auf konventionelle Referate zurückzog und dazu überging, Seminararbeiten nicht so lange zu betreuen, bis sie gut waren, dann lag das am Mangel an Zeit – schließlich belohnen die universitären Strukturen Einsatz in der Lehre nicht; es soll vorwiegend geforscht und publiziert werden.

Als ich 2004 einen großartigen Jahreskurs Hochschuldidaktik in Bern besuchte – von meiner Universität bezahlt, was überall Standardangebot für alle Hochschullehrer sein sollte, aber leider nicht ist –, lernte ich staunend, dass ich nicht der Einzige war, der Unzufriedenheit mit universitären Lernformen verspürt hatte: Da existierte seit Langem ein Trend, der Abhilfe schafft und sich konstruktivistisch, studierendenzentriert, lern- und nicht lehrorientiert etc. nennt. Entsprechende innovative Verfahren sind an Pädagogischen Hochschulen offenbar längst Standard und es schien, als wäre dies die Leitidee hinter dem Bologna-Prozess. Ich freute mich und begann, einiges Dazugelernte umzusetzen: E-Learning, Projektarbeit, Portfolio etc. Es gab für mich keine Seminare und Vorlesungen mehr, auch wenn sie noch so hießen, sondern Kurse, die auf die jeweiligen Anforderungen abzustimmen waren, mit voller Freiheit der Anwendung möglicher Lernformen.

Nur: Das neue Studiensystem hemmt eher, als dass es fördert. Zum einen belastet es die Lehrenden um Vieles mehr als das alte, so dass bei allem Willen oft nicht die Zeit bleibt, Neues umzusetzen. Zum anderen schien es plötzlich, dass die Studierenden gar keine Zeit mehr zum Nachdenken und zur eigenständigen Studienarbeit hatten. In einem freiwilligen Projektkurs sprangen viele ab, weil sie die Anforderung, selbst zu definieren, was sie wissen wollen, und dann zu recherchieren, zu sehr beanspruchte. Wer dabeiblieb, erforschte und lernte viel fürs Leben, aber es war zeitaufwendiger als anderswo. Aufwendige Kurse sind nicht kompetitiv. Es wurde nötig zu wissen, wie viel Einsatz jeder einzelne Studierende bringen will und kann, damit bei der Verteilung der Aufgaben und den Erwartungen nichts schiefgeht – manchmal generalisiert ein Lehrender zu schnell erste Eindrücke, naturgemäß von denen, die den Mund aufmachen.

Anders als das berühmte „Studentenleben" ist eine Bachelor-Existenz nicht beneidenswert und weiter entfernt vom Dasein des Forschens und Verstehens als ein antiker Galeerenruderer vom Archimedes beim Aha-Erlebnis in der Badewanne. Es ist traurig, dass niemand mehr Zeit hat: weder um ein bis zwei Semester woanders zu studieren, noch um sich sozial oder politisch zu engagieren, noch nebenbei Berufserfahrung zu sammeln oder gar nur, um ausgiebig zu lesen und gründlich nachzudenken. Reservieren Sie sich wenigstens nach dem Bachelor die Zeit für all dies. Ich spüre es inzwischen handfest: Es ist etwas wie eine goldene Aura um die Person, die noch einen Magister macht, denn sie hat einfach Zeit und strahlt Muße aus. Sie schreibt daher noch gerne ausführliche Arbeiten und geht Fragen selbst auf den Grund. Mit dem Bachelor schließt eine neue Spezies ab: die Gehetzten. Auf Masterniveau scheint es etwas besser zu werden – aber vielleicht täuscht mich hier die bislang geringe Studierendenzahl. Als Bachelor-Studierender werden Sie ständig dabei sein, von der letzten Prüfung zum nächsten Anmeldetermin zu hasten. Ich rate, immer in Erwägung zu ziehen, doch länger zu brauchen als drei Jahre – auch wenn es ungewöhnlich wirkt. Es ist normal und notwendig, jedenfalls in Philosophie und anderen Fächern, wo Sie nicht nur lernen, sondern auch Gedanken reifen lassen und selbst reifen müssen. Nehmen Sie sich außerdem die Freiheit, das zu besuchen, was Ihnen wichtig ist.

Zum Glück ist das Schreiben von Abschlussarbeiten noch nicht überall aufgegeben. In Münster sind in Philosophie ca. 40 Seiten Bachelorarbeit zu verfassen, allerdings in sieben Wochen, was zu kurz ist. Aber die Resultate können sich sehen lassen. Wer schlau ist, beginnt mit Recherchen und Schreiben vor der offiziellen Anmeldung. Ich persönlich würde – in Philosophie – einem Bachelor mit Abschlussarbeit mehr Wert beimessen als einem ohne.

Ich bin sicher nicht der Einzige, der die Verschulung und den erzeugten Stress katastrophal findet. Reden Sie mit den Lehrenden, um zu sehen, wo Sie Solidarität finden. Schlagen Sie Ihren eigenen Weg ein!

PD Dr. Michael Groneberg

1.2   Allgemeine und vergleichende Literatur- und Sprachwissenschaft

Allgemeine und vergleichende Literatur- und Sprachwissenschaft: Erfahrungsbericht 1

An der Universität Erfurt, die 1994 als Reformuniversität gegründet wurde und im WS 1999/2000 ihren Lehrbetrieb aufnahm, konnten Studierende von Beginn an neben Lehramtsstudiengängen für die Grund- und Regelschule nur Bachelor- und Master-Studiengänge wählen. Ich selber lehre seit 2000 in den Bachelor- und Master-Studiengängen Literaturwissenschaft und Kommunikationswissenschaft an der Philosophischen Fakultät.

An der Universität Erfurt gibt es ein *Mentorensystem*, an dem ich einige Jahre im Bereich Kommunikationswissenschaft beteiligt war. Als Mentorin hatte ich die Aufgabe, die Studierenden in allen Studienbelangen zu beraten, was insbesondere Erstsemester in Anspruch nehmen. Später gibt es dann kaum mehr intensiven Betreuungsbedarf, allerdings hat der Mentor die Aufgabe eines „Coaches" und „Mediators", wenn es Schwierigkeiten bei Prüfungsbewertungen oder anderweitige Konflikte mit Lehrenden oder der Verwaltung gibt. Für die Studierenden ist es insofern wichtig, einen kontinuierlichen Kontakt zum Mentor aufrechtzuerhalten, damit dieser sich in solchen Fällen für sie einsetzen kann.

Meine *Seminare* werden im Schnitt von 20 bis 30 Teilnehmer besucht, eine Anzahl, mit der ein diskussionsintensives Arbeiten gut möglich ist. Prüfungsleistungen werden über Referate und Hausarbeiten erbracht, für die ich Vorbesprechungen anbiete, die aber nicht von allen Studierenden wahrgenommen werden. Hier reichen die Bedürfnisse der Studierenden von detaillierter Absicherung bis zu ganz geringem Gesprächsbedarf. Ein wesentliches Problem ist die regelmäßige Anwesenheit in den Seminaren, die von vielen Studierenden nicht ganz ernst genommen wird. Hier kommen häufig gar keine oder etwas zweifelhafte Entschuldigungen für das Fehlen. Für mich als Dozentin ist das ärgerlich, weil die laxe Handhabung der Anwesenheit in den Seminaren aus meiner Sicht von einem gewissen Desinteresse am Studium generell zeugt, was ich persönlich sehr schade finde. Inzwischen kontrolliere ich die Anwesenheit mit Listen, obwohl es meinem Ideal einer freiwilligen Selbstkontrolle durch die Studierenden widerspricht.

Bei der *Betreuung von Prüfungsleistungen* hängt es letztlich vom Charakter des jeweiligen Studierenden ab, wie viel Beratung er benötigt. Ich habe dafür keine bestimmten Vorgaben und bisher recht viel Freiheit gewährt, was allerdings dazu führt, dass einige nicht einmal das *Thema* ihrer Hausarbeit absprechen und manchmal Arbeiten abgeben, die mit den im Seminar besprochenen Themen nur wenig zu tun haben, die ich zumeist aber dennoch akzeptiere. Die Struktur des Bachelor-Studiengangs, der die Studierenden zwingt, im Semester eine vorgeschriebene Anzahl an Leistungspunkten zu „ergattern", führt dazu, dass viele Studierende zum Ende des Semesters in Zeitnot kommen. Das wiederum wirkt sich häufig nicht sehr positiv auf die Qualität und Reflexionstiefe der Arbeiten aus. Unter anderem deshalb erweisen sich *Plagiate* als ein zunehmend virulentes Problem. Vor allem wegen der dahinter stehenden ignoranten und betrügerischen Mentalität lasse ich hier keine Entschuldigung mehr gelten und halte mich strikt an die Vorgaben der Studienordnung. Diese schreibt in solchen Fällen ein klares Vorgehen vor: Die Arbeit wird mit „ungenügend" bewertet und der Studierende verwarnt, beim Wiederholungsfall dann exmatrikuliert.

Die *Betreuung von Abschlussarbeiten*, sei es im Bachelor- oder im Master-Studiengang, gestaltet sich für mich als Dozentin sehr intensiv. Für diese Studierenden mache ich meist gesonderte Termine jenseits der üblichen Sprechstundenzeiten und versuche, meine Betreuung an deren Bedürfnisse anzupassen. Die Themenwahl steht den Studierenden frei, nur bei Bedarf greife ich beratend ein, allerdings sollten die Themen einen Bezug zu meinen eigenen Arbeitsgebieten haben. So lasse ich prinzipiell bei klaren eigenen Vorstellungen der Kandidaten viel Gestaltungsspielraum. Die Vorgehensweise und die Gliederung aber werden intensiv gemeinsam diskutiert, manche schicken auch einzelne Kapitel zur Vorbesprechung. Insgesamt habe ich mit der Qualität der Abschlussarbeiten sehr gute Erfahrungen gemacht, möglicherweise gerade deshalb, weil hier das Interesse am Thema maßgebliche Motivation ist. Ein Grund mag auch die persönliche Betreuung sein, die allerdings nur so lange zu leisten ist, wie die Anzahl der größeren Arbeiten noch zu übersehen ist. Derzeit betreue ich etwa eine größere Arbeit pro Semester.

Gegenüber dem alten System haben sich die Kriterien für das Studium durch die *Einführung der Bachelor- und Master-Studiengänge* verschoben: Weg von einer umfassenden (auch zweckfreien) Bildung hin zur „Employability", d. h. der anwendungsorientierten Gestaltung der Studienpläne; weg von der Auffassung der Studienzeit als Selbstbildung und gestaltbarem Erfahrungsraum hin zur pragmatischen und durchstrukturierten Ausbildung, die in einem bestimmten begrenzten Zeitraum absolviert werden muss. Das hat – wie alles – Vor- und Nachteile: Für diejenigen, die sich das Studium als fachliche und persönliche Experimentierphase wünschen, sind die Reformen von Nachteil, während andere, die sich im alten System verzettelt hätten, davon profitieren. Vielleicht wird die Zukunft ja eine Balance zwischen beiden Bedürfnissen bringen. Zu wünschen wäre es für Studierende und Dozenten gleichermaßen.

Meine Empfehlungen für Sie: Sprechen Sie mit den Dozenten! Das gilt für die Vorbereitung von Referaten und Hausarbeiten genauso wie für Probleme, die Sie an der Erfüllung Ihrer Aufgaben wie z. B. der rechtzeitigen Abgabe einer Hausarbeit oder der Anwesenheit in Seminaren hindern. „Einfache Lösungen" wie Plagiate bringen die Dozenten nur gegen Sie auf und führen nicht zur erhöhten Bereitschaft, Ihnen zu helfen. Und prüfen Sie sich selber: Macht Ihnen das Studium Spaß? Bringt es Sie persönlich und fachlich weiter? Wenn nicht, sollten Sie rechtzeitig darüber nachdenken, wie Sie diese Zeit für sich und Ihre Ziele besser nutzen können – denn die Ausbildungszeit ist nach wie vor eine der wichtigsten Phasen Ihres Lebens und sollte keine Qual sein, sondern Sie Ihren Träumen näher bringen.

PD Dr. phil. habil. Christiane Heibach

Allgemeine und vergleichende Literatur- und Sprachwissenschaft:
Erfahrungsbericht 2
Bachelor-Master-Studiengänge

Ich bin seit knapp zwei Jahren Vorsitzender eines Prüfungsausschusses für den konsekutiven Bachelor-Master-Studiengang „Angewandte Kognitions- und Medienwissenschaft" an der Fakultät für Ingenieurwissenschaften der Universität Duisburg-Essen und deshalb mit den Problemen des Bologna-Prozesses an den europäischen Hochschulen recht gut vertraut. Vor kurzem habe ich die Akkreditierung dieser Studiengänge vorbereitet und hoffe, dass die Gutachter mit den Ergebnissen dieser zeitraubenden Tätigkeit zufrieden sein werden. Voraussetzung waren eine Entrümpelung des seit 2000 existierenden (nicht akkreditierten) Studiengangs und ein neues Curriculum, das sich vor allem an der Berufsfähigkeit der Absolventen orientiert.

Was mir am Bachelorstudium gut gefällt, ist, dass die einzelnen Jahrgänge quasi wie in der Schule ihr Studium absolvieren, selbstständig Kleingruppen bilden und sich durchweg gegenseitig kennen. An der Universität Duisburg-Essen ist das ganz extrem, weil wir einen zulassungsbeschränkten Bachelor-Studiengang haben (120 Erstsemester), aber im WS 2007/2008 mehr als 2.600 Bewerbungen hatten. Dass diejenigen, die dann einen Studienplatz bekommen, zu den Besten gehören, ist nicht verwunderlich. Ich beobachte jedenfalls, dass diese Studierenden sich selbst organisieren, aktive Fachschaften bilden und ihre Studienleistungen sehr gut präsentieren können. Ich sage das im Vergleich zu den ehemaligen bzw. auslaufenden Magister- oder Diplom-Studierenden, die ich auch noch zu betreuen habe. Da ist das Leben und Studieren weitaus weniger organisiert.

In meiner Funktion als Prüfungsausschussvorsitzender habe ich mit vielen Beschwerden der Studierenden zu kämpfen. Meist sind diese im Recht, weil z. B. Zeugnisse nicht rechtzeitig oder korrekt ausgestellt werden. Gerade kürzlich habe ich Zeugnisse unterschrieben, deren Ausstellungsdatum, der Tag der letzten Prüfungsleistung, zehn Monate zurücklag. In der Prüfungsordnung steht, dass die Zeugnisse spätestens vier Wochen nach der letzten Prüfungsleistung ausgestellt werden müssen. Dazu gibt es Schreibfehler in den Zeugnissen, im Diploma Supplement, und die englische Version ist mitunter erbärmlich. Gegen solche Mängel beklagen sich die Studierenden zu Recht, sie haben auch wirklich manchmal materielle Nachteile bei einem Aufbaustudium im Ausland oder an anderen Hochschulen. Wenn ich sie dann ermuntere, ihre Beschwerden bei offiziellen Stellen vorzutragen, etwa beim Rektor oder Kanzler, wird mir das von der Hochschulverwaltung mitunter als ungebührlich ausgelegt. Das lasse ich mir natürlich nicht bieten. Aber da gibt es häufig Kämpfe zwischen dem Prüfungsamt, der Verwaltung generell und den Hochschullehrenden.

Es ist schon so weit gewesen, dass Studierende – die ja mittlerweile erhebliche Gelder an Studiengebühren bezahlen müssen – eine Prozessandrohung an den Rektor geschickt hatten, weil ein recht lehrintensives Praxisprojekt, das offiziell angekündigt worden war, nicht stattgefunden hat. Ich habe dieses Projekt dann selbst während der Semesterferien durchgeführt. Fazit dieser Ausführungen ist, dass die Studierenden ganz viele Rechte und Einflussmöglichkeiten auf Ministerien und Hochschulverwaltungen haben, ohne dass sie sich dessen bewusst sind; viel mehr jedenfalls als die auf Lebenszeit eingestellten Professoren, die gegenüber den oben genannten Institutionen kaum Druckmittel in der Hand haben. Wenn die Studierenden Angst haben, auf ihren Rechten zu bestehen, dann kann ich das zwar menschlich verstehen. Aber billigen kann ich das nicht. Fachschaften sind u. a. dazu da, die Interessen der Studierenden zu vertreten.

Es mag sich möglicherweise etwas altertümlich anhören, aber das Wesentliche für den Umgang zwischen Studierenden und Lehrenden ist Ehrlichkeit. Zu meinen eigenen Erfahrungen im Fachgebiet Computerlinguistik gehören Täuschungsversuche von Studierenden, auch Plagiate aus dem Internet. Solches Verhalten lasse ich nicht durchgehen. Wenn es jedoch persönliche Gründe für Verzögerungen gibt – seien es eigene Krankheiten oder psychisch bedingte Leistungsabfälle, seien es Todesfälle in der Familie –, dann bin ich immer gerne bereit, dies zu akzeptieren. Ich denke, das Vertrauensverhältnis zwischen Dozent und den ihm anvertrauten Studierenden darf nicht getrübt werden, und zwar von keiner Seite. Und hier ist noch zu erwähnen, dass persönliche Präferenzen keine Rolle spielen dürfen. Dies könnten etwa Haarfarbe, Körpergröße oder auch das jeweilige Geschlecht sein. Ich habe da an anderen Hochschulen erlebt, dass bspw. Studentinnen von männlichen Dozenten bevorteilt oder gar ausgenutzt wurden. So etwas darf nicht sein, und dagegen sollten sich Studierende massiv wehren.

Ich habe immer noch sehr gute, auch persönliche Beziehungen zu einer Studentin, die längst erfolgreich im Berufsleben steht. Diese Studentin hat gegen die Art meiner Übungsaufgaben damals heftigen Protest eingelegt. Nicht, dass ich dagegen keine Argumente fand, aber es haben sich dadurch fruchtbare Diskussionen ergeben, die wahrscheinlich auch den eher schüchternen Kommilitonen etwas gebracht haben.

Generell sollten Studierende nach dem Abitur ein Selbst- und Lebensbewusstsein entwickelt haben, das sie zu einem vernunftgeleiteten Verhalten gegenüber Hochschuldozenten befähigt. Leider ist das nicht immer der Fall; aber auch mit diesen jungen Menschen müssen die Dozenten lernen umzugehen, damit die Studierenden sich zu eigenständigen Persönlichkeiten entwickeln. Dies gilt für mich nicht nur für das Berufsleben, sondern auch für das Privatleben. Beide sind ja nicht trennbar bei einer Person. Ich habe dabei sowohl positive als auch negative Erfahrungen gemacht. Zum Glück mehr positive, wo anfänglich schlechte Studienleistungen vorhanden waren, nach einiger Zeit sich das Bild aber vollständig gewandelt hatte und sehr gute Examensnoten erzielt wurden. Dies ging oft einher mit positiven Entwicklungen im Privatleben oder auch durch Erfahrungen in studienbegleitenden Jobs.

Prof. Dr. phil. Wolfgang Hoeppner

1.3   Romanistik

Romanistik: Erfahrungsbericht 1
Erlaufen Sie auch in Bologna Pässe im freien Raum!

Als Fazit aus der Umstellung auf das modulare Bologna-System möchte ich zunächst festhalten, dass sie für uns Lehrende einen großen Mehraufwand bedeutete. Grund dafür waren die unendlichen Abstimmungsprozesse zwischen den beteiligten Ebenen (Institute, Fakultäten, Hochschule, Politik) und die in der Folge der Einführung nötig gewordene Konsolidierung der neuen didaktischen Formate, Verwaltungsabläufe und -strukturen. Positiv überrascht hat mich in der Schweiz (Universität Zürich), dass auf Institutsebene eine Person eingestellt wurde, die diesen Umstellungsprozess moderiert und koordiniert hat und die nun auch weiterhin für den durch den Bologna-Prozess dauerhaft verursachten Verwaltungsmehraufwand verantwortlich ist. Das hat zu einem reibungsloseren Ablauf der Systemumstellung geführt, als ich es in Deutschland erlebt habe.

Mit der Einführung des modularen Systems sind die Erwartungen der Studierenden an die Studienstrukturen gestiegen. Das empfinde ich als legitim, gerade im Hinblick auf meine eigenen Studienerfahrungen im alten System. Wie oft bin ich da von Pontius zu Pilatus gelaufen, um etwa herauszufinden, wo ich mich wann zu welcher Prüfung anmelden kann.

Einen großen Vorteil hatte das „Durchkämpfen durchs Chaos" indes: Es bereitete im Hinblick auf meine Selbstorganisation besser auf die Berufswelt vor als die heutigen windschnittig modularisierten Studiengänge. Das klingt zunächst etwas paradox, denn die Modularisierung sollte u. a. einen leichteren Übergang ins Berufsleben ermöglichen. Und was die *Studieninhalte* betrifft, so hat die Bologna-Reform sicher wegen der detaillierten Festschreibung eines Rahmenplans zu Verbesserungen geführt. Allerdings ist im Zuge der Reform didaktisch unter die Räder gekommen, dass das „echte Leben" und die Welt jenseits eines Hochschulabschlusses eben mit Sicherheit eines nicht sind: berechenbar und modularisiert.

Dieser Verlust ist meines Erachtens zwar nicht zwangsläufig an den Bologna-Prozess gebunden, doch erlebe ich momentan einen deutlich spürbaren Bruch zwischen Lizentiatsstudierenden und den Studierenden, die schon im neuen System eingeschrieben sind. Schon geringe Anforderungen an intellektuelle Selbstständigkeit und Selbstorganisation, wie z. B. in einem Proseminar selbstständig oder in Gruppenarbeit kleinere Erkenntnisschritte zu realisieren, wird von einem beachtlichen Teil der Studierenden als unangemessen empfunden und in Evaluationen auch so benannt. In didaktischen Termini ausgedrückt: Die Bologna-Reform hat die Bereitschaft zum induktiven Arbeiten (d. h. dem gemeinsamen Erarbeiten von Inhalten und Erkenntnissen im Unterricht) gegenüber dem Wunsch nach deduktivem Arbeiten (d. h. der strukturierten Präsentation und Einübung von Erkenntnissen) schwinden lassen. Welches die Gründe für diesen Wandel sind, erschließt sich mir momentan noch nicht, aber er ist auch in der Romanistik greifbar. Vielleicht wecken die erhöhte Transparenz im Lehrprogramm und die vielerorts eingeführten Studiengebühren eine falsche Erwartungshaltung, die davon ausgeht, dass der Lernerfolg ausschließlich von der Leistungsbereitschaft des Dozenten abhängt. Nicht aus falscher Solidarität mit dem alten System, sondern aus didaktischer Überzeugung finde ich diese Einstellung problematisch.

Nehmen wir den Fall der Lehrveranstaltungsunterlagen: Powerpoint-Konvolute und ausformulierte Skripte können meines Erachtens nicht die intellektuelle Eigenleistung ersetzen, die es braucht, um zu erlernen, üben und perfektionieren, wozu Teilnehmer des Studiengangs an einer Philosophischen Fakultät befähigt werden sollen: selbstständig und dem individuellen Vorwissen angepasst Inhalte in eigenen Aufzeichnungen strukturieren und aufbereiten zu können. Im alten System waren die Erwartungen an die Selbstständigkeit der Studierenden leider nicht selten dem Desinteresse und der didaktischen Unbedarftheit des Lehrpersonals alten Typs geschuldet. Wenn die Anforderungen an die studentische Selbstorganisation im Bologna-System nun aber nicht nur in der Modulorganisation, sondern auch in den einzelnen Lehrveranstaltungen auf Null reduziert werden, wird dies den Studierenden im Übergang zum Berufsleben mit absehbarer Gewissheit noch zu schaffen machen. Mein Rat an die Studierenden ist deshalb, den Freiräumen und wenigen Unstrukturiertheiten im neuen System nicht auszuweichen, sondern sie im Gegenteil aktiv aufzusuchen, um sie zur Optimierung der intellektuellen Selbstständigkeit und der Selbstorganisation zu nutzen. Gehen Sie durch Nachfragen, Lektüre und eigene Notizen allem nach, was Sie neugierig gemacht hat.

Ich will es am Beispiel einer schriftlichen Seminararbeit konkretisieren: Oft passiert es mir, dass Studierende in der Sprechstunde zu mir kommen und sagen: „Ich weiß nicht, wie ich anfangen soll, bitte helfen Sie mir." Meine erste Gegenfrage ist dann stets: „Was haben Sie denn bisher versucht, um anzufangen?" Viele sagen: „Nichts, deswegen bin ich ja bei Ihnen." Ich antworte darauf mit der Geschichte vom Läufer und vom Trainer: Der Trainer muss den Läufer laufen sehen, um zu wissen, wo er die Trainingsschwerpunkte setzen muss. So geht das auch mit der schriftlichen Arbeit: Ich verlange in der ersten Sprechstunde keine fertigen Teilergebnisse, aber ich will die Wege sehen können, die Sie intellektuell schon gegangen sind, um sich der Aufgabenstellung anzunähern.

Wie ich mir einen idealen Studierenden vorstelle? Ich versuche es mit einem Vergleich aus dem Fußball: Es ist ein Spieler im offensiven Mittelfeld, der bereit ist, einen Pass in den freien Raum zu erlaufen, und der fähig ist, das Spiel vor und hinter sich lesen zu lernen. Nicht gerne arbeite ich mit Studierenden zusammen, die auf ihrer Position herumstehen und sich beklagen, wenn ein Pass nicht genau auf ihrer Fußspitze ankommt. Mich selbst sehe ich als Spielertrainer im defensiven Mittelfeld, von dem verlangt werden kann, dass er intelligente Pässe schlägt und dass er vor wie nach dem Spiel gut coacht. Wenn ich einen Pass vollkommen verunglückt schlage oder Sie im Training übersehe, dürfen Sie sich als Vorderleute auch gerne einmal beschweren. Das gehört zum Spiel dazu. Aber am Widerstand der gegnerischen Verteidigung zu wachsen und die Tore schießen, das müssen Sie selber machen – dafür sind Sie und niemand anderer verantwortlich. Auch und gerade wegen Bologna.

Dr. phil. Harald Völker

Romanistik: Erfahrungsbericht 2

Im Zuge des Bologna-Prozesses ist ein neues Studiensystem geschaffen worden. Ziel ist es, eine einheitliche Grundlage für europäische Wettbewerber auf dem (inter-)nationalen Arbeitsmarkt zu schaffen. Die straffe Planung des Studienprogramms bringt es mit sich, dass die sog. „faulen" oder die berüchtigten Langzeit-Studenten zum Modell von gestern geworden sind. Der bis vor Kurzem noch gern erzählte Studentenwitz „Warum stehen Studenten um sieben Uhr auf? – Weil Aldi um acht Uhr schließt" wird immer seltener zum Besten gegeben. Die entsprechenden Studiengebühren tun das Ihre.

Jetzt wird fleißig studiert. In möglichst kurzer Zeit soll das Studium abgeschlossen sein, um den weiteren Berufsweg zu beschreiten. Diese allgemeine Leistungsbereitschaft wirkt sich angenehm aus. Viele Studierende sind sogar rascher bereit, für das Studium erforderliche Inhalte zu bearbeiten, auch wenn diese nicht immer zu ihren Lieblingsthemen gehören. Hauptsache, am Ende steht der Schein und es kann weitergehen. Möchte ich in Einführungsveranstaltungen jedoch über den für das Fach üblichen sog. Kanon hinausgehen und das ein oder andere Extra-Thema aufnehmen, mit dem ich bisher auch weniger Interessierte „hinter dem Ofen hervorlocken" konnte, wird schon mal gefragt: „Wozu müssen wir das denn machen, wenn das Thema nicht in die Klausur gehört?" Dies ist zum einen aufgrund der Fülle des Neuen nachvollziehbar. Zum anderen starten Erstsemester normalerweise mit Frische, Elan und Wissensdurst. Und meine Erfahrungen sind dergestalt, dass die Motivation wächst und die besten Leistungen erbracht werden, wenn ich (auch interdisziplinäre) Side-Steps mache.

Der mit der Leistungsbereitschaft einhergehende allgemeine Ehrgeiz ist ebenfalls ein sehr positives Phänomen. Als Begleiterscheinung gibt es jedoch hin und wieder ein mehr oder weniger offenes Elitedenken und bei einigen eine Art Ellenbogenverhalten, das sich z. B. darin zeigt, dass Leistungen anderer abgewertet werden, um die eigenen aufzuwerten. Fällt das Referats- oder Klausurergebnis nicht so positiv wie gewünscht aus, startet das „Feilschen" um Punkte und Zensuren – wie es noch in der Schule üblich war, um sich dem Status der „Besten" zu nähern.

Eine Schwierigkeit besteht noch darin, dass das Studiensystem, zu dem sich auch etliche kritische Stimmen melden, nicht nur für die Erstsemester zunächst unüberschaubar ist, sondern ebenfalls für viele Dozenten. Was geschieht, wenn Informationen über Studienordnungen und zu absolvierende Leistungen lückenhaft sind bzw. sich ein Gerücht nach dem nächsten darüber verbreitet? Studierende sorgen sich zunächst, ob sie alles richtig machen. Und die Verbreitung solcher „Informationen" geschieht in aller Regel wie ein Lauffeuer. Bis Missverständnisse oder Panik wieder aus dem Weg geräumt sind, dauert es dagegen länger.

Was empfiehlt sich?
1. Lassen Sie sich nicht beeindrucken, welche „Katastrophe" auch gerade wieder die Runde macht. Fragen Sie stattdessen genau nach, um Informationslücken zu schließen.

2. Suchen Sie also direkten Kontakt mit Dozenten und Studierendenvertretern. Viele Erstsemester wissen z. B. gar nicht, dass es sich anbietet, in der Vorbereitungsphase für Referate mit den Dozenten darüber zu sprechen. Dafür gibt es die Sprechstunden.

3. Versinken Sie nicht in Resignation, wenn die eine oder andere Einführungsveranstaltung Sie mit fachlichen Grundlagen zu überschütten scheint. Äußerungen wie „Ich hatte mich so auf das Studium gefreut, und jetzt muss ich erst mal so viele andere Dinge lernen, bis ich zum Eigentlichen komme" sind nicht selten. Da hilft es sicherlich, die in Einführungen nur angerissenen, persönlich jedoch als besonders interessant empfundenen Bereiche der studierten Fächer in der – wenn auch nicht übermäßig – verbliebenen Zeit schon einmal selbst zu inspizieren. Oder fragen Sie doch einfach mal Ihre Dozenten, anhand welcher Literatur Sie sich hier genaueren Einblick verschaffen können.

4. Entdecken Sie Ihre Bibliotheken. Ein wunderschöner Ort für diese „Inspektion" ist die Bibliothek Ihrer Hochschule. Viele Studierende möchten am liebsten sämtliche relevante Literatur über das Netz geliefert bekommen. Zweifelsohne ist das Internet hervorragend. Doch ersetzt es nicht die inspirierende Atmosphäre einer Bibliothek, besonders, wenn die Literatur thematisch gut geordnet ist. Und manchmal sind die „Nachbarbücher" noch interessanter als das Buch, um das es eigentlich ging. Es ist nicht nötig, jedes Buch von vorn bis hinten durchgelesen zu haben, um sich einen Eindruck vom Thema zu verschaffen. Sondern Sie werden nach und nach ein „Sondierungsverfahren" entwickeln, das es erlaubt, relevante von erst einmal irrelevanter Information zu trennen. Hierzu gehört allerdings ein bisschen Übung. Verschaffen Sie sich einen persönlichen Überblick und lassen Sie Ihren Leseinteressen freien Lauf.

5. Lassen Sie sich nicht entmutigen, wenn mal eine Zensur nicht so wie gewünscht ausfällt. Immerhin müssen Sie sich ja auch erst einmal mit der neuen Situation vertraut machen. Sollten Sie sich nicht tatsächlich mit Ihrem Fach verwählt haben, was ja auch mal vorkommen kann, dann erhalten Sie sich Ihr Interesse. Im jetzigen Studiensystem zählen ja die ersten Zensuren bereits für den Abschluss. Sog. Spätstarter werden dann natürlich für ihre „Anfangssünden" bestraft. Nun gibt es aber ja auch Studierende, die später in Gang kommen und dennoch hervorragende Leistungen bringen können. Eine Zensur sagt, auch wenn sie wichtig ist, erst einmal nichts über allgemeine Fähigkeiten aus: Sie gibt z. B. Auskunft über einen momentanen Wissensstand, die Tagesform oder -stimmung oder andere Faktoren. Daher muss sie sicher nicht zum Anlass genommen werden, neidisch auf den Nachbarn zu schauen oder diesen für klug und sich selbst für dumm zu halten – oder umgekehrt. Das eigene Engagement hilft allemal mehr, hier weiterzukommen. Denn wie die Ergebnisse der modernen Hirnforschung zeigen, sind Menschen, anders als bis vor einigen Jahren angenommen, bis zum Ende ihres Lebens lernfähig – und eben nicht nur der Nachbar (oder andere Studierende der (angewandten) Linguistik an den Universitäten Bremen oder Hildesheim, wo ich übrigens unterrichte).

Viel Spaß beim Studieren!

Dr. phil. Angela Weißhaar

1.4   Erziehungswissenschaften

Reflexionen über den Prüfungsalltag und Empfehlungen für Studierende

Wenn ich mich an meine eigene Studienzeit erinnere, so habe ich besonders die Betreuer in sehr guter Erinnerung, die sich Zeit für die studentischen Belange genommen haben, die zuhören konnten und bereit waren, dazuzulernen, die humorvoll und gerecht waren und so viel Empathie besaßen, dass ich fast vergaß, dass es der Dozent oder Professor war, der vor mir saß.

Nun bin ich selbst seit dem Sommersemester 2002 an der Universität Hamburg im Rahmen meiner Habilitationsstelle (C1) hauptamtliche Lehrende und Prüferin für Erziehungswissenschaft, Jugend- und Erwachsenenbildung und Planung, Verwaltung, Organisation (PVO). Die von mir betreuten Studierenden und Prüfungskandidaten stammen aus den Diplom-, Magister-, Bachelor- und Master-Studiengängen Erziehungswissenschaft oder sind Lehramtsstudierende für Grund- und Mittelstufe, für Gymnasien sowie angehende Handels- und Gewerbelehrer. Darüber hinaus habe ich als Lehrbeauftragte an den Universitäten Flensburg und Rostock sowie an der International University of Business and New Technology MUBINT in Yaroslawl (Russland) Einblicke in die Abläufe anderer Hochschulen gewinnen können. Insofern sehe ich den Studienalltag nun auch von der Seite einer Lehrenden.

„Meinen" Studierenden erzähle ich immer, dass sie von Anfang an ihr Studium als eine Vorbereitung für die Prüfungszeit ansehen sollen. Das beginnt mit dem Kennenlernen der Dozenten, mit dem Erlernen der Grundlagen des wissenschaftlichen Arbeitens, mit der Entwicklung eigener Interessengebiete etc. In der Erziehungswissenschaft wird nämlich sehr viel Eigenständigkeit von den Studierenden erwartet, was zum Teil sicherlich eine Überforderung sein kann. Bspw. habe ich erlebt, dass ein Studierender während der Bearbeitung seiner Diplomarbeit versuchte, die Quadratur des Kreises zu schaffen. Er bereitete sich auf seine baldige Vaterschaft vor, indem er mit dem Rauchen aufhörte. Die dadurch zugenommenen Pfunde wollte er mithilfe einer Diät abnehmen. Dass er keine Konzentration für seine Diplomarbeit mehr aufbringen konnte und sich total überfordert hatte, hatte zur Konsequenz, dass er erkrankte.

Nicht selten erlebe ich, dass gerade im Prüfungsstress das gesamte Lebensgefüge der Prüfungskandidaten ins Wanken gerät: Die Beziehung wird belastet, dies ist oftmals mit einem Umzug und finanziellen Problemen verbunden, gleichzeitig wächst der Abgabedruck und dann droht eine Erkrankung. Was ich anschließend häufig erlebe, ist, dass sich Prüfungskandidaten zusätzlich überfordern, d. h. dass sie trotz Krankheit mit halber Kraft lernen oder ihre Abschlussarbeiten schreiben. Viele wissen nicht, dass auch Studierende krankgeschrieben werden können. Dies ist ggf. wichtig, um den Abgabetermin zu verlängern.

Um dem Chaos in der Prüfungszeit vorzubeugen, baue ich, so oft es geht, Seminarsitzungen zum kreativen Schreiben in mein Lehrangebot ein, um frühzeitig und ohne Druck die Lust am Schreiben bei den von mir betreuten Studierenden zu wecken. Ich gebe Ihnen auch den Rat, dass sie sich gut um sich und ihre Ressourcen kümmern müssen. Dazu gehört z. B. auch, schon während des Studiums das wissenschaftliche Handwerkszeug zu erlernen und die eigenen Stärken und Schwächen zu erkennen.

Was mir wichtig ist als Voraussetzung für eine gute Zusammenarbeit in der Prüfungsphase sind Offenheit, Selbstständigkeit und Kritikfähigkeit meiner Kandidaten. In diesem Kontext habe ich sehr erfolgreiche und gut organisierte Studierende erlebt. Und zwar erinnere ich mich an zwei Studierende, die immer alles zusammen erledigt haben; sei es das Halten von Referaten, das Schreiben von Hausarbeiten, selbst in meinen Sprechstunden habe ich sie ganz selten einzeln gesehen. Diese beiden jungen Frauen haben sich während des gesamten Studiums Halt gegeben, gegenseitig gestützt und motiviert. Insofern sind Lern- und Arbeitsgruppen sehr empfehlenswert.

Grundsätzlich ist es wichtig, die Prüfer zu kennen und auch umgekehrt, dass ich als Prüferin meine Prüfungskandidaten kenne, denn dann ist nicht nur in der Prüfung eine bessere gegenseitige Einschätzung möglich, sondern die Nervosität seitens der Studierenden ist dann auch nicht so groß. In Hamburg gibt es zudem die Möglichkeit, als Studierender einer Prüfung eines Kommilitonen beizuwohnen, wenn es der Prüfling erlaubt, um zu erfahren, wie eine Prüfung abläuft. Allerdings habe ich einmal erlebt, dass eine Studentin bereits im Grundstudium – obwohl ich ihr von diesem frühen Zeitpunkt abgeraten habe – an einer Prüfung als sog. „Öffentlichkeit" teilnahm. Die Prüfung verlief gut und die Bewertung war, glaube ich, eine 1,4. Für die Zuhörerin aus dem Grundstudium war es ein kleiner Schock. Sie war von dem Wissen der Kandidatin so eingeschüchtert, dass sie sich nicht vorstellen konnte, selbst einmal so weit zu kommen.

Abschließend möchte ich von meiner schwierigsten und zugleich besten Prüfung berichten. Ich war noch nicht lange an der Universität, als mich ein Student in meiner Sprechstunde aufsuchte und mich bat, ihn zu prüfen. Ich kannte ihn vorher nicht. Er war älter als ich und bereits seit zehn Jahren sehr erfolgreich berufstätig. Da er auch schon seit Jahren scheinfrei war, war das Einzige, was ihm fehlte, das Abschlusszeugnis. Sein Problem war die Angst vor der mündlichen Prüfung. Seine Diplomarbeit hatte er bereits mit einer Eins bestanden. Er berichtete mir, dass seine Prüfer mehrfach Prüfungen abbrechen mussten, weil er ein Blackout hatte. Als dieser Studierende mir dann einen Tag vor der Prüfung sein Thesenpapier vorbeibrachte, habe ich ihn kaum wieder erkannt, so weiß-grau war sein Gesicht. Inzwischen hatte ich selbst Angst vor dieser Prüfung bekommen, weil ich sie nicht abbrechen und somit als Prüferin scheitern wollte. Ich erzählte einem emeritierten Professor auf der Instituts-Weihnachtsfeier von meiner „Prüfungsangst". Er schaute mich ernst an und meinte: „Sie werden den Kandidaten jetzt ganz normal prüfen!" Und so war es auch: Ich habe sehr streng und gerecht geprüft. Der Student hat nach anfänglicher Nervosität eine exzellente Prüfung abgelegt und mit einer 1,0 abgeschlossen.

Dr. phil. Svenja Möller

2   Rechts-, Wirtschafts- und Sozialwissenschaften

2.1   Politikwissenschaften

Politikwissenschaften: Erfahrungsbericht 1
Tipps zum Bewerbungsgespräch für ein Masterstudium

Ich unterrichte seit dem WS 2002/2003 im Studiengang Master of Peace and Security Studies in den Modulen Sicherheitspolitik, Ethik und Völkerrecht. Dabei handelt es sich um ein einjähriges, akkreditiertes Programm der Universität Hamburg. Als akademische Koordinatorin und wissenschaftliche Referentin am Institut für Friedensforschung und Sicherheitspolitik an der Universität Hamburg (IFSH) fallen neben Lehre und Forschung auch der Beisitz in der Auswahlkommission, bei Zwischen- und Abschlussprüfungen und das Verfassen von Gutachten für Masterarbeiten in meinen Aufgabenbereich. Unsere Studierenden sind privilegiert durch das Arbeiten in kleinen Gruppen, abgestimmte Lehrpläne, gute Raumausstattung und intensive Betreuung. Die Studierenden fordern eine qualitativ hochwertige Lehre ein, umgekehrt erwarten wir von ihnen hohe Leistungen. Die Bemühungen sind eine Investition in die Zukunft: als Visitenkarte für uns und die Studierenden, zur Förderung angehender Forscher und Praktiker sowie für zukünftige Kooperationsbeziehungen.

Seit Hochschulen ihre Studierenden selber auswählen können, wird der Auswahlprozess zunehmend aufwendiger für beide Seiten. So sind auch wir dazu übergegangen, die Bewerber, die nach ihrer schriftlichen Bewerbung einen guten Eindruck hinterlassen haben, zum persönlichen Gespräch und schriftlichen Kurztest einzuladen, bevor ein Ranking für die Zulassung erstellt wird. Sollten Sie sich auch für Masterprogramme bewerben, möchte ich Ihnen daher einige Tipps geben:

Investieren Sie in einen Fotografen und bewerben Sie sich mit einem *professionellen Foto*; Automatenfotos wirken oftmals nicht vorteilhaft.

Als *Vorbereitung* auf das Gespräch sollten Sie unbedingt zeitnah die Studien- und Prüfungsordnung lesen und sich ein Vorlesungsverzeichnis oder Modulhandbuch sowie die „häufig gestellten Fragen" (FAQ) ansehen. Üben Sie für den schriftlichen Test, über längere Zeit leserlich mit der Hand zu schreiben.

Ihr *Erscheinungsbild* beim Gespräch sollte dem eingereichten Foto ähnlich sehen, gepflegt und formell sein. Zeigen Sie, dass Sie die Situation ernst nehmen und Ihr Gegenüber respektieren, so wie Sie es für eine mündliche Prüfung oder ein Vorstellungsgespräch tun würden.

Die naheliegenden *Fragen* sollten Sie ohne längeres Überlegen beantworten können, legen Sie sich vorher ggf. die Antworten zurecht. Zentral sind die Fragen nach *Studienmotivation* und *Berufsvorstellungen*. Was spricht Sie am Studiengang besonders an? Zeigen Sie, dass Sie die Strukturen kennen, indem Sie z. B. angeben, welche der möglichen Schwerpunkte und Module Sie wählen würden und warum: Etwa weil Sie besondere Vorkenntnisse besitzen oder weil Sie etwas Neues lernen wollen.

Begründen Sie, durch welche *Kenntnisse und Fähigkeiten* Sie sich besonders für diesen Studiengang eignen, z. B. Sprachkenntnisse, Berufserfahrungen, Praktika, interkulturelle Fähigkeiten, analytisches Denken, kreative Techniken, Teamfähigkeit, Medienkompetenzen.

Stellen Sie in den Vordergrund, warum gerade dieses Studium Sie Ihren Berufsvorstellungen näher bringt. Die beruflichen Ziele (heute, in fünf Jahren, in zehn Jahren) sollten nicht diffus formuliert werden, z. B. „Ich möchte später mal bei einer internationalen Organisation arbeiten", sondern möglichst konkret benannt werden: „Mich interessieren Feldforschung oder Policy-Analyse im Gebiet X." Nennen Sie Beispiele, die aus dem eigenen Erfahrungsbereich angereichert sind! Dabei spielt es keine Rolle, ob Sie genau diesen Beruf später ergreifen. Sie zeigen vielmehr, dass Sie sich intensiv mit den Möglichkeiten auseinandergesetzt haben. Weisen Sie Eigeninitiative nach und zeigen Sie, dass Sie *realistische Ziele* entwickelt haben. Erst damit beweisen Sie eine Zielstrebigkeit und eine Studienmotivation, die erwarten lassen, dass Sie auch ein sehr anspruchsvolles Studium mit Erfolg absolvieren werden. Auch erlaubt es der Kommission zu beurteilen, ob das Studium wirklich zielführend für Sie ist.

Ist das Programm zweisprachig ausgeschrieben, bereiten Sie sich darauf vor, Fragen mündlich oder schriftlich in beiden *Sprachen* zu beantworten.

Stellen Sie sich auch darauf ein, Fragen zu Ihren früheren *Studieninhalten* zu beantworten, insbesondere zu den Kernthesen Ihrer Abschlussarbeit. Üben Sie, die Ergebnisse und Handlungsempfehlungen in drei Minuten wiedergeben zu können. Seien Sie aber auch in der Lage, Probleme und Lösungsansätze zu nennen, auf die Sie bei Ihren *praktischen Tätigkeiten* gestoßen sind. Möglicherweise werden Antworten aus dem schriftlichen Test hier aufgegriffen.

Es wirkt überzeugender, wenn Sie sich über Ihre *Studienfinanzierung* bereits Gedanken gemacht haben und darlegen können, wie Sie sich diese vorstellen. Ist es realistisch, bei einem intensiven Studienprogramm nebenbei arbeiten zu können, gibt es finanzielle Unterstützung durch Ihre Familie, haben Sie sich auf ein Stipendium beworben oder sind Sie durch Ersparnisse abgesichert? Wenn Sie auf ein Stipendium angewiesen sind, sollten Sie zeigen, dass Sie sich bei Stiftungen bereits erkundigt haben und die Bedingungen kennen. Das hilft auch dabei, von der Studienleitung Unterstützung zu bekommen.

Schließlich sollten Sie sich auf die Frage vorbereiten, was Sie machen würden, wenn es mit einem Studienplatz nicht klappt.

Am Ende werden Sie meist gefragt, ob Sie selbst *offene Fragen* haben. Neben der Erkundigung, wann Sie eine Antwort erhalten, können Sie hier gezielt klären, was Ihnen noch am Herzen liegt.

Derart gewappnet kommen Sie Ihrem Wunschstudium einen Schritt näher.

Dr. phil. Patricia Schneider

Politikwissenschaften: Erfahrungsbericht 2
Selbstständig studieren

Als Studierende sehen Sie sich heute einer großen Anzahl von Bachelor- und Master-Studiengängen gegenüber, die sich jährlich um neue Programme und Fächerkombinationen erweitert. Haben Sie sich einmal entschieden, versprechen die Programme einen klaren und strukturierten Weg von den ersten Einführungsveranstaltungen bis hin zum Abschluss. Doch so breitgefächert das Angebot, so starr und verschult kommen viele Studiengänge daher. In all der Klarheit und Struktur, in all den zielführenden Vorgaben und Hilfestellungen lauert indes auch das süße Gift der Unselbstständigkeit, der allzu frühen Einengung des freien Geistes in den Erfordernissen der beruflichen Funktionalität.

Zwar bin ich nach wie vor begeistert, wie offen, selbstbewusst und kreativ sich die weit überwiegende Zahl der Studierenden in das von mir vertretene Fachgebiet der Internationalen Politik am Institut für Politikwissenschaft an der Westfälischen Wilhelms-Universität Münster einarbeitet. Aber ich meine auch einige Veränderungen wahrzunehmen, deren flächendeckende Verbreitung ich mir nicht wünsche. So mögen Sie die nachfolgenden Gedanken nicht als Belehrung, sondern als Ermunterung verstehen.

Gehen Sie Ihren Weg. Auch wenn das Curriculum feste Anforderungen an Sie stellt, es bleiben meistens doch noch Spielräume für die eigene Gestaltung. Oft kommen Studierende und sagen, dass sie großes Interesse an dem von mir angebotenen Thema hätten, es aber nicht in ihren Studien- und Punkteplan passe und sie folglich nicht teilnehmen würden. Hier frage ich mich, was wichtiger für einen erfolgreichen Studienverlauf ist – das schiere Abarbeiten eines Programms oder die Verfolgung des eigenen roten Fadens, eines eigenen Erkenntnisinteresses, das die vielen Mosaiksteine, welche die universitäre Lehre bereithält, zu einem einzigartigen, individuellen Bild zusammensetzt. Die Studienwahl ist oft eine noch grobe Richtungsentscheidung, die auf keine konkrete Position zielt. Gerade in den geistes- und sozialwissenschaftlichen Disziplinen gibt es kaum festgefügte Berufsbilder. Entscheidend sind daher oft Ihre Vorstellungen von der konkreten Ausgestaltung eines Arbeitsfeldes. Insgesamt sind im akademischen Bereich Schablonen immer weniger gefragt, sondern eigene Ideen. Scheuen Sie daher keine Umwege, die Ihnen am Herzen liegen. Chancen, die vorgegebene Pflicht durch die selbstgewählte Kür zu ergänzen und zu bereichern, bietet Ihnen die Universität wie kaum eine andere (berufs-)bildende Einrichtung. Ergreifen Sie sie selbstbewusst.

Bleiben Sie kritisch. Je strukturierter ein Studiengang, je klarer die Vorgaben und je überzeugender der Auftritt der Lehrenden, desto größer ist die Versuchung, das Lehrangebot auch schon als Krone der Erkenntnis anzunehmen. Doch sollte die zweifellos hohe Qualität unserer universitären Lehre Sie nicht davon abhalten, auch in jungen Jahren und am Anfang Ihrer akademischen Laufbahn die Fragen zu stellen, die Sie für wichtig erachten, und die Dinge in Frage zu stellen, die Ihnen allzu selbstgewiss vorgetragen erscheinen. *Die Wahrheit* gibt es nicht und gerade im politik- und sozialwissenschaftlichen Bereich geht es darum, die bestmögliche unter vielen widerstreitenden Lösungen anzustreben. Machen Sie sich daher frei von vorgefertigten Meinungen, suchen Sie die Kontroverse, den konstruktiven Streit, setzen Sie sich mit anderen Meinungen und Überzeugungen auseinander – und kommen zu einem eigenen fundierten Urteil, welches Sie auch dann hoffentlich mit Selbstbewusstsein vertreten, wenn der vermeintliche Mainstream gegen Sie ist. Am Ende müssen Sie selbst wissen, was Ihre Position ist, und was Sie ggf. für die Erreichung pragmatischer Ziele aufzugeben bereit sind.

Ohne Arbeit geht es nicht. Fraglos nimmt Ihnen die Struktur Ihres Studienganges zunächst eine Reihe wichtiger Entscheidungen ab. Darauf verlassen sich viele. Sie sollten sich aber bewusst sein, dass dies nur die ganz grundlegenden Erfordernisse abdeckt. Der Reader, den Sie sich im Copy-Shop besorgen, das empfohlene Lehrbuch, die Literaturliste: All dies sind Angebote und Einladungen zur vertiefenden Auseinandersetzung mit einer Thematik. Eine eigene Analyse, ein eigenes Urteil und eigene Schlussfolgerungen aber wollen auf eine breite theoretische und empirische Basis gestellt sein. Nutzen Sie daher die Möglichkeiten, die Ihnen Bibliotheken bieten, die früher einmal so emphatisch wie zutreffend als „Kathedralen des Wissens" bezeichnet wurden. Heute hält das Internet mit zahlreichen Internetseiten wie Wikipedia schnell verfügbare und allumfassende Informationen bereit. Doch nicht alles, was im Internet (wie auch in Büchern) geschrieben steht, muss als erwiesen gelten. Die dem Streben nach wissenschaftlicher Erkenntnis verpflichtete Suche verlangt einfach die Beiziehung mehrerer voneinander unabhängiger Literaturquellen und Literaturbelege. Das ist sehr aufwendig, aber es macht die eigentliche Lust und Faszination wissenschaftlichen Arbeitens aus.

Werden Sie aktiv. Wissenschaft ist längst keine Angelegenheit mehr für den zurückgezogenen Gelehrten im Elfenbeinturm, auch wenn der Berufsweg zumindest hin zur Universitätsprofessur leider oft durch Anachronismen und Irrationalismen charakterisiert ist. So überwiegen glücklicherweise weiterhin die Möglichkeiten, in einer Vielzahl akademischer Berufe Fuß zu fassen. Aber was auch immer Sie studiert haben – fachliche Exzellenz allein reicht in den wenigsten Gebieten aus. Suchen Sie daher nach Foren und Möglichkeiten, in denen Sie neben Ihren fachlichen Qualitäten auch andere Fähigkeiten zur Entfaltung bringen können. Irgendwann werden Sie unterschiedliche Schulen, Sichtweisen, Haltungen oder Prägungen auf ein gemeinsames Ziel hin harmonisieren müssen. Daher sollten Sie möglichst früh damit beginnen, Ihren wissenschaftlichen, beruflichen und sozialen Bezugsrahmen aktiv zu erweitern. Gehen Sie in interdisziplinäre Debattier-Clubs oder Foren, es steht Ihnen ein breites Spektrum zur Verfügung. Wenn solche Foren nicht vorhanden sind, gründen Sie welche. Bemühen Sie sich, möglichst viele unterschiedliche Ansichten kennenzulernen, um Ihre eigene Überzeugung schließlich umso besser vertreten zu können. Nur so werden Sie letztlich in Ihrer eigenen Disziplin, sei es in der Wissenschaft, sei es im praktischen Beruf, auf Dauer erfolgreich sein können.

Mit dem Weg in die Universität haben Sie sich für ein anspruchsvolles Arbeitsfeld entschieden, das Ihnen einiges berufliches Prestige einbringen mag, aber Ihnen vor allem erst einmal viel Disziplin sowie die demütige Einsicht in die Grenzen der eigenen Erkenntnis abverlangt. Wenn Sie sich mit diesen harten Spielregeln einverstanden erklären, ist dies der Schlüssel zu den erfüllendsten Berufen.

Prof. Dr. phil. Sven Bernhard Gareis

2.2   Rechtswissenschaft

Interview mit Prof. Dr. iur. Thomas Bruha

Herausgeber: Herr Prof. Bruha, welche Bedeutung hat die Rechtswissenschaft aus Ihrer Sicht in der Gesellschaft?

Prof. Bruha: Rechtswissenschaft oder Jurisprudenz ist eine der großen klassischen Universitätsdisziplinen. Allerdings ist in der Gesellschaft nicht hinlänglich bekannt, was darunter zu verstehen ist und was der Jurist tut. Häufig existieren Klischeevorstellungen aus der Laiensphäre über *den* Richter, *den* Anwalt etc., die durch Film und Fernsehen geprägt sind. Diese Vorstellungen verstellen den Blick für die modernen Funktionen und die Vielfalt des Rechts und der juristischen Berufe. Die öffentliche Diskussion jeglichen staatlichen Handelns und damit auch des Rechts und seiner Setzung durch die politischen Organe, d. h. die Gesetzgebung, ist Inbegriff und Lebenselixier der Demokratie. Selbst Gerichtsentscheidungen sind nicht tabu, vorausgesetzt, es wird die formelle Rechtskraft der Entscheidungen und die Unabhängigkeit der Gerichte akzeptiert. Worauf ich hinweisen möchte, ist die ausgeprägte Diachronie zwischen der immensen „Jedermann-Bedeutung" des Rechts als Instrument der Politik und „öffentliches Diskussionsgut" und der geringen Kenntnis der Rechtsmaterie in der Öffentlichkeit.

Herausgeber: Wenn der Widerspruch zwischen der Bedeutung des Rechts für Staat und Gesellschaft und dem Kenntnisstand in der Bevölkerung so eklatant ist, wie Sie sagen, müssen wir dann alle „ein wenig Jura lernen"?

Prof. Bruha: Ein wenig schon. Das Recht gibt Staat und Gesellschaft normative Sinngehalte vor und verzahnt beide Ebenen, es ordnet Beziehungen zwischen Privaten, es programmiert und begrenzt staatliche Gewalt. Recht ist das primäre Steuerungsinstrument der Politik, im Staat und zunehmend auch zwischen Staaten wie im Rahmen der EU. Ein ausreichendes Maß an Rechtskunde sollte deshalb selbstverständlicher Bestandteil von Bildung sein.

Herausgeber: Was wird an der Universität darüber hinaus gelernt, wenn sich jemand für das Jurastudium entscheidet?

Prof. Bruha: Das Jurastudium (lat. iura; die Rechte) oder wie in der Schweiz und Österreich gebräuchlich das Jus-Studium (lat. ius; das Recht) vermittelt eine systematische und umfassende Kenntnis des Gesamtsystems des Rechts auf wissenschaftlicher Grundlage. Ziel ist es, die Studierenden zu einer selbstständigen Arbeit mit dem Recht auszubilden. Es ist die wohl am meisten verbreitete Fehlmeinung von Laien, dass Recht sich in Tausenden von dicken Bänden finde, die es nur auf die entscheidungserhebliche Norm hin zu durchsuchen gelte, um eine Streitigkeit mit dem Nachbarn, der Baubehörde oder eine strafrechtliche Angelegenheit entscheiden zu können. Dem ist aber nicht so. Das Leben in Staat und Gesellschaft ist viel zu komplex, um es zum Gegenstand lückenloser Regelungen machen zu können, die nur noch „abgerufen" werden müssen. Es ist kein Defekt des Rechtssatzes, wenn er auf neue, im Gesetz nicht klar geregelte Lebenssachverhalte trifft. Sozialer Wandel wartet nicht auf den Gesetzgeber. Nehmen Sie das Beispiel nichtehelicher Lebensgemeinschaften. Es ist Aufgabe der Juristen, also der Jura-Absolventen, neue oder nicht bedachte Lebenssachverhalte der Gesetzesnorm zuzuordnen. Das geschieht durch deren Auslegung. Rechtswissenschaft ist eine *hermeneutische* Disziplin. Es geht um das Sinnverstehen von Texten.

Herausgeber: Welche Voraussetzungen muss ein Jurastudent mitbringen?

Prof. Bruha: Interesse an staatlichen und gesellschaftlichen Prozessen, die alle durch Recht gesteuert werden; mündlich wie schriftlich gute sprachliche Ausdrucksfähigkeit; Differenzierungsvermögen und Fähigkeit zu logischem Denken.

Herausgeber: Wie läuft das Jurastudium ab und wie lange dauert es?

Prof. Bruha: Der Normalfall ist immer noch die „klassische juristische Ausbildung". Sie umfasst ein Universitätsstudium der Rechtswissenschaft, das nach einer Regelstudienzeit von acht Semestern mit der Ersten Juristischen Staatsprüfung abgeschlossen wird, und eine zweijährige praktische Ausbildung im Staatsdienst (sog. Vorbereitungsdienst oder auch Referendariat), an deren Ende die Zweite Juristische Staatsprüfung (Assessorexamen) steht. Mit deren Bestehen werden die „Befähigung zum Richteramt" und die Qualifikation zum „Volljuristen" erlangt. Diese ist Voraussetzung für den Zugang zu den klassischen juristischen Berufen, also Richter, Staatsanwalt, Rechtsanwalt oder Höherer Verwaltungsbeamter. Darüber hinaus besteht auch die Möglichkeit juristischer Tätigkeit in nicht reglementierten Berufen, vor allem in der Wirtschaft, etwa in Rechtsabteilungen bei Banken, Versicherungen, Wirtschaftsverbänden und Medienunternehmen.

Herausgeber: Gibt es andere Studienoptionen wie z. B. Bachelor und Master?

Prof. Bruha: Ja, die gibt es. Von einem juristischen Bachelor- und Masterstudium rate ich aber eher ab. Diese aus dem angelsächsischen Raum importierten und im Bologna-Prozess mehr oder weniger, wenn auch nicht rechtsverbindlich, vorgegebenen Studienabschlüsse haben zumindest in Deutschland wenig Sinn, wo sie i. Allg. im Rahmen der „klassischen juristischen Ausbildung" erbracht werden müssen. So besteht zwar auch an meiner Fakultät in Hamburg die Möglichkeit, nach einer Regelstudienzeit von sechs Semestern den Hochschulgrad „Baccalaureus Juris" (bac. jur., entspricht dem Bachelor) zu erwerben und nach dem darauf aufbauenden Schwerpunktbereichsstudium nach einer Regelstudienzeit von acht Semestern mit dem „Magister Juris" (mag. jur., entspricht dem Master) abzuschließen. Auf dem juristischen Stellenmarkt haben sich diese Abschlüsse aber bislang nicht durchsetzen können. Sie leiden unter dem Negativ-Image, dass sich unter den Trägern viele befinden, die das Erste Juristische Staatsexamen nicht geschafft oder gar nicht erst versucht haben. Und natürlich eröffnen die Abschlüsse nicht den Zugang zu den „klassischen juristischen Berufen", die Absolventen des Assessorexamens vorbehalten sind. Letzteres gilt übrigens auch für die von einer Reihe von Fachhochschulen angebotenen wirtschaftsjuristischen Studiengänge.

Herausgeber: Welchen Stellenwert messen Sie der Internationalisierung des Rechts und der juristischen Ausbildung bei?

Prof. Bruha: Einen sehr hohen. Bei entsprechender Weltoffenheit, Flexibilität und Fremdsprachenkompetenz eröffnen sich jungen Juristen hier hochinteressante und auch persönlich befriedigende Arbeitsmöglichkeiten.

Herausgeber: Herr Prof. Bruha, wir bedanken uns für das Interview.

2.3   Wirtschaftswissenschaften

Wirtschaftswissenschaften: Erfahrungsbericht 1
Betreuung von wissenschaftlichen Arbeiten durch Hochschullehrer

Die Anfertigung von wissenschaftlichen Arbeiten – insbesondere von Diplom-
und Masterarbeiten – gehört zu den wichtigsten Qualifikationen von Akademi-
kern. Nicht zuletzt steht diese Leistung am Ende eines Studiums und krönt gewissermaßen dessen Abschluss. Für einen Hochschullehrer ist die Betreuung solcher
Arbeiten eine besondere Herausforderung, denn er muss den Entstehungsprozess
begleiten, aber dennoch das Ergebnis neutral und objektiv beurteilen. Die Anforderungen an Abschlussarbeiten sind so vielfältig, wie es wissenschaftliche Disziplinen, Fakultäten und Lehrstühle gibt. Um eine Vergleichbarkeit der Ergebnisse
und identische Rahmenbedingungen zu schaffen, wird üblicherweise fakultätsin-
tern eine Richtlinie verabschiedet, nach der wissenschaftliche Arbeiten anzufertigen sind. Zumeist erstrecken sich solche Richtlinien lediglich auf formale Hinweise, so dass eine fachliche Auseinandersetzung zwischen Studierenden und Betreuern notwendig bleibt. Hier wird meist die wissenschaftliche Ausrichtung der Lehr-
einheit prägend sein, so dass ein potenzieller Examenskandidat schon im Vorfeld
informiert sein sollte, auf welche Themenfelder er sich einstellen muss. Es gibt
zwei Wege, zu einer gut betreuten wissenschaftlichen Abschlussarbeit zu gelangen. Entweder interessieren Sie sich besonders für ein bestimmtes Thema oder
Themenfeld und sprechen einen Dozenten an, der dieses Themenfeld an Ihrer
Hochschule vertritt. Manchmal ist es aber auch so, dass Sie bei einem bestimmten
Dozenten viele Veranstaltungen besucht haben und glauben, dass Sie mit diesem
gut zusammenarbeiten können, dass „die Chemie stimmt". Dann müssten Sie Ihre
Themenvorstellungen ggf. an das Arbeitsgebiet Ihres Wunschbetreuers anpassen.
Häufig werden die Betreuungsverhältnisse zwischen wissenschaftlichen Mitarbei-
tern und Studierenden bestehen, so dass Sie sich speziell auf die Forschungsfelder
der wissenschaftlichen Mitarbeiter fokussieren sollten.

Eine gute Vorbereitung zur Anfertigung von Abschlussarbeiten sind Seminar-
und Hausarbeiten, in denen die wissenschaftliche Arbeitsweise trainiert werden
kann. Meist wird dies auch zur Voraussetzung zur Anmeldung von Abschlussarbeiten gemacht. Eine generelle Aussage zum Anspruch von „Wissenschaftlichkeit" zu machen fällt schwer, denn hier setzt die Wissenschaftstheorie an, die em-
pirisch-induktive Vorgehensweisen gegen Konstruktivismus oder deduktive Ab-
leitungen abgrenzt. Da nicht jede Abschlussarbeit gleich eine Promotion sein soll,
greifen auch einfachere Konstrukte wie die Prämisse eines systematischen, me-
thodischen Vorgehens oder der intersubjektiven Nachvollziehbarkeit. Unverzichtbar ist, dass eine wissenschaftliche Arbeit systematisch Rückgriff auf vorhandenes
Wissen nimmt, dadurch fundiert wird und den kollektiven Prozess der Wissens-
akkumulation stützt. Der Weg in die Bibliothek Ihrer Hochschule bleibt also nicht
aus. Auch wenn Internetquellen schneller und bequemer erreichbar sind, so blei-

ben die Gefahr der späteren Nachvollziehbarkeit von Aussagen und die Versuchung des Plagiats. Widerstehen Sie diesen Versuchungen!

Eine gute Betreuung von wissenschaftlichen Arbeiten sieht die Begleitung des gesamten Prozesses vor. Hierzu gehören die Phasen der Themenfindung, der Themenstrukturierung der inhaltlichen Ausgestaltung und der Ausfertigung der Arbeit. Generell finden sich zwei Vorgehensweisen. In Studiengängen mit vielen Studierenden werden häufig Themen ausgelost und lediglich zwei oder drei Beratungstermine gewährt, so dass der Kandidat aus eigenem Antrieb und mit nur wenig Rückkopplung durch den Betreuer, gewissermaßen also im Alleingang, die Arbeit anfertigen muss. Für diese Version spricht, dass die Selbstständigkeit des Studierenden im Vordergrund steht und dessen originäre Leistungen bewertet werden und kein „betreutes" und bis ins kleinste Detail mit einem Betreuer abgestimmtes Schreiben der Abschlussarbeit stattfindet. Der Nachteil dieser höheren Selbstständigkeit, die vorwiegend darin besteht, dass eben nicht jede Entscheidung und jeder Arbeitsschritt mit dem Betreuer abgestimmt sind, liegt in der damit verbundenen Gefahr, in die falsche Richtung zu laufen. Wer Motivationsprobleme hat und für ein kontinuierliches Arbeiten häufige Rückkopplung oder „Druck" durch den Betreuer braucht, zieht vermutlich aus einem engen Betreuungsverhältnis einen größeren Nutzen und kann auf diese Weise einem möglichen Scheitern besser entgegenwirken. Eine prozessbegleitende Betreuung ist somit zielorientierter, führt in engeren Bahnen und ist für den Kandidaten komfortabler. Bei der anschließenden Bewertung entsteht dann allerdings das Problem, die eigenständige Leistung zu erkennen und zu benoten. Sicherlich ist hier die jeweilige Form der wissenschaftlichen Arbeit zu betrachten. Theoriegeleitete Arbeiten unterscheiden sich deutlich von praxisorientierten Arbeiten. Dennoch zählen im Ergebnis für die Bewertung immer die gute Strukturierung des Themas, die inhaltliche Verankerung in der Literatur, die Verarbeitung und das Verständnis des Faktenwissens, die eigene Ableitung und die kritische Analyse.

Die wichtigsten Erfolgsfaktoren bei der Anfertigung von wissenschaftlichen Arbeiten sind aus meiner im Fachbereich Betriebswirtschaft der Universität Duisburg-Essen und hier insbesondere im Fach Wirtschaftsinformatik gewonnenen Erfahrung das Interesse am Themengebiet (Spaßfaktor), die Professionalität bei der Durchführung (Projektmanagement), die enge Kommunikation mit den Betreuern (Vereinbarung und Überprüfung von sog. „Milestones" nach dem Meilensteinkonzept) und die Zielorientierung (wissenschaftliche Laufbahn oder Karriere in der Wirtschaft). Für den betreuenden Hochschullehrer ist es wichtig, die individuelle Interessens- und Bedingungslage der Kandidaten zu erkennen, um gemeinsam passende Themen und Umfeldfaktoren festzulegen. Hierzu sind frühzeitige und intensive Gespräche notwendig, die auch von den Studierenden eingefordert werden müssen. Nur so kann ein Betreuungsverhältnis entstehen, das für beide Seiten vorteilhaft wird. Im Sinne des lebenslangen Lernens profitiert von jeder guten Abschlussarbeit auch der Betreuer!

Prof. Dr. rer. oec. Peter Chamoni

Wirtschaftswissenschaften: Erfahrungsbericht 2

Meine Studierenden kommen aus vielen wirtschaftswissenschaftlichen Kern- und Kombinationsfächern, die meisten aus der Betriebswirtschaftslehre. Als Professor für Wirtschaftsinformatik an der Fakultät für Rechts- und Wirtschaftswissenschaften der Universität Bayreuth biete ich Veranstaltungen vom ersten Semester bis zum Abschlusssemester an, von der Propädeutik bis zur Spezialisierung in meinem Fach. Der folgende Erfahrungsbericht soll diese Bandbreite widerspiegeln, so dass ich ihn entsprechend unterteilen werde. Die Umstrukturierungen durch den Bologna-Prozess zeigen Auswirkungen, sowohl bei mir als auch bei der beobachteten Haltung der Studierenden zum Studium. Die ersten Jahrgänge Bachelor sind an der Fakultät angekommen, die letzten Jahrgänge Diplom aber noch nicht fertig. Gehen wir also einmal durch die einzelnen Semester.

Die *Erstsemester* bekommen von der Entwicklung am wenigsten mit. Meine erste Veranstaltung ist ein Propädeutikum zur Informationstechnologie. Vergleichbar mit Buchführung, Jura, Mathematik für Wirtschaftswissenschaftler und ähnlichen Kursen ist und war dies wohl seit Jahrzehnten für die ersten beiden Semester der Wirtschaftswissenschaften typisch. „Ältere" Diplom-Studierende (das können auch Ihre Eltern sein) werden Ihnen erzählen, dass alle Kurse im ersten Jahr „Vier-gewinnt"-Scheine sind, die für Ihren Erfolg im Studium keine Bedeutung haben und nur mit der Note 4,0 oder besser abgeschlossen werden brauchen. Vergessen Sie solche Pauschalaussagen.

Im Bachelorstudium gibt es kein Vordiplom mehr; in unserer Prüfungsordnung heißt das, dass jede Credit-Point-Klausur für die Endnote zählt. Das führt leider zum umgekehrten Effekt – alle Erstsemester powern bis zum Umfallen, jede Klausureinsicht wird zur Kampfzone um weitere Leistungspunkte. Der geneigte Ökonom (so einer wollen Sie ja einmal werden) sollte sich aber auch überlegen, dass in einem typischen Bachelorstudium 180 ECTS vergeben werden, und der Input für je 3 ECTS Buchführung u. a. entsprechend dimensioniert werden sollte. Mit anderen Worten: Ob Sie jetzt eine 2,3 oder eine 2,7 nach Hause tragen, werden Sie in drei Jahren kaum spüren. Sparen Sie Ihre Kräfte und Ihre Nerven für die nächste Klausur.

Die Klausuren geben Ihnen aber auch eine Rückmeldung, mit der Sie gerade zu Beginn Ihr Studium überprüfen und lenken können. Diese Möglichkeiten haben Ihre Diplomvorgänger selten nutzen können; wenn Sie alles mit 4,0 bestehen, wissen Sie über Ihre Fähigkeiten nicht mehr als vorher. Lange Studienzeiten kommen auch dadurch zustande, dass mitleidige Betreuer im dritten Versuch nach zwei Durchfallern doch noch die 4,0 geben. Lassen Sie es darauf nicht ankommen, dafür sollten Ihnen Ihre Zeit und die Studiengebühren zu teuer sein. Als Bachelor-Studierender können Sie bereits nach den ersten Klausuren feststellen, ob Ihnen Wirtschaftswissenschaften liegen. Mittlerweile gibt es auch viele spezialisierte wirtschaftswissenschaftliche Bachelor-Studiengänge, sowohl an Universitäten als auch an Fachhochschulen, die eine Alternative zu einem vollständigen Studienfachwechsel darstellen könnten.

Wenn Sie diese Anfangshürden gemeistert haben, sehen wir uns im *dritten Semester* wieder. Die meisten Universitäten haben den Übergang vom Diplom zum Bachelor genutzt, um Frontalvorlesungen durch neue Veranstaltungsformen wie Fallstudienseminare oder Planspiele abzulösen. An dieser Stelle sind Sie aufgefordert, (inter-)aktiv zu werden. Während im ersten Semester viele meiner Studierenden eher eine passive Haltung der Informationsaufnahme an den Tag legen, entscheidet sich an dieser Stelle, wer später seine Zukunft selbst in die Hand nimmt und wer nicht. Beginnen Sie mit uns Dozenten und untereinander zu diskutieren, stellen Sie Fallstudien in Frage. Sie sind nicht mehr in der Schule, es gibt kein Zentralabitur am Ende – es geht um Ihre eigene, persönliche Entwicklung.

Hier bemerke ich übrigens einen Unterschied zwischen Diplom- und Bachelor-Studierenden. Letztere sind bisher sowohl unselbstständiger als auch eher an Punkten und Noten als am Inhalt selbst interessiert. Auch hier gilt deshalb wieder: Wenn Sie nicht mit dem Herzen dabei sind, wählen Sie einen anderen Kurs oder eine andere Spezialisierung. Wirtschaftswissenschaften werden zwar auch mit deutlichem Blick auf den Arbeitsmarkt studiert. In Abwandlung eines Zitates von Adorno, „Es gibt kein richtiges Leben im falschen", sei aber auch gesagt: Werden Sie nicht deswegen IT-Berater, weil dies ein gutes Einkommen sichern kann (oder der Betreuer Noten verschleudert). Sie werden die nächsten 40 Berufsjahre in dem jetzt gewählten Umfeld zubringen, es sollte dann schon das „richtige Leben" für Sie sein. Andererseits sind Sie jetzt aber auch schon weit gekommen – ziehen Sie das Studium bis zum Ende durch, es sind nur noch anderthalb Jahre.

Damit nähern wir uns dem Endspiel, hier greife ich einfach mal das *fünfte Semester* heraus. Bis hierhin haben Sie alles richtig gemacht, mit Studium und Spezialisierung fühlen Sie sich wohl. Jetzt wäre eine gute Zeit, Wissen anzuwenden und weiterzugeben, denn dies wird Ihren weiteren Berufsweg bestimmen. Wenn es geht, werden Sie z. B. Tutor für Erstsemesterkurse. Das hilft Ihnen einerseits, die Basics noch einmal zu wiederholen (niemand lernt mehr über ein Gebiet als der Dozent selbst) und strukturiertes Präsentieren zu lernen, zum anderen bekommen Sie eine Einsicht in die Funktionsweise von Lehrstühlen – meist desjenigen, bei dem Sie Ihre Abschlussarbeit schreiben wollen. Die erfolgreichsten Abschlussarbeiten an meinem Lehrstuhl kamen meist von Studierenden, die strukturiertes Denken und Projektarbeit entweder als Tutor, studentische Hilfskraft oder bei studentischen Initiativen vorher ausprobieren konnten.

Gratulation, jetzt sind Sie durch! Oder auch nicht, denn jetzt gibt es mindestens drei Alternativen. Sie gehen direkt in den Beruf, Sie beginnen ein Masterstudium an derselben oder an einer anderen Hochschule. Hier kann ich Ihnen bisher wenige Erfahrungen weitergeben, dazu gibt es den Bachelor-Abschluss noch nicht lange genug. Glückliche und unglückliche Absolventen gibt es in allen drei Fällen. Einen Vorteil hat die Bologna-Struktur an dieser Stelle, und zwar dass Sie die Freiheit dieser Entscheidung überhaupt haben. Sie können sich in der Berufswelt im In- oder Ausland z. B. ein Feedback über ein bis zwei Jahre abholen, ob Ihr Studium sich für Sie persönlich gelohnt hat – danach kommen Sie vielleicht zurück und machen einen Master in einer für Sie interessanten Spezialisierung? Diese Chance hatten Ihre Diplomvorgänger nicht. Nutzen Sie diese Chance!

Prof. Dr. rer. pol. Torsten Eymann

3 Mathematik, Naturwissenschaften

3.1 Mathematik

Wie meistern Sie ein Studium, ohne die Freude daran zu verlieren?

Im Moment beschäftigt Sie sicher die Frage, welchen Ausbildungsweg Sie als Nächstes einschlagen sollen? Es ist nämlich der denkbar schlechteste Grund, ein Studium aufzunehmen, nur weil Sie die Bewerbungsfristen für eine Ausbildung verpasst haben oder zu bequem sind, eine Bewerbungsmappe zusammenzustellen. Bezüglich der Auswahl des Studienfachs sollten Sie schon frühzeitig alle Möglichkeiten nutzen, um Informationen zu sammeln, wie z. B. Informationstage oder ein Schnupperstudium an Hochschulen, Gespräche mit Lehrern und Bekannten, die bereits studieren. Studieren Sie aber dann etwas, was Sie wirklich interessiert. Wenn Sie ein Fach studieren, an dem Sie eigentlich gar kein Interesse haben, nur weil Sie hoffen, damit später viel Geld zu verdienen, kann dies zu einer sehr frustrierenden Zeit in Ihrem Leben werden. Zukunftsprognosen in den Medien darüber, welches Fach später die besten Jobaussichten haben wird, sollten Sie skeptisch hinterfragen. Kurz vor meinem Abitur wurde z. B. davon abgeraten, Informatik zu studieren, weil bei Studienabschluss keine Stellen frei seien. Tatsächlich waren aber zur Zeit des Studienabschlusses Informatiker gefragter denn je und selbst Studierende mit Informatik im Nebenfach konnten sich die Jobs aussuchen.

Das Mathematik-Studium bietet sehr gute Berufsaussichten, denn einerseits schätzen viele Branchen unsere Herangehensweise an Probleme, andererseits gibt es auch nur verhältnismäßig wenige Absolventen. In der Öffentlichkeit ist das jedoch kaum bekannt, daher wurde meine Studienwahl von vielen Bekannten und Verwandten misstrauisch beäugt. Oft genug bin ich verständnislos gefragt worden, warum ich denn ausgerechnet Mathematik studieren wolle? Sie müssen sich schon sehr sicher sein, um sich von solchen Reaktionen nicht aus der Ruhe bringen zu lassen. Die Antwort „Weil das so viele Männer studieren!" brachte mir Ruhe. Inzwischen gibt es in der Mathematik aber einen Frauenanteil von ca. 50 %.

Haben Sie sich für ein Fach entschieden, ist oft die nächste Frage, an welcher Universität Sie das Studium aufnehmen sollten. Wenn Sie bereits wissen, an welchem Teilgebiet Sie besonders interessiert sind, dann können Sie natürlich eine Hochschule wählen, die dieses Gebiet gut vertritt. In den allermeisten Fällen wird das jedoch bei Studienbeginn noch nicht der Fall sein. Trauen Sie sich dann ruhig, einfach einen Ort auszusuchen, an dem Sie sich wohl fühlen. Rankings können Ihnen zwar einen Anhaltspunkt geben, sollten aber nicht das alleinige Kriterium sein. Schauen Sie sich lieber die Örtlichkeiten selbst an und sprechen Sie mit Studierenden. Es ist nicht immer transparent, wie die Rankings zu den Angaben gekommen sind und ob die Ergebnisse wirklich vergleichbar und repräsentativ sind. Oft ist es sowieso von Zufällen abhängig, welche Interessen Sie entwickeln. Dann können Sie immer noch die Hochschule wechseln, gerade nach dem Bachelorstudium ist ein idealer Zeitpunkt hierfür. Auch ich bin letztlich in einem Spezialgebiet gelandet, das ich aufgrund der Erfahrungen aus der Schule für uninteressant hielt. Nur weil der Dozent in einem anderen Gebiet, das ich stattdessen hören wollte, eine langweilige, mein späterer Doktorvater jedoch eine ausgezeichnete Vorlesung gehalten hat, habe ich doch gewechselt.

Aller Anfang ist schwer: Der Beginn eines Studiums ist oft ein Schock, da Sie plötzlich zügig und selbstständig arbeiten müssen und im Gegensatz zum Schulunterricht nicht mehr alles mehrfach erklärt wird. Im Gegenteil wird erwartet, dass Sie eigenständig die Vorlesungen nacharbeiten. Scheuen Sie sich aber nicht, den Dozenten Fragen zu stellen. Meist freuen diese sich sehr darüber, wenn Studierende durch Fragen ihr Interesse bekunden. Es ist aber wichtig, dass Sie erst einmal selbstständig darüber nachdenken – oft erledigt sich das Problem dann bereits von selbst. Nur wenn Sie von Anfang an regelmäßig den Stoff einüben, können Sie den Lernstoff bis zur Prüfung bewältigen. Haben Sie während des Semesters die Vorlesungen nachgearbeitet und ernsthaft an den Übungen teilgenommen, sind Sie bereits sehr gut auf die Klausuren vorbereitet und werden diese vermutlich spätestens in der Nachklausur bestehen. Schauen Sie sich ruhig die Übungsaufgaben und ggf. alte Klausuraufgaben erneut an. Haben Sie dies aber nicht bereits während des Semesters getan, werden Sie wenig Chancen haben, die Prüfung zu bestehen.

Sehr empfehlenswert ist es auch, Lern- und Übungsgruppen mit Kommilitonen zu bilden. Erstens können Sie sich dann gegenseitig unterstützen, denn gerade beim Erklären eines Sachverhaltes wird er oft erst richtig verständlich. Zweitens werden Sie dann feststellen, dass sich alle mit den gleichen Problemen herumschlagen. Dies hilft Ihnen, anfängliche Schwierigkeiten leichter zu bewältigen und gibt Ihnen Durchhaltevermögen. Drittens sind die Kontakte, die Sie dort knüpfen, für Ihr Studium und Ihren weiteren Lebensweg sehr wertvoll. Versuchen Sie sich auch und gerade dann einer Lerngruppe anzuschließen, wenn Sie noch bei Ihren Eltern wohnen und täglich mit Bus und Bahn zur Hochschule fahren, auch wenn dies zusätzliche Mühe bedeutet.

Auch wenn Ihnen Ihr Studium Freude bereitet, ist es harte Arbeit. So soll schon eine Studierende, die sich bei einer Fahrradtour des Fachbereichs über die Geschwindigkeit beschwert hat, von ihrem Tutor belehrt worden sein, dass nichts in diesem Studium einfach sei.

Leider stellt sich trotz aller Vorbereitungen gelegentlich zu Beginn eines Studiums heraus, dass das Fach doch nicht dem entspricht, was Sie erwartet haben. Überlegen Sie dann, ob Sie wechseln wollen – oder ob es sich nicht nur um Anfangsschwierigkeiten handelt. Entscheiden Sie sich aber zügig und schnuppern schon während des laufenden Semesters in das neue Fach hinein, um eine erneute Enttäuschung zu vermeiden.

Ich wünsche Ihnen viel Freude an Ihrem Studium, viel Erfolg dabei und anschließend einen Beruf, der Sie ebenso ausfüllt.

Dr. rer. nat. Claudia Kirch

3.2   Informatik

Von studentischen Denkfehlern zum Studienerfolg

Ich finde es einzigartig. Nein. Ich finde eigentlich fast nichts einzigartiger, spannender und erfüllender, als jungen Menschen zu begegnen und sie ein Stück ihres Weges zu begleiten. Und wenn sie diesen gemeinsamen Weg dann irgendwann gestärkter, wissender und verstehender als zuvor alleine weitergehen, macht mich das stolz und glücklich, denn ich bin Professorin für Schlüsselqualifikationen im Fachbereich Informatik der Fachhochschule Worms. Und als solche sowie als Mensch, der selbst mit einigen Schwierigkeiten studiert hat, möchte ich Ihnen ein paar aus eigener und aus beobachteter Erfahrung gewonnene Erkenntnisse mit auf den Weg geben. Denn Studieren an sich ist selten ein Spaziergang. Studieren heißt, sich anzustrengen und konsequent auf ein bestimmtes Ziel hinzuarbeiten. Manchen von Ihnen wird das leichter fallen, manchen schwerer. Wichtig ist, dass Sie im Vorfeld ein paar Dinge beachten. Die folgenden kommentierten „studentischen Denkfehler" sollen Sie davon abhalten, selbst den einen oder anderen Irrtum zu begehen. Und sehen Sie es mir nach, wenn ich manches Mal sehr deutliche Worte finde. Ich habe mir in meinem Studium vor vielen Jahren so manche „blutige Nase" geholt, weil ich selbst einige Irrtümer begangen habe. Aber ich wurde noch rechtzeitig klüger. Seien Sie es von Anfang an.

Denkfehler Nr. 1: *Der Studienbeginn ist das Ziel.*
Ich staune immer wieder, wenn ich an manchen unserer Studierenden bemerke, dass sie sich durch die Einschreibung bereits am Ziel ihrer Träume wähnen. Das ist falsch. Ganz falsch. Studieren heißt, einen neuen Lebensabschnitt zu beginnen, der in der Regel in krassem Gegensatz zum bisherigen Alltag steht. Und dieser Tatsache gilt es, Rechnung zu tragen durch das Überdenken des persönlichen Lern- und Lebensstils, den festen Willen, für das anvisierte Ziel auch Einsatz zu bringen, und das Bewusstsein, Verantwortung für das eigene Tun zu tragen.

Denkfehler Nr. 2: *Der Berg kommt zum Propheten.*
Ein ganz gravierender Trugschluss. Das Prinzip von Hol- und Bringschuld. Gewöhnen Sie sich rechtzeitig im Studium daran, nicht alle Informationen auf dem Silbertablett serviert zu bekommen. Es ist an Ihnen, sich aktiv selbst um alles zu kümmern, was Sie an Informationen, Kontakten und Materialien benötigen. Manche Professoren machen einem diesbezüglich das Leben leichter, manche eher nicht. Leidtragende der zweiten Gruppe sind in jedem Fall Sie. Also verhindern Sie mögliche Engpässe durch eigene Initiative: proaktiv und selbstverantwortlich. Das Verhalten des Professors können Sie meist nicht ändern, wohl aber das Ihre!

Denkfehler Nr. 3: *Google gewinnt.*
So wie ich noch der Generation Golf entstamme, so gehören Sie nun zur Generation Google. Und die tendiert leider dazu, die besagte Suchmaschine als Wunder-

waffe gegen alles einzusetzen. Da werden beliebig „ergoogelte" Informationen un-reflektiert übernommen und eigenes Nachdenken tunlichst vermieden. Wikipedia, Google & Co. haben ja wohl für alle Aufgabenstellungen im Studium eine Lösung parat. Und die wird dann kopiert oder auswendig gelernt. Passt schon. Oder etwa doch nicht? Wer Studieren als reinen „Dressurakt" versteht, der wird – das „ver-spreche" ich Ihnen – früher oder später scheitern. Natürlich müssen Sie in Ihrem Studium auch auswendig lernen. Aber eben nicht nur. Und in vielen Fächern wie den Ingenieurstudiengängen oder der Informatik ohnehin eher weniger. Es geht um das Verstehen, um das Erkennen und Erwerben der Schemata hinter den Aus-prägungen. Sie haben ja auch nicht jeden möglichen Satz Ihrer Muttersprache aus-wendig gelernt. Aber Sie wissen, wie das mit dem Satzschema funktioniert, und Sie verfügen über ausreichende Kenntnisse des Konjugierens und Deklinierens sowie über einen Fundus von Vokabeln, um aus all den Schemata entsprechende Ausprägungen zu generieren. So wie ich gerade, indem ich diesen Text schreibe.

Denkfehler Nr. 4: *Papier ist uncool.*
Ein erstaunlicher, aber für das Studium folgenschwerer Irrtum. Papier wird von vielen Studierenden sehr ungern genutzt. Das betrifft das Mitschreiben auf selbi-gem ebenso wie das Lesen darauf gedruckter Informationen und ist umso bedauer-licher, als dass gerade Bücher eine hervorragende Ergänzung zu Skripten & Co. darstellen. Denken Sie an diejenigen Professoren, die das mit der Bringschuld nicht so ernst nehmen. Bei denen müssen Sie mitschreiben oder zumindest eine oder einen aus Ihrer Lerngruppe dazu „verdonnern". Sonst geht Ihnen womöglich wichtiges Wissen verloren: Überhaupt und natürlich für die Prüfungsvorbereitung. Das bringt uns direkt zum letzten hier vorgestellten Denkfehler.

Denkfehler Nr. 5: *No risk, no fun.*
Klar, Spaß muss sein. Aber wenn er auf Kosten Ihres Studienerfolgs geht, dann sollte der Spaßanteil noch mal überdacht werden. Oder besser gleich die komplette Einstellung zum Studieren. Um Fähig- und Fertigkeiten zu erlernen sowie Wissen zu festigen, müssen Sie üben, und zwar während des Semesters und nicht erst drei Tage vor der Prüfung. Das Verhalten so manches Studierenden erinnert da eher an eine Mutprobe als an einen ernsthaften Prüfungsversuch. Bleiben Sie während des gesamten Semesters „am Ball". Dann ist auch die vorlesungsfreie Zeit tatsächlich eine Zeit, in der Sie sich auch einmal anderen Dingen zuwenden können.

Es gäbe noch so manches zu schreiben, z. B. über die Notwendigkeit des Aneig-nens von Allgemeinbildung, und am liebsten würde ich Ihnen das alles persönlich erzählen. Aber so bleibt mir nur zu hoffen, dass Sie Denkfehler Nr. 4 (*Papier ist uncool*) nicht erliegen und stattdessen dieses Buch lesen. Die Studienzeit kann ei-ne fantastische Lebensphase sein. Keine Frage. Aber danach kommen auch noch „coole" Zeiten, wenn Sie erfolgreich fertig studiert haben und in einem Job arbei-ten, der Ihnen Spaß macht und in dem Sie für Ihre Kompetenz anerkannt werden. Menschlich wie fachlich. Glauben Sie mir. Ich weiß, wovon ich rede. Trotz ehe-dem „blutiger Nase". Ich wünsche Ihnen von Herzen viel Erfolg.

Prof. Dr. rer. pol. Elisabeth Heinemann

3.3   Physik, Astronomie

Nicht für die Prüfungen, für das Leben studieren Sie

Mit der Wahl Ihres Studienfaches ist ein wichtiger Schritt zur Wahl Ihres späteren Berufes gefallen. Nun stellen Sie sich den Anforderungen der Studienordnung und der Lehrenden. Viel Gestaltungsspielraum scheint es dabei nicht zu geben.

Meine Aufgabe als Mentor sehe ich darin, meinen Studierenden Anregungen und Gelegenheiten zu bieten, ihrem Berufsziel näher zu kommen. Und darunter verstehe ich nicht, so effizient wie möglich einen Karriereweg zu beschreiten, bei dem sie sich an die Verwertungsmaschinerie des Arbeitsmarktes verkaufen. Es geht mir darum, den Studierenden zu helfen, ihr Interesse am Fachwissen und die Fähigkeiten, die sie sich während des Studiums aneignen, im späteren Beruf für Ziele einzusetzen, hinter denen sie mit ganzem Herzen stehen können.

Schon als Student habe ich mich mit anderen Studierenden zusammengetan und nach Wegen in diesem Sinne gesucht. Mich schreckte die Vorstellung ab, dass ich mich eines Tages frustriert fragen würde, wofür ich jahrelang gearbeitet habe. Ich wollte meine Begeisterung für außeruniversitäre Aktivitäten in mein Studium und meine Berufssuche integrieren. Für mich gab es einen wesentlichen Durchbruch, als ich erkannte, dass ich eine Studienarbeit in Physik zur Untersuchung von Luftverunreinigungen durchführen konnte. Dieses Thema traf sich auf vorher ungeahnte Weise mit meinem Engagement für Umweltschutz und es führte mich weiter zu meiner Diplomarbeit über atmosphärische Radioaktivität, die ich nun in Forschungsvorhaben als Indikator zur Verifikation nuklearer Rüstungskontrollabkommen nutze. Nur im Rückblick erscheinen diese Zusammenhänge wie ein logischer Karriereweg, als ob jede Etappe sorgfältig voraus geplant gewesen wäre.

Nach meinem damit geglückten Schlüsselerlebnis habe ich mit ca. 25 anderen Studierenden 1997 das Buch „Alternative Berufsfindung" herausgegeben, in dem wir alle unsere Tipps, Anregungen und Lebenswegbeispiele zur Verfügung stellen.

Mein Rat an Sie ist, dass Sie auf der Suche bleiben mögen und dass Sie alle passenden Aktivitäten darauf ausrichten, Ihren Weg zu finden und ihn zu gehen. Eine sehr nützliche Orientierungshilfe kann es dabei sein, der eigenen Begeisterung zu folgen. Wofür brennen Sie? Was macht Ihnen so viel Spaß, dass auch Lernen wie Spielen wirkt? Lassen Sie dabei Zufälle wirken und planen Sie nicht alles fest. Seien Sie offen für Neues und riskieren Sie, dass Sie dadurch auf ungeahnte Bahnen geführt werden. Suchen Sie Ihre Lücken im Rahmen der Vorgaben und gönnen Sie sich die eigenen Erfahrungen, die über den Standard hinausgehen. Ein Praktikum, ein Auslandsjahr oder auch ein Wechsel des Studiengangs ist immer ein Gewinn für Sie, wenn Sie dies Ihren Stärken und Zielen näher bringt. Eine Verlängerung der Studienzeit ist dann kein Verlust.

In meinem Lehr- und Forschungsgebiet am Zentrum für Naturwissenschaft und Friedensforschung (ZNF) der Universität Hamburg an der Fakultät für Mathematik, Informatik und Naturwissenschaften geht es um Naturwissenschaft, Physik und Friedensforschung. Zu mir kommen Studierende der Physik, Chemie, Biologie, Geowissenschaften und vieler anderer Disziplinen, die sich über die Gelegenheit freuen, ihr politisches Interesse in Verbindung mit Fachwissen weiterzuentwickeln und diese Aktivitäten für das Studium angerechnet zu bekommen.

Der Lernerfolg kann darin bestehen, allgemeine berufsqualifizierende Kompetenzen zu entwickeln und sich als mündiger Staatsbürger weiterzuentwickeln. Die Vermittlung von Verantwortung in der Berufspraxis gelingt damit ebenso wie das Schärfen des Bewusstseins für die Verantwortung der Wissenschaft für die Lösung der globalen Herausforderungen der Menschheit.

Mit einzelnen Studierenden kann ich noch weiter gehen und sie dabei begleiten, sich für das Berufsfeld Naturwissenschaft und internationale Sicherheit zu qualifizieren. Einerseits gibt es die meisten einschlägigen Arbeitsplätze bei der Rüstungsindustrie, der Bundeswehr und den Instituten der vom Verteidigungsministerium grundfinanzierten Fraunhofer-Gesellschaft. Und es wäre durchaus wünschenswert, auch dort Fachleute einzustellen, die sich mit Fragen der Friedensforschung in ihrem Studium befasst haben. Es ist aber weniger bekannt, dass naturwissenschaftliche Expertise zu Frieden und internationaler Sicherheit in zahlreichen staatlichen Institutionen der Rüstungskontrolle und für die diesbezügliche Forschung und Entwicklung gefragt ist. Die naturwissenschaftliche Friedensforschung ist Bestandteil des Forschungsverbundes Naturwissenschaft, Abrüstung und internationale Sicherheit (FONAS).

Meine Studierenden weise ich nicht nur auf diese Berufsfelder hin. Ich biete Ihnen eine fördernde Begleitung auf ihrem Karriereweg an. Je nach persönlichen Neigungen vermittele ich Praktika (z. B. Teststoppvertragsorganisation in Wien), die optimalerweise bereits auf das Thema einer Qualifizierungsarbeit vorbereiten. Als Zwischenschritt zu einer Festanstellung bei einer internationalen Rüstungskontrollorganisation ist ein Praktikum (finanziert z. B. mit einem Carlo-Schmid-Stipendium) oder eine von der Bundesregierung finanzierte Position als Junior Professional Officer geeignet.

Meine Anregung an Sie: Gehen Sie zu Ihrem Mentor und lassen Sie sich Ihre noch unspezifischen Ziele mit konkreten Tipps beleben und nutzen Sie Angebote zum Praxiskontakt, um Ihre Begeisterung mit Erfahrung zu füllen. Ich biete den Studierenden Exkursionen, Vorträge und Diskussionen mit hochkarätigen Experten, weitgehend selbst organisierte Seminare mit Rollenspielen wie bspw. in Modellsitzungen der Vereinten Nationen sowie in der aktiven Teilnahme an wissenschaftlichen Tagungen und den Begleitaktivitäten von Nichtregierungsorganisationen bei offiziellen Regierungskonferenzen.

Meinen Studierenden wünsche ich, dass einige dieser Angebote wie eine Initiation in die Praxis als Erfahrung der eigenen kompetenten Eingriffsmöglichkeiten erlebt werden. Dass dies gelingen kann, höre ich an einer Rückmeldung, wie sie in der Nachbesprechung zu einer Lehrveranstaltung neulich von einer Studentin gegeben wurde: „Dies war eine lebensverändernde Erfahrung". Ich wünsche Ihnen viel Erfolg bei Ihrem ganz eigenen Weg vom rein fachlichen Studium in Ihren Berufs- und Lebensweg.

Prof. Dr. rer. nat. Martin B. Kalinowski

4 Humanmedizin

Humanmedizin (ohne Zahnmedizin)

Meine Erfahrungen in der Medizin seit über vier Jahrzehnten zeigen eine deutliche Wandlung: Ende der 1960er und in den 1970er Jahren wurde in den meisten Vorlesungen, aber ganz besonders in denen der Erwachsenenpsychiatrie und der Kinder- und Jugendpsychiatrie, lebhaft und kontrovers diskutiert; in den 1980er Jahren wurde wieder zunehmend mitgeschrieben und gestrickt, Diskussionen fanden kaum mehr statt. In den letzten Jahren kommt noch dazu, dass immer mehr Studierende alle zehn Minuten einen kräftigen Schluck aus ihren mitgebrachten Wasserflaschen nehmen. Da ich gerne Blickkontakt mit meinen Zuhörern habe, bitte ich die Studenten oft, aus den hinteren Reihen in die vorderen zu wechseln, die in der Regel frei bleiben. Dieser Bitte folgen meist nur wenige. Es ist, als würden die meisten nur kurz zum Wissenskonsum hereinschauen, streng darauf bedacht, menschlichen Kontakt zu mir zu vermeiden. Ich kann nicht umhin, ein solches Verhalten als Verweigerung einer Beziehung aufzufassen, sowohl zu meiner Person als auch zu dem, was ich vortrage. Dies demotiviert mich beträchtlich, denn ich brauche den Kontakt zu lebendigen, interessierten jungen Menschen, um mein Bestes geben zu können. Kritische Fragen und daraus erwachsende Diskussionen sind von mir immer sehr begrüßt worden, weil sie mir unter anderem die Möglichkeit geben, aus der Vortragsroutine auszubrechen und bestimmte Grundannahmen, die wie unhinterfragbare Wahrheiten erscheinen, neu zu reflektieren und mein Denken und meine Didaktik weiterzuentwickeln.

Früher hingen die Prüfungsinhalte oft vom jeweiligen Interessensschwerpunkt des Dozenten ab. Um dem einen Riegel vorzuschieben, wurde auch von studentischer Seite ein objektiveres Prüfungsverfahren gefordert, was uns dann das Multiple-Choice-System bescherte; dass dieses dermaßen entgleisen und zu derart inadäquaten Lernformen bei der Examensvorbereitung ganzer Studentengenerationen führen würde, hat damals niemand vorausgesehen.

Heute sind „Kürveranstaltungen" völlig in den Hintergrund getreten, und auch ich habe keine Motivation mehr, solche Veranstaltungen anzubieten oder in meiner Klinik anbieten zu lassen, solange die Studierenden sogar in ihren Rückmeldungen zu unseren Pflichtlehrveranstaltungen immer wieder monieren, dass dort Stoff gebracht würde, der nicht prüfungsrelevant sei. Solche Rückmeldungen sind ein Motivationskiller für den Dozenten, weil sie ihn auf eine Funktion reduzieren, in der er letztlich durch die neueren technischen Möglichkeiten austauschbar, ja ersetzbar ist. Vielleicht wäre dies auch eine Perspektive für eine Medizindidaktik der Zukunft: Möglichst viel Wissensstoff durch die neuesten Medien (E-Learning etc.) vermitteln. Die Dozenten würden so wieder von der didaktischen Routine entlastet und könnten individuelle Ansprechpartner für klinische und theoretische Fragestellungen werden.

Nach diesen etwas scharf gewürzten Anmerkungen möchte ich nun einige Ratschläge geben, wie Studierende der Medizin heute *mehr Freude am Studium und damit Vorfreude für den Beruf* entwickeln könnten:

Legen Sie so schnell wie möglich Ihren Schülerhabitus ab. *Werden Sie souveräne junge Kollegen*, die sich mit größtmöglichem Engagement einen hochkomplexen, aber auch außerordentlich befriedigenden Wissenskodex erarbeiten.

Hüten Sie sich vor „Fachidiotentum" (so nannten es die Studierenden vor 40 Jahren); suchen Sie Zusammenhänge des medizinischen Wissens und der ärztlichen Tätigkeit in anderen Fächern, anderen Ländern, anderen Kulturen; fühlen Sie sich im Zeitalter der Globalisierung nicht nur für Ihr eigenes Studium und Ihre Praxis verantwortlich, sondern freuen Sie sich darauf, Mitverantwortung für die Zukunft der Welt zu übernehmen. Auf diese Weise werden Sie mit außerordentlich interessanten Menschen zusammenkommen, welche ebenso global denken. Ich darf hier verraten, dass ich bei der Einstellung von Ärzten und Psychologen an meiner Klinik nicht nur auf die Noten schaue, sondern mit demselben Interesse darauf, wo sich diese jungen Kollegen jenseits von Tennis und Segeln bereits engagiert haben; dies schützt mich und meine Klinik am ehesten vor Klagen über Überforderung durch die Arbeit und dem Entstehen einer „Kultur des Jammerns".

Wagen Sie Träume von Ihrer privaten und fachlichen Zukunft; weg mit der „Schere im Kopf"! Holen Sie sich Motivation und Schwung aus diesen Träumen. Teilen Sie sie mit uns Dozenten. Suchen Sie uns auf, seien Sie hartnäckig, bis Sie einen Termin haben. Wir sind glücklich darüber, wenn jemand mit einem solchen Traum oder einer neuen Idee kommt und wenn dann auch deutlich wird, dass dieser Studierende mehr gelesen hat als das, was das Curriculum vorschreibt; vielleicht sogar eine Arbeit des Dozenten, um sie weiter zu diskutieren. Das würde uns über alle Maßen freuen, denn so etwas kommt fast nie vor.

Wenn Sie in einem Fach, welches wir lehren, *jenseits des Curriculums in die Tiefe gehen wollen, seien Sie mutig* und kommen Sie, lassen sich Literaturhinweise und Tipps geben, Kontakte vermitteln etc. Fragen Sie uns, wenn Sie wollen, auch Löcher in den Bauch. Ich habe so etwas in 17 Jahren in Hamburg praktisch nie erlebt, allerdings in Bukarest, wo ich häufig als Dozent war. Dort wurde ich stundenlang ausgequetscht, oft bis Mitternacht, und ich war bei aller verständlichen Erschöpfung glücklich darüber! Wir Dozenten wollen ja den Nachwuchs für unser eigenes Fach gewinnen und fördern; was wir allerdings weniger wollen, sind Routineveranstaltungen, bei denen wir eigentlich ersetzbar wären. Diese bewirken Entfremdung. Sie können davon ausgehen, dass die Dozenten in der Medizin alle enorm mit Arbeit belastet, meist überlastet sind. Ich kenne aber keinen, der nicht alles täte, um jungen, exzellenten Studierenden alle Türen zu öffnen. Aber: Sie müssen eine *kreative Vorleistung* bringen, das können wir Ihnen nicht ersparen.

Denken Sie immer daran, dass Sie als Studierender ein enormes Privileg gegenüber denen haben, die nicht die Möglichkeit haben zu studieren und sich meist schon ein Jahrzehnt früher als Sie in geregelte, oft wenig interessante Arbeitsstrukturen einfügen müssen. Gehen Sie davon aus, dass wir Professoren die junge Generation gut ausbilden wollen, aber, um es nochmals zu wiederholen: Sie müssen hier in Vorleistung treten. Die lohnt sich, für Sie und letztlich auch für uns.

Prof. Dr. med. Peter Riedesser (†)

5   Veterinärmedizin

Interview mit Prof. em. Dr. med. Wilhelm Schoner

Herausgeber: Herr Prof. Schoner, Sie haben vor Ihrer Emeritierung drei Jahrzehnte lang Studierende an der Veterinärmedizinischen Fakultät der Justus-Liebig-Universität Gießen ausgebildet. Welche Hinweise können Sie Studierenden geben, die ein Studium der Tiermedizin aufnehmen wollen?

Prof. Schoner: Wer daran denkt, Tiermedizin zu studieren und diesen Beruf auch auszuüben, muss sich dessen bewusst sein, dass er bis in sein hohes Alter rund um die Uhr körperlich und geistig stark gefordert ist. Wer also nicht wirklich mit vollem Herzen und ganzer Seele den Beruf eines Tierarztes oder einer Tierärztin ausüben will, sollte dieses Studium nicht beginnen. Er ist sonst mental und psychisch den Herausforderungen des Studiums nicht gewachsen.

Herausgeber: Welche Bedeutung haben für Sie die Umstrukturierungen durch den Bologna-Prozess, z. B. die Einführung von Bachelor und Master?

Prof. Schoner: Keine, da der Bologna-Prozess für die Hoheitsfächer Medizin, Pharmazie, Medizin und Jurisprudenz nicht gilt. Veterinärmedizin ist ein Hoheitsfach und wird den jungen Leuten wie in einer Schule vermittelt. In den USA heißt die Veterinärmedizinische Fakultät deshalb „Veterinary School", und das ist sie für die Studierenden auch weitgehend. Die Wissenschaft ist nur Promovierenden und dem akademischen Nachwuchs vorbehalten. Der Staat möchte von Anfang an die Qualität der Prüfungen und des Unterrichtsstoffes kontrollieren. Das Studium der Veterinärmedizin ist durch eine Verordnung zur Approbation von Tierärztinnen und Tierärzten (TAppV; BGBl. 2006 I 38) im Detail geregelt. Die TAppV stellt bundesweit sicher, dass die Qualität der Ausbildung in der Tiermedizin an allen Ausbildungsstätten den gleichen Anforderungen und auch den Standards der EU genügt. Das ist übrigens mehr als ein Zentralabitur eines Bundeslandes!

Herausgeber: Worauf sollten Studienanfänger achten?

Prof. Schoner: Die Studienordnung der Fakultät sollte vor dem Beginn des Studiums bekannt sein. Meine Erfahrung ist, dass Studienanfänger in der Veterinärmedizin nur sehr mager über die rechtlichen Voraussetzungen informiert sind und viele allein deswegen in Schwierigkeiten kommen, weil sie diese nicht ernst nehmen. Für Studienanfänger finden in der Ferienzeit vor dem Studienbeginn Studieneinführungswochen statt, in denen unter der Leitung älterer Studierender in kleinen Gruppen praktische Details der Ausbildung und des Studiums besprochen werden. Hier können sich Studierende nicht nur fachlich informieren, sondern auch Bekanntschaften und Unterstützung finden. Da einige der Anfangspraktika in kleinen Gruppen durchgeführt werden, können sich Studienanfänger hier schon orientieren, mit wem sie gut zusammen arbeiten können.

Herausgeber: Wie gestaltet sich das Studium der Veterinärmedizin?

Prof. Schoner: Im Unterschied zu anderen Studiengängen besteht das Studium der Veterinärmedizin aus einem wissenschaftlich-theoretischen und einem praktischen Studienanteil. Die zwei Jahre des Grundstudiums legen die Grundlagen für das Verständnis der normalen Lebensfunktionen und die Ursachen von Erkrankungen der Tiere. Auch wenn die im Grundstudium vermittelten Inhalte zunächst nichts mit der praktischen Tiermedizin zu tun zu haben scheinen, so sollten Studierende das Grundlagenstudium ernst nehmen. Sie sollten dies als Chance sehen, hier noch einmal das Lernen zu lernen, aber auch durch das Lernen anatomischer Details das dreidimensionale Vorstellungsvermögen zu trainieren. Alles wird in der Veterinärmedizin mündlich geprüft, und zwar jeder einzelne Studierende am Patienten oder am Objekt. Es werden von den Studierenden im klinischen Studienabschnitt auch Berichte geschrieben, die Teil der mündlichen Prüfung sind. Gerade ein zukünftiger Tierarzt muss lernen, mündlich mit dem Patientenbesitzer umzugehen und seine Diagnostik und Therapie zu erläutern. Haus- oder Abschlussarbeiten gibt es in der Veterinärmedizin nicht.

Herausgeber: Welche Forderungen tragen Studierende häufig an Sie heran?

Prof. Schoner: Rücksicht zu nehmen, wenn in benachbarten lernintensiven Fächern Zwischenprüfungen oder andere Prüfungen anstehen. Soweit dies möglich ist, wird das gemacht. Laut der Tierärztlichen Ausbildungsordnung hat ein Studierender keine Schwierigkeiten, in der Woche 33 bis 35 Stunden pro Woche Vorlesungen zu hören, Praktika zu absolvieren und in den dann noch verbleibenden Mußestunden eine Unzahl von Fakten und Verknüpfungen zu lernen, die dann in den Prüfungen anwendend hinterfragt werden! Denn die normale Arbeitswoche eines Durchschnittsbürgers hat ja auch mindestens 35 Stunden. Wegen der Knappheit der Zeit bei einer Wissensexplosion können die Professoren aber nur bedingt Rücksicht auf solche Wünsche nehmen. Damit gilt: Den Herausforderungen sind nur höchst motivierte Leute mit hoher Intelligenz gewachsen, die Prioritäten setzen und sich selbst organisieren können!

Herausgeber: Was etwa kam Ihrer Vorstellung eines „idealen" Studierenden nah und wo liegt die Problematik mit „schwierigen" Studierenden? Konkret: Was wünschen Sie sich von den Studierenden?

Prof. Schoner: Studierende, die im Studium Schwierigkeiten hatten, hatten sie von Anfang an, da sie erstens zu wenig Vorwissen in den Naturwissenschaften mitbrachten, zweitens zu wenig gelernt hatten, drittens das Studium nicht so ernst nahmen und von Anfang an nicht so hart mitgearbeitet haben, wie es nötig gewesen wäre, viertens in die Spagat-Situation kamen, auf der einen Seite Prüfungen wegen Nichtbestehens wiederholen zu müssen, aber auch zu gleicher Zeit bei Pflichtpraktika in der Weiterverfolgung des Studiums anwesend sein zu müssen. Prüfungen finden immer in den Semesterferien statt. Wiederholungsprüfungen werden leider zusätzlich zum Unterricht während des Semesters durchgeführt. Aus so einer Spagat-Situation, einerseits noch für die nichtbestandenen Prüfungen des letzten Semesters lernen zu müssen, andererseits den neuen Lernstoff zu bewältigen, kommen schwache Studierende nicht mehr heraus und geben auf. Ein Studium gelingt nur, wenn jemand hoch motiviert ist, die nötige Intelligenz hat und sehr hart arbeiten kann.

Herausgeberteam: Herr Prof. Schoner, wir danken Ihnen für das Interview.

Anhang

A Wichtige Begriffe

Auf den folgenden Seiten finden Sie Erklärungen zu grundlegenden Begriffen rund um das Thema Studienarbeiten, Referate und Prüfungen und – soweit möglich – Verweise auf die entsprechenden Abschnitte. Sofern Sie verwendete Abkürzungen nicht direkt wiederfinden, ermitteln Sie bitte mithilfe des Abkürzungsverzeichnisses (vgl. Anhang E) die Langform und schauen unter dieser nach. Darüber hinaus können Sie weitere Begriffe über das Stichwortverzeichnis (vgl. Anhang G) nachschlagen.

Abschlussarbeit
Eine Abschlussarbeit stellt eine →Studienarbeit dar, die zur Erlangung eines akademischen Grades verfasst werden muss. →Studienarbeiten sind als →Bachelor-, →Master-, Diplom-, Magister- oder Staatsexamensarbeiten vorzufinden. Bei →Bachelor- und →Masterarbeiten wird die Abschlussarbeit auch als →Thesis bezeichnet (vgl. Abschnitt II 1.7).

Assistenzprofessor
→Juniorprofessor

Bachelor
Der Bachelor ist der erste berufsqualifizierende akademische Abschluss, der nach sechs bis acht Semestern Regelstudienzeit erworben werden kann.

Bibliografie
In einer Bibliografie werden alle relevanten Literaturnachweise zu einem Thema aufgeführt. Im Rahmen einer Studienarbeit dient die Bibliografie am Ende des Textes als Nachweis für die verwendete Literatur und wird deshalb auch *Literaturverzeichnis* genannt (vgl. Abschnitte III 2.3 und III 3.7).

Bibliothek
Der Bestand einer Bibliothek an einer Hochschule umfasst im Unterschied zu den Fachbibliotheken der einzelnen →Fakultäten Bücher und Zeitschriften zu allen an der Hochschule vertretenen Fachgebieten. Nach Vorlage des Studierendenausweises erhalten →Studierende eine Leihberechtigung, mit der sie kostenlos Bücher entleihen können.

Campus-Lizenz
Verschiedene Softwareprogramme können von einer →Hochschule im Rahmen einer Campus-Lizenz beschafft werden. Diese Software darf dann von allen Hochschulangehörigen – und somit auch von den →Studierenden im Rahmen Ihres →Studiums – kostenlos benutzt werden.

Department
→Fakultät

Dozent
Ein Dozent (lat. docere; lehren) ist ein Wissenschaftler oder ein externer Experte, der eine →Lehrveranstaltung durchführt. Ein Dozent ist ein →Professor, →Privatdozent, →Juniorprofessor, Lehrbeauftragter oder →wissenschaftlicher Mitarbeiter.

Einschreibung
Die Einschreibung an einer →Hochschule ist der Verwaltungsvorgang, durch den eine Person als →Studierender aufgenommen und damit Mitglied dieser →Hochschule wird. Die Einschreibung erfolgt nach Vorlage der notwendigen Unterlagen beim Studierendensekretariat einer →Hochschule. Sie wird in Deutschland und der Schweiz auch als *Immatrikulation*, in Österreich als *Zulassung zum Studium* und veraltet als *Inskription* bezeichnet.

Exmatrikulation
Die Exmatrikulation ist die Beendigung des Status als →Studierender. Diese kann automatisch durch die →Hochschule erfolgen, wenn z. B. die Studiengebühren nicht bezahlt werden (*Zwangsexmatrikulation*),

oder auch vom →Studierenden selbst beantragt werden.

Exposé
Ein Exposé ist eine kurze Zusammenfassung eines Textes mit einer Gliederung und relevanter Literatur.

Fachbereich
→Fakultät

Fakultät
Die Fakultät ist eine Organisationseinheit innerhalb der →Hochschule. Die Fakultäten organisieren Forschung, Lehre und →Studium. An manchen →Hochschulen gibt es statt Fakultäten *Fachbereiche*. Teilweise sind die Fakultäten in Fachbereiche untergliedert. Teilweise werden Fakultäten in *Departments* untergliedert. Vor allem in Österreich werden Fakultäten in *Institute* untergliedert.

Fernleihe
Ist ein Buch oder ein Artikel aus einer Zeitschrift in der örtlichen →Bibliothek nicht vorhanden, kann eine kostenpflichtige Bestellung über die Fernleihe aus einer anderen →Bibliothek erfolgen (vgl. Abschnitt IV 1).

Freischuss
→Freiversuch

Freiversuch
Bei einem Freiversuch unterziehen sich →Studierende innerhalb der von der →Studienordnung vorgeschriebenen Mindeststudienzeit einer Prüfung. Das Ergebnis dieses Freiversuchs wird nur gewertet, wenn der →Studierende die Prüfung erfolgreich absolviert. Allerdings kann die Prüfung zur Verbesserung der Note

nochmals wiederholt werden. Beim Nichtbestehen einer Prüfung wird diese behandelt, als habe die Prüfung nicht stattgefunden und bringt keine Nachteile für den →Studierenden mit sich. Ein Freiversuch ist nur dann möglich, wenn die →Prüfungsordnung dies vorsieht. Der Freiversuch wird auch als *Freischuss* bezeichnet. Freiversuche gibt es in Deutschland und an juristischen →Fakultäten in der Schweiz, in Österreich sind sie unbekannt.

Graue Literatur
Als graue Literatur werden Publikationen wie Tagungsberichte, Forschungspapiere, Seminar- und →Abschlussarbeiten bezeichnet, die üblicherweise nicht über den Buchhandel zu beziehen sind.

Gutachter
Alle →Professoren und →Privatdozenten, welche die wissenschaftliche →Abschlussarbeit lesen und bewerten, werden als Gutachter bezeichnet. Es gibt meist einen Erst- und einen Zweitgutachter, manchmal auch einen Drittgutachter. Gutachter werden auch als *Referent* oder *Korreferent* bezeichnet. In speziellen Fällen können auch →wissenschaftliche Mitarbeiter Gutachter sein. Die schriftlichen und mündlichen Prüfungen des →Studierenden werden hingegen von →Prüfern abgenommen.

Handout
Ein Handout (engl. to hand out; aushändigen) ist das Material, das in →Lehrveranstaltungen oder bei Konferenzen ausgegeben wird. In dem Handout befinden sich in der Regel die Gliederung des Vortrags, inhaltli-

che Stichpunkte sowie Literaturangaben (vgl. Abschnitt II 1.2). Ein Handout wird oft als *Thesenpapier*, *Tischvorlage* oder *Handreichung* bezeichnet, wobei diese andere Inhalte als ein Handout haben können.

Handreichung
→ Handout

Hausarbeit
→Studienarbeit

Hochschule
Hochschule ist die umfassende Bezeichnung für eine Bildungseinrichtung des tertiären Bildungsbereichs.

Immatrikulation
→Einschreibung

Inskription
→Einschreibung

Institut
Ein Institut ist eine Lehr- oder Forschungseinrichtung, die einer →Hochschule angegliedert sein kann, aber nicht muss. In Österreich werden hierunter auch Untergliederungen einer →Fakultät verstanden.

Juniorprofessor
Juniorprofessor ist in Deutschland eine Dienstbezeichnung für einen Nachwuchswissenschaftler, der sich im Rahmen einer →Juniorprofessur zur Berufung auf eine →Professur qualifiziert. Nicht direkt damit vergleichbar ist der *Assistenzprofessor* in Österreich und der Schweiz, da für die Berufung auf eine solche Stelle immer noch die Habilitation notwendig ist.

Juniorprofessur
Die Juniorprofessur wird in Deutschland ab 2010 anstelle der Habilitation die Regelvoraussetzung für die Berufung auf eine →Professur an einer Universität sein. Die Habilitation wird auch danach als Qualifikation für eine →Professur an einer Universität vollgültig anerkannt bleiben.

Klausur
Die Klausur (lat. clausura; Türschloss, abgesonderter Teil des Hauses) ist eine Form des →Leistungsnachweises. In dieser schriftlichen Prüfung weisen die →Studierenden nach, dass sie die Lernziele erreicht haben (vgl. Abschnitt II 1.1).

Kolloquium
Das Kolloquium (lat. colloquium; Besprechung, Gespräch) ist ein (regelmäßiges) Diskussionsforum von →Studierenden mit einem →Dozenten über wissenschaftliche Erfahrungen und Ergebnisse. Die Zielgruppe von Kolloquien sind meistens →Studierende, die kurz vor ihrem →Studienabschluss stehen oder promovieren. Auch ein wissenschaftlicher Vortrag mit Diskussion wird als Kolloquium bezeichnet. Teilweise bezeichnen Kolloquien auch mündliche Prüfungen.

Kopiervorlage
Kopiervorlagen sind häufig in →Semesterapparaten zur Verfügung gestellte Kopien. Diese können von →Studierenden, die eine bestimmte →Lehrveranstaltung besuchen, zur Vorbereitung auf einzelne Sitzungen oder eine abschließende →Klausur kopiert werden.

Korreferent
→Gutachter

Lehrveranstaltung
Eine Lehrveranstaltung bezeichnet eine Unterrichtseinheit an einer →Hochschule. Dies kann z. B. eine →Vorlesung, ein →Seminar, eine →Übung, ein →Tutorium oder ein →Praktikum sein.

Leistungsnachweis
Ein Leistungsnachweis bescheinigt das erfolgreiche Absolvieren einer →Lehrveranstaltung gemäß der →Prüfungsordnung. Es gibt benotete und unbenotete Leistungsnachweise. Umgangssprachlich werden diese als *Scheine* bezeichnet.

Literaturverzeichnis
→Bibliografie

Master
Die Mindestvoraussetzung für einen Master-Studiengang ist ein →Bachelor-Abschluss.

OPAC
Der OPAC (Online Public Access Catalogue) ist ein öffentlich zugänglicher digitaler Katalog einer →Bibliothek (vgl. Abschnitt IV 1).

Plagiat
Ein Plagiat ist die Ausgabe fremden geistigen Eigentums als eigenes, indem der Urheber der Gedanken nicht durch ein wörtliches oder sinngemäßes Zitat kenntlich gemacht wird. Ein Plagiat kann sowohl eine exakte Kopie eines Textes oder einzelner Sätze als auch eine z. B. durch Umstellung von Wörtern oder Sätzen bearbeitete Übernahme fremden Gedankenguts

sein. Plagiate in →Studienarbeiten können die Aberkennung der Prüfungsleistung, die →Exmatrikulation, die nachträgliche Aberkennung des →Studienabschlusses oder sogar strafrechtliche Konsequenzen zur Folge haben (vgl. Abschnitte III 2.2 und IV 6).

Praktikum
Ein Praktikum (Pl. Praktika) ist eine →Lehrveranstaltung mit großem Praxisbezug (z. B. Experimentalkurs in den Naturwissenschaften). Außerdem wird eine zeitlich befristete, unbezahlte bzw. gering entlohnte Tätigkeit in einem Unternehmen oder einer Institution als Praktikum bezeichnet. In diesem Fall dient das zumeist in der vorlesungsfreien Zeit oder nach dem →Studienabschluss stattfindende Praktikum dem Erwerb von Berufs- oder Praxiserfahrung. Die Inhalte sind teilweise nachzuweisen. In einigen →Prüfungsordnungen wird ein Praktikum über eine festgelegte Zeit vorgeschrieben. Manchmal ist ein Praktikum auch Zulassungsvoraussetzung für Prüfungen.

Privatdozent
Ein Privatdozent (PD) ist ein zur Lehre verpflichteter, habilitierter Wissenschaftler, der noch keinen Ruf angenommen und daher keine →Professur innehat.

Professor
Professor (Prof.) ist die Berufsbezeichnung des Inhabers einer →Professur. Seine Dienstaufgabe besteht in der eigenverantwortlichen Durchführung von Forschung und Lehre sowie der Selbstverwaltung. Er ist berechtigt, Prüfungen abzunehmen.

In Österreich ist Professor auch ein Berufs- oder Ehrentitel ohne Bezug zur →Hochschule.

Professur
Eine Professur bezeichnet primär eine Funktion (→Professor) im Lehrkörper einer Hochschule.

Protokoll
Ein Protokoll bezeichnet die Niederschrift einer →Lehrveranstaltung (vgl. Abschnitte II 1.5 und II 1.6).

Prüfer
Ein Prüfer ist eine Person, die eine schriftliche oder mündliche Prüfung von →Studierenden abnimmt. Im Rahmen von →Abschlussarbeiten werden Prüfer auch als →Gutachter bezeichnet.

Prüfungsabteilung
→Prüfungsamt

Prüfungsamt
Das Prüfungsamt ist die Abteilung der Hochschul- oder Fakultätsverwaltung, die für Prüfungsangelegenheiten der →Hochschule bzw. der jeweiligen →Fakultät zuständig ist. In Einzelfällen ist für einzelne Studiengänge auch das Dekanat zuständig. In Österreich haben die vergleichbaren Stellen keine einheitliche Bezeichnung. In der Schweiz werden diese Aufgaben durch das Dekanat wahrgenommen. Teilweise bestehen auf Fakultätsebene sogar *Prüfungsabteilungen*.

Prüfungsordnung
Die Prüfungsordnung (PO) regelt den Verlauf des →Studiums und der Prü-

fungen. Sie wird durch die →Studienordnung ergänzt.

Referat
Ein Referat (lat. referre; berichten) bezeichnet einen kurzen, informativen Vortrag, in dem die wesentlichen Punkte eines Themas an die Zuhörer vermittelt werden (vgl. Abschnitt II 1.2).

Referent
Ein Referent (lat. referre; berichten) ist eine Person, die einen Vortrag hält. In →Seminaren sind dies häufig →Studierende. Darüber hinaus ist Referent auch ein Synonym für →Gutachter.

Repetitorium
Das Repetitorium (lat. repetere; wiederholen) ist eine Lehrform, in der meist die für eine Prüfung (z. B. →Klausur) wichtigen Kenntnisse wiederholt werden. Neben von den →Hochschulen angebotenen Repetitorien gibt es insbesondere in Rechtswissenschaften und Medizin kostenpflichtige Repetitorien privater Anbieter, die in verschulter Form auf die Abschlussprüfungen vorbereiten. In der Schweiz wird das Repetitorium teilweise auch als *Tutoriat* bezeichnet.

Schein
→Leistungsnachweis

Semesterapparat
Ein Semesterapparat ist eine Zusammenstellung von Büchern und kopierten Aufsätzen (→Kopiervorlagen) zu einer →Lehrveranstaltung in einer →Bibliothek.

Seminar
Ein Seminar ist eine →Lehrveranstaltung, in der die Erarbeitung eines bestimmten Themas durch wissenschaftliche Diskussionen im Vordergrund steht. Die →Studierenden beteiligen sich mit eigenen Beiträgen, z. B. mit →Referaten (vgl. Abschnitt II 1.2) und →Seminararbeiten (vgl. Abschnitt II 1.3).

Seminararbeit
→Studienarbeit

Skript
Ein Skript (lat. scriptum; Schrift, Abhandlung, auch Skriptum, Pl. Skripten) ist das vom →Dozenten zu einer →Vorlesung angebotene begleitende Material bzw. die schriftliche Ausarbeitung einer →Vorlesung. Ein Skript wird häufig als →Kopiervorlage oder im Internet zur Verfügung gestellt. Teilweise wird es auch am Lehrstuhl des →Professors verkauft.

Student
→Studierender

Studienabschluss
Der Studienabschluss ist der akademische Grad, der nach dem erfolgreichen Abschluss eines Studienganges verliehen wird.

Studienarbeit
Eine Studienarbeit ist jede schriftliche wissenschaftliche Arbeit an einer →Hochschule. Je nach Umfang, wissenschaftlichem Anspruch und Verwendungszweck wird eine Studienarbeit als *Seminar-* bzw. *Hausarbeit* (vgl. Abschnitt II 1.3) oder als →Abschlussarbeit bezeichnet.

Studienordnung
Die Studienordnung regelt detailliert den Inhalt und den Aufbau des →Studiums und ergänzt die →Prüfungsordnung.

Studierender
Ein Studierender ist eine Person, die für ein →Studium eingeschrieben ist. Häufig werden Studierende auch als *Studenten* bezeichnet.

Studium
Ein Studium (lat. studere; sich bemühen, streben) ist die wissenschaftliche Ausbildung an einer →Hochschule. Das Studium besteht aus Lernen und Forschen auf wissenschaftlichem Niveau.

Thesenpapier
→Handout

Thesis
Unter der Thesis wird die →Abschlussarbeit verstanden, die sowohl in den →Bachelor- als auch den →Master-Studiengängen vorgeschrieben ist (vgl. Abschnitt II 1.7).

Tischvorlage
→Handout

Tutoriat
→Repetitorium

Tutorium
Ein Tutorium ist eine besondere Form der →Übung, die in der Regel von Tutoren durchgeführt wird.

Übung
Eine Übung ist die Anwendung und Vertiefung von in →Vorlesungen und →Seminaren erworbenen theoretischen Kenntnissen. Durch aktive Beteiligung üben und vertiefen die →Studierenden Lerninhalte und bereiten sich so auf →Leistungsnachweise vor.

Vorlesung
In einer Vorlesung vermittelt ein →Dozent Wissen und Methoden in Form eines Vortrages. Je nach Studienfach sind Zwischen- oder Nachfragen i. Allg. erlaubt, aber meist keine längeren Diskussionen. Viele →Dozenten stellen ein →Skript zur Vorlesung zur Verfügung.

Wissenschaftlicher Mitarbeiter
Ein wissenschaftlicher Mitarbeiter ist ein Angestellter oder Beamter, der nach einem absolvierten Hochschulstudium an einer →Hochschule oder an einem Forschungsinstitut arbeitet.

Zulassung zum Studium
→Einschreibung

Zwangsexmatrikulation
→Exmatrikulation

Zwickmühle
Zwickmühle ist ein anderer Begriff für Ihre Befindlichkeit in einer Prüfungssituation. Bereits zu Beginn der Prüfung würden Sie am liebsten sofort gehen, wissen aber sehr wohl, dass dies Ihrer Prüfung nicht zuträglich wäre. Es gilt der Slogan einer großen Parfümeriekette: „Come in and find out": Kommen Sie herein und finden Sie hinaus – aber zum richtigen Zeitpunkt!
Viel Erfolg!

B Statistik zur Notenverteilung in den einzelnen Studienbereichen

Die Tabellen 21 bis 27 zeigen detailliert, wie sich die Noten auf die einzelnen Studienfächer verteilen. Dabei wird die in Tabelle 4 (vgl. Abschnitt II 2) präsentierte Darstellung auf Studienfachebene in die einzelnen Studienfächer untergliedert. Die Angaben beziehen sich auf Deutschland im Jahr 2007.

Tabelle 21. Anteil der einzelnen Noten in Bezug zum Studienfach in der Fächergruppe Sprach- und Kulturwissenschaften für Deutschland im Jahr 2007 (Statistisches Bundesamt 2008, 249 ff.)

Studienfach	*Auszeichnung*	*sehr gut*	*gut*	*befriedigend*	*ausreichend*	*Note nicht bekannt*
Sprach- und Kulturwissenschaften allgemein	0,5 %	27,5 %	55,2 %	13,4 %	0,8 %	2,0 %
Evangelische Theologie und Religionslehre	5,6 %	22,1 %	45,5 %	20,0 %	2,5 %	3,9 %
Katholische Theologie und Religionslehre	3,9 %	29,2 %	48,6 %	14,5 %	1,3 %	1,9 %
Philosophie	9,3 %	40,6 %	38,4 %	7,3 %	0,5 %	3,0 %
Geschichte	6,7 %	33,9 %	46,4 %	10,2 %	0,4 %	1,7 %
Bibliothekswissenschaft, Dokumentation, Publizistik	3,2 %	26,4 %	55,9 %	11,0 %	0,3 %	2,8 %
Allg. und vergl. Literatur- und Sprachwissenschaft	5,0 %	28,5 %	50,1 %	14,3 %	0,4 %	0,9 %
Altphilologie, Neugriechisch	10,7 %	29,1 %	40,2 %	10,0 %	1,5 %	8,4 %
Germanistik	2,6 %	21,9 %	54,1 %	17,3 %	0,8 %	2,3 %
Anglistik, Amerikanistik	5,9 %	18,4 %	51,6 %	17,4 %	0,9 %	5,1 %
Romanistik	7,5 %	21,6 %	48,9 %	12,5 %	0,6 %	8,2 %
Slawistik, Baltistik, Finno-Ugristik	5,8 %	25,5 %	49,3 %	15,3 %	1,0 %	2,2 %
Außereuropäische Sprach- und Kulturwissenschaften	7,3 %	34,8 %	47,5 %	7,7 %	0,6 %	1,5 %
Kulturwissenschaften i. e. S.	6,1 %	35,0 %	37,2 %	5,3 %	0,1 %	16,2 %
Psychologie	5,4 %	51,7 %	37,3 %	4,1 %	0,1 %	0,9 %
Erziehungswissenschaften	2,0 %	27,1 %	53,8 %	13,3 %	0,7 %	2,5 %
Sonderpädagogik	0,2 %	24,5 %	57,8 %	15,4 %	1,1 %	0,7 %
Gesamt	**3,9 %**	**28,0 %**	**50,6 %**	**13,3 %**	**0,7 %**	**2,9 %**

Tabelle 22. Anteil der einzelnen Noten in Bezug zum Studienfach in der Fächergruppe Rechts-, Wirtschafts- und Sozialwissenschaften für Deutschland im Jahr 2007 (Statistisches Bundesamt 2008, 260 ff.)

Studienfach	*Aus-zeich-nung*	*sehr gut*	*gut*	*befrie-digend*	*ausrei-chend*	*Note nicht bekannt*
Wirtschafts- und Gesellschaftslehre allgemein	2,6 %	22,0 %	56,0 %	13,4 %	0,7 %	5,3 %
Regionalwissenschaften	2,6 %	21,5 %	64,6 %	9,1 %	0,0 %	2,2 %
Politikwissenschaften	6,0 %	28,8 %	51,4 %	10,3 %	0,5 %	2,4 %
Sozialwissenschaften	3,1 %	25,6 %	59,3 %	10,4 %	0,4 %	0,5 %
Sozialwesen	1,4 %	19,7 %	61,6 %	15,2 %	0,6 %	1,2 %
Rechtswissenschaft	2,5 %	8,6 %	13,3 %	40,5 %	26,4 %	3,9 %
Verwaltungswissenschaft	0,1 %	2,2 %	26,7 %	52,0 %	14,6 %	1,9 %
Wirtschaftswissenschaften	1,3 %	8,8 %	57,1 %	28,1 %	1,1 %	2,3 %
Wirtschaftsingenieurwesen	0,6 %	9,6 %	63,8 %	23,9 %	1,0 %	0,2 %
Gesamt	**1,6 %**	**10,9 %**	**47,6 %**	**29,3 %**	**6,6 %**	**2,2 %**

Tabelle 23. Anteil der einzelnen Noten in Bezug zum Studienfach in der Fächergruppe Mathematik, Naturwissenschaften für Deutschland im Jahr 2007 (Statistisches Bundesamt 2008, 265 ff.)

Studienfach	*Aus-zeich-nung*	*sehr gut*	*gut*	*befrie-digend*	*ausrei-chend*	*Note nicht bekannt*
Mathematik, Naturwissenschaften allgemein	0,9 %	27,3 %	53,6 %	14,8 %	0,3 %	1,7 %
Mathematik	4,1 %	28,7 %	47,3 %	15,6 %	0,7 %	2,7 %
Informatik	1,9 %	20,7 %	53,5 %	19,0 %	0,8 %	2,4 %
Physik, Astronomie	9,8 %	53,4 %	29,2 %	3,9 %	0,1 %	2,8 %
Chemie	5,9 %	45,7 %	36,2 %	6,4 %	0,2 %	3,9 %
Pharmazie	3,2 %	15,0 %	29,6 %	40,5 %	6,0 %	5,6 %
Biologie	5,3 %	48,0 %	36,7 %	5,9 %	0,2 %	3,0 %
Geowissenschaften	4,7 %	41,0 %	43,6 %	8,5 %	0,0 %	1,4 %
Geografie	3,8 %	24,4 %	50,5 %	14,7 %	0,7 %	3,1 %
Gesamt	**4,1 %**	**32,6 %**	**44,3 %**	**13,9 %**	**0,8 %**	**2,9 %**

Tabelle 24. Anteil der einzelnen Noten in Bezug zum Studienfach in der Fächergruppe Humanmedizin / Gesundheitswissenschaften für Deutschland im Jahr 2007 (Statistisches Bundesamt 2008, 271 ff.)

Studienfach	Aus-zeich-nung	sehr gut	gut	befrie-digend	ausrei-chend	Note nicht bekannt
Gesundheitswissenschaften allgemein	2,8 %	20,5 %	60,9 %	14,3 %	1,3 %	0,1 %
Humanmedizin	4,2 %	20,2 %	37,5 %	16,4 %	1,1 %	20,5 %
Zahnmedizin	5,7 %	21,8 %	60,1 %	6,8 %	0,0 %	5,5 %
Gesamt	**4,2 %**	**20,4 %**	**43,4 %**	**15,0 %**	**1,0 %**	**15,9 %**

Tabelle 25. Anteil der einzelnen Noten in Bezug zum Studienfach in der Fächergruppe Agrar-, Forst- und Ernährungswissenschaften für Deutschland im Jahr 2007 (Statistisches Bundesamt 2008, 273 ff.)

Studienfach	Aus-zeich-nung	sehr gut	gut	befrie-digend	ausrei-chend	Note nicht bekannt
Landespflege, Umwelt-gestaltung	1,0 %	13,6 %	62,8 %	21,7 %	0,4 %	0,0 %
Agrarwissenschaften, Lebensmittel- und Getränke-technologie	1,8 %	15,5 %	49,8 %	26,6 %	1,6 %	2,7 %
Forstwissenschaft, Holzwirt-schaft	1,4 %	14,5 %	53,5 %	28,1 %	1,0 %	0,0 %
Ernährungs- und Haushalts-wissenschaften	0,9 %	17,7 %	57,7 %	22,4 %	0,6 %	0,2 %
Gesamt	**1,4 %**	**15,6 %**	**54,3 %**	**25,0 %**	**1,1 %**	**1,3 %**

Tabelle 26. Anteil der einzelnen Noten in Bezug zum Studienfach in der Fächergruppe Ingenieurwissenschaften für Deutschland im Jahr 2007 (Statistisches Bundesamt 2008, 275 ff.)

Studienfach	Aus-zeich-nung	sehr gut	gut	befrie-digend	ausrei-chend	Note nicht bekannt
Ingenieurwesen allgemein	0,7 %	11,8 %	61,6 %	22,1 %	0,3 %	1,0 %
Bergbau, Hüttenwesen	6,9 %	26,6 %	54,6 %	11,5 %	0,0 %	0,5 %
Maschinenbau / Verfahrenstechnik	2,6 %	13,0 %	56,5 %	25,7 %	0,9 %	0,1 %
Elektrotechnik	2,9 %	12,9 %	53,5 %	27,2 %	1,0 %	0,9 %
Verkehrstechnik, Nautik	2,2 %	6,2 %	58,8 %	29,9 %	0,6 %	0,0 %
Architektur, Innenarchitektur	0,3 %	11,1 %	67,0 %	20,7 %	0,4 %	0,0 %
Raumplanung	0,7 %	20,7 %	64,0 %	13,9 %	0,1 %	0,0 %
Bauingenieurwesen	1,8 %	6,5 %	43,7 %	42,5 %	2,3 %	1,2 %
Vermessungswesen	1,4 %	9,5 %	53,8 %	31,4 %	1,0 %	0,6 %
Gesamt	**2,1 %**	**11,7 %**	**56,4 %**	**27,0 %**	**1,0 %**	**0,4 %**

Tabelle 27. Anteil der einzelnen Noten in Bezug zum Studienfach in der Fächergruppe Kunst, Kunstwissenschaft für Deutschland im Jahr 2007 (Statistisches Bundesamt 2008, 279 ff.)

Studienfach	Aus-zeich-nung	sehr gut	gut	befrie-digend	ausrei-chend	Note nicht bekannt
Kunst, Kunstwissenschaft allgemein	4,2 %	34,8 %	45,9 %	6,7 %	0,2 %	7,6 %
Bildende Kunst	11,1 %	26,3 %	43,4 %	2,8 %	0,2 %	16,0 %
Gestaltung	4,0 %	30,9 %	57,7 %	6,5 %	0,2 %	0,6 %
Darstellende Kunst, Film und Fernsehen, Theaterwissenschaft	5,1 %	33,6 %	48,3 %	6,4 %	0,4 %	5,7 %
Musik, Musikwissenschaft	9,4 %	30,5 %	41,3 %	6,3 %	0,4 %	11,6 %
Gesamt	**6,5 %**	**31,4 %**	**48,1 %**	**6,2 %**	**0,3 %**	**7,2 %**

C Autorenverzeichnis

Die im Folgenden in alphabetischer Reihenfolge genannten Autoren waren maßgeblich am Gelingen dieses Buches beteiligt. Sie stehen gerne für weitere Informationen zur Verfügung. Eine Zuordnung von Autoren und Abschnitten ist in Anhang D zu finden.

Beek, Markus, Magister Artium
Helmholtz Str. 31, D-41464 Neuss
E-Mail: markus.beek@web.de

Beneke, Frank, Prof. Dr.-Ing., Diplom-Ingenieur
Fachhochschule Schmalkalden, Fachbereich Maschinenbau,
Produktentwicklung / Konstruktion, Blechhammer, D-98574 Schmalkalden
E-Mail: f.beneke@fh-sm.de

Bohlinger, Sandra, PD Dr. phil., Magistra Artium
Sokratous 13, GR-57001 Thessaloniki
E-Mail: Sandra.Bohlinger@cedefop.europa.eu

Bonnes, Caroline, Diplom-Pädagogin
Graebestr. 3, D-60488 Frankfurt am Main
E-Mail: CarolineBonnes@aol.com

Bruha, Thomas, Prof. Dr. iur.
Universität Hamburg, Fakultät für Rechtswissenschaft,
Schlüterstr. 28, D-20146 Hamburg
E-Mail: thomas.bruha@jura.uni-hamburg.de

Burgard, Martin, Magister Artium
CAS GmbH, Steglitzer Str. 6, D-66424 Homburg an der Saar
E-Mail: mbur191080@gmx.de

Chamoni, Peter, Prof. Dr. rer. oec., Diplom-Mathematiker
Universität Duisburg-Essen, Mercator School of Management,
Fachbereich Betriebswirtschaft, Lotharstr. 65, D-47057 Duisburg
E-Mail: Peter.Chamoni@uni-duisburg-essen.de

Eekhoff, Insa, Bachelor of Arts
Kötnerholzweg 38, D-38451 Hannover
E-Mail: insa_eekhoff@web.de

Eichenberg, Christiane, Dr. phil., Diplom-Psychologin
Universität zu Köln, Institut für Klinische Psychologie und Psychologische
Diagnostik, Höninger Weg 115, D-50969 Köln
E-Mail: eichenberg@uni-koeln.de

Erbe, Jessica, Diplom-Politologin
Bundesinstitut für Berufsbildung, Robert-Schuman-Platz 3, D-53175 Bonn
E-Mail: erbe@bibb.de

Eymann, Torsten, Prof. Dr. rer. pol., Diplom-Wirtschaftsinformatiker
Universität Bayreuth, Lehrstuhl für Wirtschaftsinformatik (BWL VII),
Universitätsstr. 30, D-95440 Bayreuth
E-Mail: Torsten.Eymann@uni-bayreuth.de

Flammensbeck, Teresa
Weide 2, D-96047 Bamberg
E-Mail: teresa-elisabeth.flammensbeck@stud.uni-bamberg.de

Gareis, Sven Bernhard, Prof. Dr. phil., Diplom-Pädagoge
Westfälische Wilhelms-Universität Münster, Institut für Politikwissenschaft,
Scharnhorststr. 100, D-48151 Münster
E-Mail: svengareis@web.de

Gerhardt, Anke, Diplom-Soziologin
Landesamt für Datenverarbeitung und Statistik NRW, Referat Privathaushalte,
Arbeitsmarkt, Postfach 10 11 05, D-40002 Düsseldorf
E-Mail: anke_gerhardt@arcor.de

Gerhardt, Claudia, Dr. rer. nat., Diplom-Psychologin
Schlägerstr. 37, D-30171 Hannover
E-Mail: Claudia_Gerhardt@web.de

**Goßmann, Ulrike, Dr. des., Maîtrise en Lettres Modernes,
Master en Gestion et Marketing franco-allemand**
48, rue de Clignancourt, F-75018 Paris
E-Mail: ugossmann@club-internet.fr

Groneberg, Michael, PD Dr. phil., Magister Artium
Universität Fribourg, Departement für Philosophie,
Avenue de l'Europe 20, CH-1700 Fribourg
E-Mail: michael.groneberg@unifr.ch

Heibach, Christiane, PD Dr. phil. habil., Magistra Artium
Universität Erfurt, Philosophische Fakultät, Lehrstuhl für Vergleichende
Literaturwissenschaft mit den Schwerpunkten Kultur- und Medientheorie,
Mediengeschichte, Nordhäuser Str. 63, D-99089 Erfurt
E-Mail: christiane.heibach@uni-erfurt.de

Heinemann, Elisabeth, Prof. Dr. rer. pol., Diplom-Wirtschaftsinformatikerin
Fachhochschule Worms, Fachbereich Informatik, Studiengang
Kommunikationsinformatik, Erenburgerstr. 19, D-67549 Worms
E-Mail: heinemann@fh-worms.de

Hennig, Carsten, Dr. rer. nat., Diplom-Physiker,
Master of Science in Mathematics (USA)
Gartenstr. 25, D-37073 Göttingen
E-Mail: chennig@gwdg.de

Henze, Jonas
Hinzehof 2, D-38533 Eickhorst
E-Mail: r.jonash@t-online.de

Hoeppner, Wolfgang, Prof. Dr. phil.
Universität Duisburg-Essen, Fakultät für Ingenieurwissenschaften, Abteilung
Informatik und Angewandte Kognitionswissenschaft, Computerlinguistik,
Lotharstr. 65, D-47057 Duisburg
E-Mail: Wolfgang.Hoeppner@uni-duisburg-essen.de

Holländer, Karoline, Master of Business Administration, Bachelor of Science
Technische Universität München, International Graduate School of Science and
Engineering, Arcisstr. 21, D-80333 München
E-Mail: hollaender@zv.tum.de

Horstkotte, Martin, Dr. phil., Magister Artium
Deutsche Nationalbibliothek, Deutscher Platz 1, D-04103 Leipzig
E-Mail: m.horstkotte@d-nb.de

Kaiser, Daniel Johannes, Dr. iur., 2. Juristisches Staatsexamen
Ruprecht-Karls-Universität Heidelberg, Zentrale Universitätsverwaltung D. 2.2,
Seminarstr. 2, D-69117 Heidelberg
E-Mail: danieljohkaiser@aol.com

Kalinowski, Martin B., Prof. Dr. rer. nat., Diplom-Physiker
Universität Hamburg, Carl Friedrich von Weizsäcker-Zentrum für
Naturwissenschaft und Friedensforschung, Beim Schlump 83, D-20144 Hamburg
E-Mail: martin.kalinowski@uni-hamburg.de

Kasten, Tanja, Magistra Artium, Master of Peace and Security Studies
Helmut-Schmidt-Universität Hamburg, Institut für Internationale Politik,
Holstenhofweg 85, D-22043 Hamburg
E-Mail: kasten@hsu-hh.de

Kirch, Claudia, Dr. rer. nat., Diplom-Mathematikerin
Technische Universität Kaiserslautern, Fachbereich Mathematik,
Erwin-Schrödinger-Str., D-67663 Kaiserslautern
E-Mail: ckirch@mathematik.uni-kl.de

Klein, Gudrun, Diplom-Psychologin
Pädagogische Hochschule Weingarten, Pädagogische Psychologie,
Kirchplatz 2, D-80250 Weingarten
E-Mail: klein@ph-weingarten.de

Kohlhase, Claus, Dr. med., Medizinisches Staatsexamen
Krefelder Str. 3, D-10555 Berlin
E-Mail: dr.c.kohlhase@web.de

Kuhlenkasper, Torben, Diplom-Kaufmann, Diplom-Volkswirt
Universität Bielefeld, Fakultät für Wirtschaftswissenschaften,
Lehrstuhl für Statistik, Universitätsstr. 25, D-33615 Bielefeld
E-Mail: tkuhlenkasper@wiwi.uni-bielefeld.de

Küllertz, Daniela, Magistra Artium, Master of Arts
Große Schlossgasse 1, D-06108 Halle
E-Mail: daniela_kuellertz@gmx.de

Lang, Karlheinz Christian, Diplom-Theologe
MIKLOS-LANG GmbH, Ganzheitliche Unternehmens- und
Unternehmerberatung, Neideckstr. 51, D-81249 München
E-Mail: karlheinz.lang@miklos-lang.de

Lauer, Jan-Hendrik, Magister Artium
Leuphana Universität Lüneburg, Am Springintgut 4, D-24335 Lüneburg
E-Mail: Jan_Hendrik_Lauer@web.de

Lennartz, Judith
Pulverteich 18, D-20099 Hamburg
E-Mail: JudithLennartz@gmx.de

Lierse, Meike, Dr. P. H., Master of Public Health
Beekestr. 88 G, D-30459 Hannover
E-Mail: meike.lierse@web.de

Lohmann, Dieter, Diplom-Volkswirt
Gustav-Adolf-Str. 13, D-65195 Wiesbaden
E-Mail: Dieter.Lohmann@t-online.de

Martín y Troyano, Nicole, Dr. phil., Diplom-Ökonomin
E-Mail: info@nmt-consulting.net

May, Johanna Friederike, Diplom-Ingenieurin
Panoramastr. 64, D-70839 Gerlingen
E-Mail: johanna.may@alumni.uni-ulm.de

Mengel, Robert, Diplom-Politologe
Bandelstr. 13, D-30171 Hannover
E-Mail: rmengel@gmx.net

Mohring, Siegrun, Master of Science, Diplom-Ingenieur (FH)
Stiftung Tierärztliche Hochschule Hannover, Institut für Lebensmitteltoxikologie
und Chemische Analytik, Ferdinand-Wallbrecht-Str. 48, D-30163 Hannover
E-Mail: Siegrun@mohring.net

Molitor, Eva, Dr. phil., 2. Staatsexamen
Kattenstr. 18, D-63452 Hanau
E-Mail: eva.molitor@studierendenratgeber.de

Möller, Svenja, Dr. phil., Diplom-Pädagogin
Universität Hamburg, Fakultät für Erziehungswissenschaft, Psychologie und
Bewegungswissenschaft, Fachbereich Erziehungswissenschaft, Sektion 3:
Berufliche Bildung und Lebenslanges Lernen, Binderstr. 34, D-20146 Hamburg
E-Mail: moeller.svenja@erzwiss.uni-hamburg.de

Neisz, geb. Schöneberger, Petra, Dr. sc. hum., Diplom-Biologin
Josephinaplein 4, NL-6462 EM Kerkrade
E-Mail: lammas@gmx.de

**Neumann, Susanne, Master of Education in Instructional Systems,
Bachelor of Science in Finance**
Universität Wien, Lehrentwicklung, Porzellangasse 33a, A-1090 Wien
E-Mail: susanne.neumann-heyer@univie.ac.at

Noetzel, Melanie, Diplom-Kauffrau
Flintsbacher Str. 3, 80686 München
E-Mail: melanie.noetzel@gmx.net

Offerhaus, Ludger, Diplom-Geologe
Luxemburger Str. 30, D-13353 Berlin
E-Mail: l.offerhaus@gmx.net

Peper, Elisabeth, Dr. rer. nat., 1. Staatsexamen, Diplom-Gesundheitslehrerin
Harfenstr. 2a, D-97080 Würzburg
E-Mail: elisabeth.peper@studierendenratgeber.de

Pippel, Nadine, Magistra Artium
Lessingstr. 15, D-35390 Gießen
E-Mail: nadine.pippel@web.de

Rebenich, Benjamin, Bakkalaureus Artium
Am Niederwald 29, D-64625 Bensheim
E-Mail: benjamin.rebenich@web.de

Rhode, Katharina, Magistra Artium
Luxemburger Str. 30, D-13353 Berlin
E-Mail: katharina.rhode@gmx.de

Richter, Margrit, Master of Science, Bachelor of Science
Wilsonstr. 5, D-35392 Gießen
E-Mail: margrit.r@gmx.de

Riedesser, Peter (†), Prof. Dr. med., Medizinisches Staatsexamen
Universitätsklinikum Hamburg-Eppendorf, Klinik für Kinder- und
Jugendpsychiatrie und Psychotherapie, Martinistr. 52, D-20246 Hamburg

Schmidt, Michaela, Diplom-Psychologin
Technische Universität Darmstadt, Institut für Psychologie,
Alexanderstr. 10, D-64283 Darmstadt
E-Mail: mschmidt@psychologie.tu-darmstadt.de

Schneebauer, Christina, Diplom-Ingenieurin (FH)
Aprikosenstr. 19, CH-8051 Zürich
E-Mail: cschneebauer@gmail.com

Schneider, Patricia, Dr. phil., Diplom-Politologin
Institut für Friedensforschung und Sicherheitspolitik an der Universität Hamburg,
Beim Schlump 83, D-20144 Hamburg
E-Mail: patricia.schneider@studierendenratgeber.de

Schoner, Wilhelm, Prof. em. Dr. med., Medizinisches Staatsexamen, Biochemiker
Justus-Liebig-Universität Gießen, Fachbereich Veterinärmedizin, Institut für
Biochemie und Endokrinologie, Frankfurter Str. 100, D-35392 Gießen
E-Mail: wilhelm.schoner@vetmed.uni-giessen.de

Stock, Steffen, Dr. rer. oec., Diplom-Kaufmann
Heiler Str. 42, D-51647 Gummersbach
E-Mail: steffen.stock@studierendenratgeber.de

Völker, Harald, Dr. phil., 1. Staatsexamen
Universität Zürich, Romanisches Seminar, Zürichbergstr. 8, CH-8032 Zürich
E-Mail: hvoelker@rom.uzh.ch

Weißhaar, Angela, Dr. phil., 1. Staatsexamen
Hermann-Hanker-Str. 23, D-37083 Göttingen
E-Mail: aweissh@freenet.de

Wesener, Stefan, Dr. phil., Diplom-Pädagoge
Vennstr. 2, D-40627 Düsseldorf
E-Mail: swesener@arcor.de

Wichmann, Cornelia, Diplom-Sozialpädagogin, Diplom-Sozialarbeiterin
MediAcion, Bei Kallagen Hof 5, D-49377 Vechta
E-Mail: CorneliaWichmann@gmx.de

Wojak, Norman, Assessor iuris
Ruhr-Universität Bochum, Lehrstuhl für Öffentliches Recht, Rechtsphilosophie
und Rechtssoziologie, Universitätsstr. 150, D-44801 Bochum
E-Mail: norman.k.wojak@rub.de

Wolff, Monika, Dr. rer. nat., Diplom-Psychologin
Raumerstr. 36, D-10437 Berlin
E-Mail: wolff@morgenfangichan.de

D Autorenzuordnung

Bei einem redaktionell überarbeiteten Mehrautorenwerk ist es schwierig, eindeutige Autoren festzulegen. Viele Textbausteine wurden während des Integrationsschrittes zur besseren Verständlichkeit verschoben, in verschiedene Abschnitte aufgeteilt oder modifiziert. Die folgende Zuordnung nennt deshalb nur die Hauptverantwortlichen der jeweiligen Abschnitte. Die Namen der Autoren werden alphabetisch aufgeführt.
Die Beiträge in Kapitel V sind im Folgenden nicht mehr aufgeführt, da diese einzeln namentlich gekennzeichnet sind.

Kapitel I: Lesen im Studium

1	Lesemethoden	T. Flammensbeck, M. Schmidt
2	Markieren	T. Kasten, M. Schmidt
3	Exzerpieren	M. Beek, T. Kasten, T. Kuhlenkasper, K. Lang, M. Schmidt

Kapitel II: Leistungsnachweise

1	Typen von Leistungsnachweisen und Prüfungen	
	1.1 Klausur	D. Kaiser, D. Lohmann
	1.2 Referat und Präsentation	C. Bonnes, P. Schneider
	1.3 Seminar- und Hausarbeit	I. Eekhoff, U. Goßmann, C. Wichmann
	1.4 Mündliche Prüfung	C. Bonnes, I. Eekhoff, J.-H. Lauer
	1.5 Versuchsprotokoll und Laborbericht	P. Neisz
	1.6 Sitzungsprotokoll und Exkursionsbericht	E. Peper, P. Schneider
	1.7 Abschlussarbeit	N. Pippel, M. Richter
2	Bewertung von Leistungen	S. Bohlinger, A. Gerhardt, D. Kaiser, P. Schneider, S. Stock

Kapitel IV Schreiben im Studium: Die technische Seite

1	Literaturrecherche	C. Hennig, M. Horstkotte, K. Rhode, S. Stock
2	Literaturverwaltung	M. Burgard, J. Erbe, C. Kohlhase, D. Küllertz, K. Lang, R. Mengel, S. Mohring, S. Neumann, C. Schneebauer, S. Wesener
3	Textverarbeitung	
	3.1 Textverarbeitungs-programme	M. Burgard, C. Hennig, J. Henze, J. Lennartz, S. Stock
	3.2 Textsatzprogramm LaTeX	C. Hennig, J. Henze, T. Kuhlenkasper, J. Lennartz
	3.3 Vergleich der Programme	C. Hennig, J. Henze, J. Lennartz, S. Stock
4	Layout und Seitengestaltung	M. Burgard, S. Mohring
5	Datensicherung	M. Horstkotte, K. Lang, S. Mohring, C. Schneebauer, S. Stock
6	Anbieter von Dienstleistungen	D. Kaiser, S. Stock

Anhang

A	Wichtige Begriffe	E. Molitor, E. Peper, P. Schneider, S. Stock
B	Statistik zur Notenverteilung in den einzelnen Studienbereichen	A. Gerhardt, S. Stock

E   Abkürzungsverzeichnis

BSI	Bundesamt für Sicherheit in der Informationstechnik (www.bsi.de)
DIN	Deutsches Institut für Normung (www.din.de)
GB	Gigabyte
GBV	Gemeinsamer Bibliotheksverbund der Bundesländer Bremen, Hamburg, Mecklenburg-Vorpommern, Niedersachsen, Sachsen-Anhalt, Schleswig-Holstein, Thüringen und der Stiftung Preußischer Kulturbesitz (gso.gbv.de)
gr.	griechisch
lat.	lateinisch
o. J.	ohne Jahr
OPAC	Online Public Access Catalogue
TB	Terabyte
U	Universität
UrhG	Urheberrechtsgesetz (www.bundesrecht.juris.de/urhg)
WYSIWYG	What You See Is What You Get

F   Literaturverzeichnis

Adl-Amini 2001
  Adl-Amini, Bijan: So bestehe ich meine Prüfung. Lerntechniken, Arbeitsorganisation und Prüfungsvorbereitung. 5. Aufl. Stuttgart 2001.

Ball 2007
  Ball, Rafael (Hrsg.): Wissenschaftskommunikation der Zukunft. 4. Konferenz der Zentralbibliothek, 6. bis 8. November 2007, Jülich 2007.

Bänsch 2007
  Bänsch, Axel: Wissenschaftliches Arbeiten. Seminar- und Diplomarbeiten. 9. Aufl. München, Wien 2007.

Birk et al. 2009
  Birk, Florian; Dalhaus, Eva; Neisz, Petra; Wolf, Simon: Zusatzqualifikationen. Rhetorikkurse. In: Stock / Schneider / Peper / Molitor 2009b, 103 - 104.

Bohlinger et al. 2009a
  Bohlinger, Sandra; Fiedler, Rolf; Hruska, Claudia; Peper, Elisabeth; Wolff, Monika: Krisenbewältigung. Motivationsschwierigkeiten. In: Stock / Schneider / Peper / Molitor 2009b, 111 - 114.

Bohlinger et al. 2009b
  Bohlinger, Sandra; Kohlhase, Claus; Peper, Elisabeth; Rebenich, Benjamin; Schmidt, Michaela; Wesener, Stefan: Krisenbewältigung. Ängste. In: Stock / Schneider / Peper / Molitor 2009b, 116 - 118.

Borutta 2007
  Borutta, Andreas: Tipps zur Textverarbeitung. Openoffice.org Writer. Http://borumat.de/openoffice-writer-tipps, 2007, Abruf am 7. September 2008.

Brandt 2006
  Brandt, Edmund: Rationeller schreiben lernen. Hilfestellungen zur Anfertigung wissenschaftlicher (Abschluss-)Arbeiten. 2. Aufl. Baden-Baden 2006.

Brede / Radke 2008
  Brede, Gabi; Radke, Horst-Dieter: iWork '08. Das Praxisbuch. Pages, Keynote, Numbers. Baar 2008.

Breger / Grob 2003
  Breger, Wolfram; Grob, Heinz: Präsentieren und Visualisieren – mit und ohne Multimedia. München 2003.

Brink 2007
  Brink, Alfred: Anfertigung wissenschaftlicher Arbeiten. Ein prozessorientierter Leitfaden zur Erstellung von Bachelor-, Master-, und Diplomarbeiten in acht Lerneinheiten. 3. Aufl. München, Wien 2007.

BSI o. J. a
  BSI (Hrsg.): Anforderungen an Module von Sicherheitsgateways / Firewalls. Http://www.bsi.bund.de/fachthem/sinet/loesungen_netze/fw-anf.htm, o. J., Abruf am 7. September 2008.

BSI o. J. b
BSI (Hrsg.): Computer-Viren. Http://www.bsi.bund.de/av/index.htm, o. J., Abruf am 7. September 2008.

BSI o. J. c
BSI (Hrsg.): Datensicherung. Http://www.bsi-fuer-buerger.de/druck/kap_03.pdf, o. J., Abruf am 7. September 2008.

BSI o. J. d
BSI (Hrsg.): Hersteller von Anti-Virus-Programmen. Http://www.bsi.bund.de/av/texte/ herstell.htm, 2008, Abruf am 7. September 2008.

Bunke 2005
Bunke, Hendrik: Open Source Literaturverwaltung. Http://hbxt.org/edutech/open-source-literaturverwaltung, 2005, Abruf am 7. September 2008.

Bünting et al. 2006
Bünting, Karl-Dieter; Bitterlich, Axel; Pospiech, Ulrike: Schreiben im Studium: mit Erfolg. Ein Leitfaden. 5. Aufl. Berlin 2006.

Burchardt 2006
Burchardt, Michael: Leichter studieren. Wegweiser für effektives wissenschaftliches Arbeiten. 4. Aufl. Berlin 2006.

Burchert / Sohr 2008
Burchert, Heiko; Sohr, Sven: Praxis des wissenschaftlichen Arbeitens. Eine anwendungsorientierte Einführung. 2. Aufl. München 2008.

Burgard et al. 2009
Burgard, Martin; Erbe, Jessica; Kohlhase, Claus; Lang, Karlheinz; Mengel, Robert; Neumann, Susanne; Schneebauer, Christina; Wesener, Stefan: Planung und Organisation. Literaturrecherche. In: Stock / Schneider / Peper / Molitor 2009a, 108 - 110.

Buzan / Buzan 2002
Buzan, Tony; Buzan, Barry: Das Mind-Map-Buch. Die beste Methode zur Steigerung Ihres geistigen Potenzials. 5. Aufl. München 2002.

Charbel 2005
Charbel, Ariane: Top vorbereitet in die mündliche Prüfung. Prüfungsangst überwinden, Lernstrategien entwickeln, Selbstdarstellung trainieren. 2. Aufl. Nürnberg 2005.

Charbel 2007
Charbel, Ariane: Schnell und einfach zur Diplomarbeit. Der praktische Ratgeber für Studenten. 6. Aufl. Nürnberg 2007.

Chevalier 2005
Chevalier, Brigitte: Effektiver lernen. Mehr Textverständnis. Bessere Arbeitsorganisation. Prüfungen erfolgreich bestehen. 7. Aufl. Frankfurt am Main 2005.

Cramme / Ritzi 2008
Cramme, Stefan; Ritzi, Christian: Literatur ermitteln. In: Franck / Stary 2008, 33 - 70.

Deparade 2006
Deparade, Elke: Methodenlernen in der Gymnasialen Oberstufe. 2. Aufl. Bamberg 2006.

Deutscher Manager-Verband 2004
Deutscher Manager-Verband (Hrsg.): Handbuch Soft Skills. Band II: Psychologische Kompetenz. Zürich 2004.

DIN 2005
DIN (Hrsg.): DIN 5008. Schreib- und Gestaltungsregeln für die Textverarbeitung. Berlin et al. 2005.

Ebel / Bliefert 2003
Ebel, Hans; Bliefert, Claus: Diplom- und Doktorarbeit. Anleitungen für den naturwissenschaftlichen Nachwuchs. Weinheim. 3. Aufl. 2003.

Eberhardt 2006
Eberhardt, Joachim: Über Literaturverwaltungsprogramme, Dokumentenmanager und andere elektronische Helfer. In: IASLonline (2006). Http://iasl.uni-muenchen.de/discuss/lisforen/Eberhardt_Softwaretest.html, Abruf am 7. September 2008.

Ebster / Stalzer 2008
Ebster, Claus; Stalzer, Lieselotte: Wissenschaftliches Arbeiten für Wirtschafts- und Sozialwissenschaftler. 3. Aufl. Wien 2008.

Eco 2007
Eco, Umberto: Wie man eine wissenschaftliche Abschlußarbeit schreibt. Doktor-, Diplom- und Magisterarbeit in den Geistes- und Sozialwissenschaften. 12. Aufl. Heidelberg 2007.

Elbow 1998
Elbow, Peter: Writing with Power. 2. Aufl. New York 1998.

Emlein / Kasper 2005
Emlein, Günther; Kasper, Wolfgang: Flächenlesen. 4. Aufl. Kirchzarten 2005.

Esselborn-Krumbiegel 2008a
Esselborn-Krumbiegel, Helga: Leichter lernen. Strategien für Prüfung und Examen. 2. Aufl. Paderborn 2008.

Esselborn-Krumbiegel 2008b
Esselborn-Krumbiegel, Helga: Von der Idee zum Text. Eine Anleitung zum wissenschaftlichen Schreiben. 3. Aufl. Paderborn 2008.

Franck / Stary 2008
Franck, Norbert; Stary, Joachim (Hrsg.): Die Technik des wissenschaftlichen Arbeitens. 14. Aufl. Paderborn et al. 2008.

Fränkl 2006
Fränkl, Gerald: Wissenschaftliche Arbeiten. Schritt für Schritt zu Diplomarbeit und Dissertation mit Openoffice.org 2 Writer. München 2006.

Haber 2007
Haber, Peter: Vom Nutzen und Nachteil des Bibliographierens im digitalen Zeitalter. Wie neue Web-Dienste die wissenschaftliche Arbeit verändern könnten. Http://www.hist.net/fileadmin/user_upload/redaktion/20071120_handout_haber.pdf, 2007, Abruf am 7. September 2008.

Haber / Hodel 2007
Haber, Peter; Hodel, Jan: Historische Fachkommunikation im Wandel. Analysen und Trends. In: Ball 2007, 71 - 79.

Haefner 2000
Haefner, Klaus: Gewinnung und Darstellung wissenschaftlicher Erkenntnisse, insbesondere für universitäre Studien-, Staatsexamens-, Diplom- und Doktorarbeiten. München et al. 2000.

Heister et al. 2007
Heister, Werner; Wälte, Dieter; Weßler-Poßberg, Dagmar; Finke, Margret: Studieren mit Erfolg. Prüfungen meistern. Stuttgart 2007.

Hierhold 2005
Hierhold, Emil: Sicher präsentieren. Wirksamer vortragen. 7. Aufl. Heidelberg 2005.

Hümmler 2004
Hümmler, Thomas: Richtig einstellen, besser bedienen, schneller arbeiten. Tipps und Tricks zu Openoffice. In: EasyLinux (2004) 8. Http://www.easylinux.de/Artikel/ausgabe/2004/08/064-oo-tipps, Abruf am 7. September 2008.

Jele 2006
Jele, Harald: Wissenschaftliches Arbeiten: Zitieren. 2. Aufl. München 2006.

Jürgens 2000
Jürgens, Manuela: LaTeX. Eine Einführung und ein bisschen mehr ... Ftp://ftp.fernuni-hagen.de/pub/pdf/urz-broschueren/broschueren/a0260003.pdf, 2000, Abruf am 7. September 2008.

Kalina et al. 2003
Kalina, Ondřej; Köppl, Stefan; Kranenpohl, Uwe; Lang, Rüdiger; Stern, Jürgen; Straßner, Alexander (Hrsg.): Grundkurs Politikwissenschaft. Einführung ins wissenschaftliche Arbeiten. Wiesbaden 2003.

Karmasin / Ribing 2007
Karmasin, Matthias; Ribing, Rainer: Die Gestaltung wissenschaftlicher Arbeiten. Ein Leitfaden für Haus- und Seminararbeiten, Magisterarbeiten, Diplomarbeiten und Dissertationen. 2. Aufl. Wien 2007.

Kirkhoff 2004
Kirkhoff, Mogens: Mind Mapping. Einführung in eine kreative Arbeitsmethode. 12. Aufl. Offenbach 2004.

Knigge-Illner 2002a
Knigge-Illner, Helga: Der Weg zum Doktortitel. Strategie für die erfolgreiche Promotion. Frankfurt am Main 2002.

Knigge-Illner 2002b
Knigge-Illner, Helga: Ohne Angst in die Prüfung. Lernstrategien effizient einsetzen. Frankfurt am Main 2002.

Kopka 2002
Kopka, Helmut: LaTeX Bd. 1: Einführung. 3. Aufl. München 2002.

Krajewski 2008
Krajewski, Markus: Elektronische Literaturverwaltungen. Kleiner Katalog von Merkmalen und Möglichkeiten. In: Franck / Stary 2008, 97 - 115.

Krämer 1999
Krämer, Walter: Wie schreibe ich eine Seminar- und Examensarbeit? Frankfurt am Main 1999.

Kremer 2006
Kremer, Bruno: Vom Referat bis zur Examensarbeit. Naturwissenschaftliche Texte perfekt verfassen und gestalten. 2. Aufl. Berlin 2006.

Krumbein 2008
Krumbein, Thomas: Openoffice.org 2.3. Einstieg und Umstieg. Bonn 2008.

Kruse 2004
Kruse, Otto: Keine Angst vor dem leeren Blatt. Ohne Schreibblockaden durchs Studium. 10. Aufl. Frankfurt am Main, New York 2004.

Kruse 2007
Kruse, Otto: Keine Angst vor dem leeren Blatt. Ohne Schreibblockaden durchs Studium. 12. Aufl. Frankfurt am Main, New York 2007.

Kuzbari / Ammener 2006
Kuzbari, Rafic; Ammener, Reinhard: Der wissenschaftliche Vortrag. Wien 2006.

Lierse et al. 2009
Lierse, Meike; Stock, Steffen; Tesler, Ralf: Planung und Organisation. Projektmagement. In: Stock / Schneider / Peper / Molitor 2009b, 79 - 83.

Linneweh 1999
Linneweh, Klaus: Kreatives Denken. Techniken und Organisation produktiver Kreativität. 7. Aufl. Rheinzabern 1999.

Lück 2003
Lück, Wolfgang: Technik des wissenschaftlichen Arbeitens. Seminararbeit, Diplomarbeit, Dissertation. 9. Aufl. München, Wien 2003.

Messing / Huber 2007
Messing, Barbara; Huber, Klaus-Peter: Die Doktorarbeit. Vom Start zum Ziel. 4. Aufl. Berlin et al. 2007.

Metzig / Schuster 2006a
Metzig, Werner; Schuster, Martin: Lernen zu lernen. Lernstrategien wirkungsvoll einsetzen. 7. Aufl. Berlin, Heidelberg 2006.

Metzig / Schuster 2006b
Metzig, Werner; Schuster, Martin: Prüfungsangst und Lampenfieber. 3. Aufl. Berlin et al. 2006.

Molitor / Schöneck 2009
Molitor, Eva; Schöneck, Nadine: Planung und Organisation. Zeitmanagement. In: Stock / Schneider / Peper / Molitor 2009b, 86 - 92.

Narr / Stary 2000
Narr, Wolf-Dieter; Stary, Joachim (Hrsg.): Lust und Last des wissenschaftlichen Schreibens. Hochschullehrerinnen und Hochschullehrer geben Studierenden Tipps. 2. Aufl. Frankfurt am Main 2000.

Neeld / Kiefer 1990
Neeld, Elisabeth; Kiefer, Kate: Writing. 3. Aufl. Glenview 1990.

Nicol / Albrecht 2007
Nicol, Natascha; Albrecht, Ralf: Wissenschaftliche Arbeiten schreiben mit Word 2007. München 2007.

Niedermair / Niedermair 2006
Niedermair, Elke; Niedermair, Michael: LaTeX. Praxisbuch. 3. Aufl. Poing 2006.

Niehues 2004
Niehues, Norbert: Schul- und Prüfungsrecht. Bd. 2: Prüfungsrecht. 4. Aufl. München 2004.

Porto 1995
Porto, Markus: Kochbuch für LaTeX. Http://www.uni-giessen.de/hrz/tex/cookbook/cookbook.html, 1995, Abruf am 7. September 2008.

Preißner 1998
Preißner, Andreas: Wissenschaftliches Arbeiten. 2. Aufl. München 1998.

Preißner / Engel 2001
Preißner, Andreas; Engel, Stefan (Hrsg.): Promotionsratgeber. 4. Aufl. München, Wien 2001.

Presler 2004
Presler, Gerd: Referate schreiben – Referate halten. Ein Ratgeber. 2. Aufl. München 2004.

Pyerin 2007
Pyerin, Brigitte: Kreatives wissenschaftliches Schreiben. Tipps und Tricks gegen Schreibblockaden. 3. Aufl. Weinheim 2007.

Rico 2002
Rico, Gabriele: Garantiert schreiben lernen. 13. Aufl. Reinbek 2002.

Rossig / Prätsch 2005
Rossig, Wolfram; Prätsch, Joachim: Wissenschaftliche Arbeiten. Leitfaden für Haus- und Seminararbeiten, Bachelor- und Masterthesis, Diplom- und Magisterarbeiten, Dissertationen. 5. Aufl. Hamburg 2005.

Rost 2008
Rost, Friedrich: Lern- und Arbeitstechniken für das Studium. 5. Aufl. Wiesbaden 2008.

Schlichte 2006
Schlichte, Klaus: Einführung in die Arbeitstechniken der Politikwissenschaft. 2. Aufl. Wiesbaden 2006.

Schneider 2001
Schneider, Wolf: Deutsch für Profis. Wege zu gutem Stil. 10. Aufl. München 2001.

Scholze-Stubenrecht et al. 2006
Scholze-Stubenrecht, Werner; Eickhoff, Birgit; Haller-Wolf, Angelika; Knörr, Evelyn; Konopka, Anja; Kraif, Ursula; Münzberg, Franziska; Osterwinter, Ralf; Pellengahr, Carsten; Rautmann, Karin; Tauchmann, Christine; Thyen, Olaf; Trunk-Nußbaumer, Marion (Bearb.): Duden Band 1: Die deutsche Rechtschreibung. 24. Aufl. Mannheim et al. 2006.

Seimert 2007
Seimert, Winfried: Wissenschaftliche Arbeiten mit Word 2007. Alles im Griff, die äußeren Werte, die Form wahren. Heidelberg 2007.

Senftleben o. J.
Senftleben, Ralf: Kreativitätstechnik: Brainstorming. Http://www.zeitzuleben.de/inhalte/ge/kreativitaet/brainstorming_1.html, o. J., Abruf am 7. September 2008.

Sesink 2007
Sesink, Werner: Einführung in das wissenschaftliche Arbeiten. Internet, Textverarbeitung, Präsentation. 7. Aufl. München 2007.

Standop / Meyer 2008
Standop, Ewald; Meyer, Matthias: Die Form der wissenschaftlichen Arbeit. 18. Aufl. Wiebelsheim 2008.

Stary 2008
  Stary, Joachim: Referate unterstützen: Visualisieren, Medien einsetzen. In: Franck / Stary 2008, 255 - 271.

Stary / Kretschmer 2004
  Stary, Joachim; Kretschmer, Horst: Umgang mit wissenschaftlicher Literatur. Eine Arbeitshilfe. 3. Aufl. Berlin 2004.

Statistisches Bundesamt 2008
  Statistisches Bundesamt (Hrsg.): Bildung und Kultur. Prüfungen an Hochschulen 2007. Fachserie 11, Reihe 4.2. Wiesbaden 2008. Http://www-ec.destatis.de/csp/shop/sfg/bpm.html.cms.cBroker.cls?cmspath=struktur,vollanzeige.csp&ID=1022593, 2008, Abruf am 7. September 2008.

Stein 2007
  Stein, Sebastian: Eine kleine LaTeX (Tex) Einführung. Http://latex.hpfsc.de, 2007, Abruf am 7. September 2008.

Stickel-Wolf / Wolf 2006
  Stickel-Wolf, Christine; Wolf, Joachim: Wissenschaftliches Arbeiten und Lerntechniken. Erfolgreich studieren – gewusst wie! 4. Aufl. Wiesbaden 2006.

Stitzel 2000
  Stitzel, Michael: Zur Kunst des wissenschaftlichen Schreibens. Bitte mehr Leben und eine Prise Belletristik! In: Narr / Stary 2000, 140 - 147.

Stock / Schneider / Peper / Molitor 2009a
  Stock, Steffen; Schneider, Patricia; Peper, Elisabeth; Molitor, Eva (Hrsg.): Erfolgreich promovieren. Ein Ratgeber von Promovierten für Promovierende. 2. Aufl. Berlin, Heidelberg 2009.

Stock / Schneider / Peper / Molitor 2009b
  Stock, Steffen; Schneider, Patricia; Peper, Elisabeth; Molitor, Eva (Hrsg.): Erfolgreich studieren. Vom Beginn bis zum Ende des Studiums. Berlin, Heideberg 2009.

te Kloot / Fabro 2004
  Te Kloot, Isabel; Fabro, Manuela: Lesen. In: Deutscher Manager-Verband 2004, 267 - 334.

Teichert / Stöber 2008
  Teichert, Astrid; Stöber, Thomas: Vergleich Literaturverwaltungsprogramme. Http://www.bibliothek.uni-augsburg.de/service/literaturverwaltung/downloads/vergleich.pdf, 2008, Aufruf am 7. September 2008.

Theisen 2006
  Theisen, Manuel: Wissenschaftliches Arbeiten. Technik, Methodik, Form. 13. Aufl. München 2006.

Tibi 2007
  Tibi, Daniel: LaTeX 2e. Kurzbeschreibung für Theologen. Http://www.archive.org/download/l2kurztheo/l2kurztheo.pdf, 2007, Abruf am 7. September 2008.

Tufte 2005
  Tufte, Edward: Visual Explanations. Images and Quantities, Evidence and Narrative. 2. Aufl. Cheshire 2005.

von Brandt 2007
  Von Brandt, Ahasver: Werkzeug des Historikers. Eine Einführung in die historischen Hilfswissenschaften. 17. Aufl. Stuttgart 2007.

von Werder 1995
Von Werder, Lutz: Kreatives Schreiben in den Wissenschaften. Für Schule, Hochschule und Erwachsenenbildung. 2. Aufl. Berlin 1995.

von Werder 2000
Von Werder, Lutz: Kreatives Schreiben von Diplom- und Doktorarbeiten. 3. Aufl. Berlin et al. 2000.

von Werder 2007
Von Werder, Lutz: Lehrbuch des kreativen Schreibens. Wiesbaden 2007.

Voß 2006
Voß, Herbert: LaTeX in Naturwissenschaften und Mathematik. Poing 2006.

Wachner 1999
Wachner, Peter: Mündliche Prüfung bestanden! Tipps, Vorbereitungs- und Verhaltensstrategien, die den Erfolg sichern. Wiesbaden 1999.

Weber 2006
Weber, Stefan: Das Google-Copy-Paste-Syndrom. Wie Netzplagiate Ausbildung und Wissen gefährden. Hannover 2006.

Zimmerling / Brehm 2007
Zimmerling, Wolfgang; Brehm, Robert: Prüfungsrecht. 3. Aufl. Köln et al. 2007.

G Stichwortverzeichnis

Im Folgenden finden Sie die Stichwörter zu den Kapiteln I bis IV sowie zum Anhang A: Wichtige Begriffe.

H Index zu Kapitel V Erfahrungsberichte von Betreuern aus den Disziplinen

Im Folgenden finden Sie den Index zu den Erfahrungsberichten von Betreuern aus den Disziplinen (Kapitel V) wieder. Dieser ist nach Hochschule, Fakultät und Fach untergliedert.

 Springer  springer.com

Erfolgreich studieren
Vom Beginn bis zum Abschluss des Studiums

Steffen Stock; Patricia Schneider;
Elisabeth Peper; Eva Molitor (Hrsg.)

Dieser Ratgeber richtet sich an Studierende bzw. Studier-
willige aller Disziplinen. Er ermöglicht den Lesern in
Deutschland, Österreich und der Schweiz, das Studium an
der Universität, Fachhochschule oder Berufsakademie
zielgerichtet zu gestalten. Von der ersten Orientierung an
Ihrer Hochschule über Praktika und Auslandsaufenthalte bis
zum Studienabschluss wird Sie „Erfolgreich studieren" mit
vielen Informationen zu Ablauf, Organisation und den
unzähligen Herausforderungen eines Studiums begleiten.
Darüber hinaus enthält dieser Ratgeber eindrucksvolle
Erfahrungsberichte aus den unterschiedlichsten Disziplinen,
darunter auch von Absolventen der neuen Bachelor- und
Masterstudiengänge. Daher bietet „Erfolgreich studieren"
das geballte Wissen vieler Hochschulabsolventen, das Ihnen
für einen erfolgreichen Studienverlauf von erheblichem
Nutzen sein wird.

2009. XII, 270 S. 21 Abb. Brosch..

ISBN: 978-3-540-88824-6

▶ € (D) 19.95 | € (A) 20.50 | * sFr 31.00 |

Bei Fragen oder Bestellung wenden Sie sich bitte an ▶ Springer Customer Service Center GmbH, Haberstr. 7,
69126 Heidelberg ▶ **Telefon:** +49 (0) 6221-345-4301 ▶ **Fax:** +49 (0) 6221-345-4229 ▶ **Email:** orders-hd-
individuals@springer.com ▶ €(D) sind gebundene Ladenpreise in Deutschland und enthalten 7% MwSt; €(A) sind
gebundene Ladenpreise in Österreich und enthalten 10% MwSt. ▶ Die mit * gekennzeichneten Preise für Bücher und
die mit ** gekennzeichneten Preise für elektronische Produkte sind unverbindliche Preisempfehlungen und enthalten die landesübliche MwSt. ▶ Programm- und Preisänderungen (auch bei Irrtümern) vorbehalten ▶ Springer-
Verlag GmbH, Handelsregistersitz: Berlin-Charlottenburg, HR B 91022. Geschäftsführer: Haank, Mos, Hendriks

 **Springer**

 **springer.com**

Stock · Schneider
Peper · Molitor (Hrsg.)
Erfolgreich promovieren

Ein Ratgeber von Promovierten
für Promovierende

Infos zu
D, A, CH

2. Auflage

Springer

Erfolreich promovieren
Ein Ratgeber von Promovierten für Promovierende

Steffen Stock; Patricia Schneider;
Elisabeth Peper; Eva Molitor (Hrsg.)

Dieser Ratgeber richtet sich an Promovierende aller Disziplinen. Er ermöglicht den Lesern in Deutschland und seit dieser zweiten Auflage auch in Österreich und der Schweiz, die Arbeit an der Promotion effektiver zu gestalten. Er begleitet den Leser daher durch den gesamten Promotionsprozess von der Entscheidung zur Promotion, über Rahmenbedingungen und Durchführung des Promotionsvorhabens bis hin zur Fertigstellung der Dissertation, Prüfung und Veröffentlichung. Zugleich will „Erfolgreich promovieren" möglichen Krisen wie Vereinsamung, Schreibblockaden, Zeitproblemen und Stress vorbeugen sowie Tipps zu deren Bewältigung geben. Darüber hinaus enthält dieses Buch vielerlei Erfahrungsberichte aus den unterschiedlichsten Disziplinen. In der zweiten Auflage wurden u. a. neue Erfahrungsberichte von Promovierten sowie Berichte von Abbrechern und Betreuern aufgenommen. Dieser Ratgeber stellt das geballte Wissen von Promovierten für Promovierende und damit das optimale Werkzeug für eine erfolgreiche Promotion dar!

2009. 2., überarb. u. erw. Aufl. XII, 374 S. 20 Abb. Brosch.

ISBN: 978-3-540-88766-9

▶€ (D) 24.95 € (A) 25.65 | * sFr 39.00 |

Bei Fragen oder Bestellung wenden Sie sich bitte an ▶ Springer Customer Service Center GmbH, Haberstr. 7, 69126 Heidelberg ▶ **Telefon:** +49 (0) 6221-345-4301 ▶ **Fax:** +49 (0) 6221-345-4229 ▶ **Email:** orders-hd-individuals@springer.com ▶ €(D) sind gebundene Ladenpreise in Deutschland und enthalten 7% MwSt; €(A) sind gebundene Ladenpreise in Österreich und enthalten 10% MwSt. ▶ Die mit * gekennzeichneten Preise für Bücher und die mit ** gekennzeichneten Preise für elektronische Produkte sind unverbindliche Preisempfehlungen und enthalten die landesübliche MwSt. ▶ Programm- und Preisänderungen (auch bei Irrtümern) vorbehalten ▶ Springer-Verlag GmbH, Handelsregistersitz: Berlin-Charlottenburg, HR B 91022. Geschäftsführer: Haank, Mos, Hendriks

Printing: Krips bv, Meppel, The Netherlands
Binding: Stürtz, Würzburg, Germany